国家社科基金
GUOJIA SHEKE JIJIN HOUQI ZIZHU XIANGMU
后期资助项目

生物安全情报导论

An Introduction to Bio-safety & security Intelligence

王秉　著

U0262909

科学出版社
北　京

内 容 简 介

生物安全是国家安全和全球安全的重要组成部分，是当今世界各国面临的重大安全课题。本书是一本专门介绍与研究生物安全情报理论的专著，站在广义生物安全研究视角，面向生物安全治理重大需求，构筑生物安全情报理论体系，以期指导生物安全情报工作开展，强化生物安全情报对生物安全治理的支持，推动生物安全治理能力提升。本书共分7章，主要内容包括绪论、生物安全概述、生物安全情报的基本问题、生物安全情报基本理论模型、生物安全情报体系建设理论、基于情报感知的生物安全风险监测预警理论，以及情报主导的生物安全治理方法。

本书可作为高等院校情报类、安全类、信息管理类、管理科学与工程类等相关专业的本科生、研究生的参考用书，也可作为广大情报科学和生物安全学相关科研人员、学者与实践者的参考用书。

图书在版编目（CIP）数据

生物安全情报导论／王秉著 . —北京：科学出版社，2023.6
ISBN 978-7-03-074768-6

Ⅰ. ①生… Ⅱ. ①王… Ⅲ. ①公共安全–关系–信息工作–研究
Ⅳ. ①D035. 29②G25

中国版本图书馆 CIP 数据核字（2023）第 007958 号

责任编辑：杨逢渤　祁惠惠／责任校对：樊雅琼
责任印制：吴兆东／封面设计：无极书装

科 学 出 版 社 出版
北京东黄城根北街 16 号
邮政编码：100717
http://www.sciencep.com
北京虎彩文化传播有限公司 印刷
科学出版社发行　各地新华书店经销

*

2023 年 6 月第 一 版　开本：720×1000　1/16
2023 年 6 月第一次印刷　印张：19 1/2　插页：3
字数：400 000

定价：198.00 元
（如有印装质量问题，我社负责调换）

国家社科基金后期资助项目
出版说明

后期资助项目是国家社科基金设立的一类重要项目，旨在鼓励广大社科研究者潜心治学，支持基础研究多出优秀成果。它是经过严格评审，从接近完成的科研成果中遴选立项的。为扩大后期资助项目的影响，更好地推动学术发展，促进成果转化，全国哲学社会科学工作办公室按照"统一设计、统一标识、统一版式、形成系列"的总体要求，组织出版国家社科基金后期资助项目成果。

全国哲学社会科学工作办公室

作者简介

　　王秉，1991 年出生，汉族，甘肃兰州榆中人，博士。中南大学教授，博士生导师，中南大学安全理论创新与促进研究中心主任，中南大学安全科学与应急管理研究中心副主任，国家社会科学基金重大项目首席专家，入选"芙蓉计划"——湖湘青年英才，省级优秀博士学位论文获得者。担任 *Safety Science*、《灾害学》、《中国安全科学学报》等 9 本期刊的专刊特邀主编/编委/青年编委。主要从事大安全观指导下的国家安全学、安全信息学、安全情报学、安全文化学、安全学科建设等跨学科交叉领域的安全（Safety & Security）科学基础理论及应用推广研究。创立了安全文化学、安全信息学、安全情报学学科理论体系。以第一或通讯作者在本领域重要期刊发表 SSCI、SCI、CSSCI、CSCD 检索论文 100 余篇，出版《安全文化学》《安全信息学》《安全情报学导论》等专著或教材 9 部。主持国家社会科学基金重大项目 1 项、国家社会科学基金一般项目 2 项、国家社会科学基金重大项目子课题 1 项、教育部人文社会科学研究项目 1 项、省级自然科学基金项目 1 项、教育部产学合作协同育人项目 1 项，参与国家级、省部级课题 10 余项。获省级社会科学优秀成果奖、省级教学成果奖、省级优秀博士学位论文、省级研究生优秀教材等荣誉或奖励。

【本书内容导图】

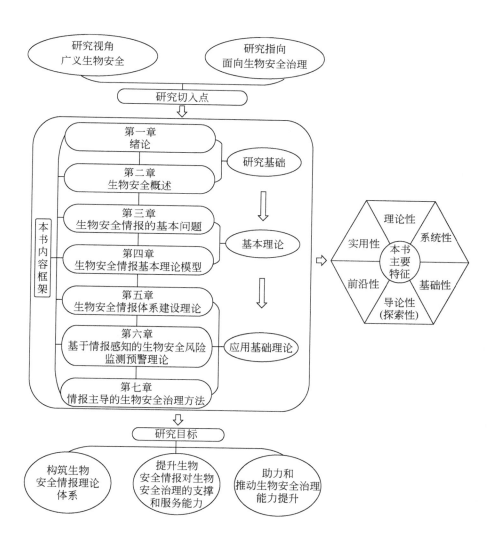

前　言

　　生物安全起源于对传染病、生物恐怖袭击和生物武器威胁的关注。近年来，随着新发突发传染病等公共卫生安全事件频发，以及新型两用生物技术误用、滥用和谬用的安全风险加剧，特别是在当前新冠疫情在全球大流行的背景下，全球对生物安全的关注达到空前的程度。目前，新发突发传染病、生物入侵、农业转基因生物、农用化学品、新型生物技术、生物实验室泄漏、生物恐怖袭击、生物武器威胁等带来的生物安全风险已成为自然和人类社会健康发展中的焦点问题，生物安全已发展为21世纪危及公众生命健康安全、国家安全乃至全球安全的世界性重大安全课题。

　　近些年，国际社会特别是发达国家显著加强生物安全研究，积极构建生物安全治理体系，充分反映出生物安全研究的重要性和紧迫性。新冠疫情发生以来，习近平总书记多次谈到生物安全治理。2020年2月14日，习近平总书记在中央全面深化改革委员会第十二次会议上强调："要从保护人民健康、保障国家安全、维护国家长治久安的高度，把生物安全纳入国家安全体系，系统规划国家生物安全风险防控和治理体系建设，全面提高国家生物安全治理能力。"这一论断不仅丰富了国家安全体系的内容要素，完善了国家安全体系的顶层设计，还为加强国家生物安全治理体系和治理能力建设明确了方向和路径。2021年9月29日，中共中央政治局就加强我国生物安全建设进行第三十三次集体学习，习近平总书记强调，加强国家生物安全风险防控和治理体系建设，提高国家生物安全治理能力。可见，目前生物安全研究正当时，意义非常重大。

　　21世纪以来，生物安全研究受到了生物科学、生命科学、医学、环境生态科学等自然科学领域研究者的广泛关注。其实，生物安全是典型的自然科学与社会科学交叉领域，生物安全研究需要自然科学与社会科学领域学者的共同参与和发力。近年来，社会科学（如法学、伦理学与公共管理学科等）领域研究者也开始关注并开展生物安全研究，但社会科学视域下的生物安全研究尚处于起步阶段，亟待进一步充实和深入。

　　安全情报学作为以社会科学属性为主并兼具理工科特色的一门应用性学科，历来强调关注和解决国家和社会发展中面临的重大安全问题，新安全风险和新安全问题可为安全情报学源源不断地提供新的研究课题和研究对象。同样，防范化解生物安全风险和解决生物安全问题期待着安全情报学提供更多的智力支持。换言之，安全情报学理应是生物安全治理研究与实践工作的一个重要学科视角，主要原因如下。

第一，根据诺贝尔经济学奖获得者、著名管理学家赫伯特·西蒙的管理理论，情报是管理（特别是决策）的根据、基础和起点。情报学作为一门以情报为研究对象的学科，旨在解决管理中的信息不完备问题。同理，在生物安全领域，生物安全治理离不开生物安全情报的支持。

第二，根据《中华人民共和国国家情报法》，新时代我国的情报研究与情报工作应以维护国家安全和利益为宗旨，坚持总体国家安全观，为国家重大决策提供情报参考，为防范和化解危害国家安全的风险提供情报支持。生物安全是国家安全的核心组成部分，防范和化解生物安全风险需要生物安全情报提供支撑。

第三，在当今信息时代，特别是大数据时代和智能化时代，面对日益错综复杂和严峻的生物安全形势和生物安全风险，只有通过搜集、整理、分析生物安全信息，从众多纷繁复杂的生物信息中提炼出所需要的生物安全情报，才能在生物安全风险防范化解中胜出。可见，生物安全情报已成为生物安全治理工作的重要基础性战略资源，生物安全治理能力的提升必须依赖高质量的生物安全情报，在生物安全治理中，运用好生物安全情报理论、方法和手段，可以说是大数据和智能化时代不可或缺的生物安全治理手段。

在上述背景和需求促使下，生物安全情报这一新兴研究领域诞生了。但遗憾的是，生物安全在诸多社会科学领域仍是一个新领域，在安全情报学领域亦是如此，因此生物安全情报研究尚极为罕见，生物安全情报学这一重要的新学科尚未正式提出，生物安全情报理论体系尚未建立，这严重阻碍了生物安全情报实际工作的开展、生物安全情报体系的建设和生物安全治理能力的提升。

正是意识到生物安全情报研究的重要性和紧迫性，加之在新冠疫情影响下，国家相关部门更加重视生物安全治理工作。作者开展了一些应用层面的生物安全情报咨询和研究工作，同时也想把前期取得的安全情报学理论研究成果推向应用服务，在上述多因素推动下，作者在安全情报学研究基础上，于2020年在《情报杂志》上发表了一篇题为《生物安全情报：一个安全情报学的重要新议题》的论文，开展了生物安全情报方面的初步探索。后续又撰写和发表了数篇该方面的研究论文。

在生物安全情报研究和咨询实践工作中，作者深刻体会到，生物安全治理和生物安全情报实践如果没有正确理论的指导，容易"盲人骑瞎马，夜半临深池"，生物安全情报理论研究亟待开展。习近平总书记曾勉励理论研究工作者要"立时代之潮头、通古今之变化、发思想之先声"。作为生物安全情报领域的一名探路者，必须聆听时代之声，回应国家重大生物安全战略需求，为大力实施国家安全（包括生物安全）战略、奋力推动生物安全治理体系和能力现代化贡献力量。

正因如此，自新冠疫情暴发至今，著者一直持续关注生物安全情报研究并在生物安全情报领域潜心耕耘，每时每刻都惦记着这方面研究工作。作为一名科研工作者，著者的初心和目标很简单朴素，就是想撰写一本具有抛砖引玉性质的生物安全情报理论专著，以期夯实生物安全情报理论基础。带着这样的初心和目标，著者与自己所带的研究生一起专心钻研和探索，才有了今天呈现在大家面前的这本拙作。

目前，专门的生物安全情报研究成果非常缺乏。本书响应和服务当今国家重大战略需求，站在广义的生物安全视角与高度，面向生物安全治理实际工作，基于安全情报学一般理论和方法，构筑生物安全情报理论体系，以期指导生物安全情报工作开展，强化生物安全情报对生物安全治理的支持作用，开辟生物安全治理新视角和新方法，进而推动生物安全治理能力提升。

概括看，本书力求突出以下三大主要特色和亮点。

1）研究站位高，研究视角和指向独特而科学。本书站在广义的生物安全研究视角与高度，面向生物安全治理实际工作，开展生物安全情报理论研究，研究视角和指向独特且科学合理。扼要分析如下。

第一，研究视角是广义的生物安全视角。在传统生物安全研究中，Biosafety 和 Biosecurity 往往是分割独立研究的，广义的生物安全视角的生物安全研究较少，导致生物安全研究成果（特别是理论研究成果）的普适性偏低。近年来，学界和实践界普遍意识到，生物安全的内容涵盖Biosafety 和 Biosecurity 两个层面，且一般二者紧密联系，相互影响，相互转化，不可分割。因此，生物安全是一类典型的大安全（即 Safety & Security）问题，须基于广义的生物安全（即 Bio-safety & security）视角建立统一的生物安全理论和工作框架，将 Biosafety 和 Biosecurity 中割裂和重叠的各部分综合起来，从而提高生物安全研究成果的普适性和实际生物安全工作的全面性。就生物安全情报研究而言，从广义的生物安全角度出发，可拓展和提高生物安全情报研究的视野和格局，有助于构建具有普适性的生物安全情报理论体系。

第二，研究的指向是面向生物安全治理。生物安全情报的价值在于支撑生物安全治理工作。可见，生物安全情报是面向生物安全治理的。为了使生物安全情报理论更加贴近现实和更好地服务生物安全治理工作，生物安全情报理论研究必须面向生物安全治理。同时，生物安全情报理论必须与实践相统一，生物安全情报理论研究一旦脱离实践，就会失去活力和生命力，为避免生物安全情报理论研究与实践脱节，需要面向生物安全治理开展生物安全情报理论研究。总之，面向生物安全治理开展生物安全情报理论研究，既可建立面向生物安全治理的生物安全情报理论体系，又可有效弥补生物安全情报理论研究与实践应用之间的鸿沟，可显著增强生物安全情报理论研究成果的实践性和应用价值。

2）研究目标聚焦而独到。首先，本书紧盯时代性和世界性的重大安全课题之生物安全问题，选题立时代潮头，旨在回应和服务当今国家重大战略（即生物安全战略）需求。其次，本书的研究定位是理论层面的生物安全情报理论研究，旨在构筑生物安全情报理论体系（需要说明的是，生物安全情报的具体实践应用成果往往涉密，不宜公开发表，考虑到这一问题，本书尽可能不涉及生物安全情报具体实践应用方面的内容）。最后，本书的实践应用层面的研究目标明确，即解决生物安全治理中的生物安全情报缺失问题，促进生物安全情报对生物安全治理工作的支持和服务作用。

3）突出六大特点。一是系统性强，本书是一本系统介绍和研究生物安全情报的专著；二是理论性强，本书的核心内容是安全情报理论；三是基础性强，本书旨在夯实生物安全情报研究与实践的理论根基；四是导论性（探索性）强，本书的研究较为宏观，旨在概括展示生物安全情报的全貌，且很多研究内容尚需进一步开展深入研究；五是前沿性强，本书关注的生物安全问题是前沿重大安全新问题，本书的研究对象之生物安全情报是前沿新兴研究领域，故本书开展的研究具有开创性；六是实用性强，本书面向生物安全治理，构建面向生物安全治理的生物安全情报理论体系，提出基于情报的生物安全治理新思路和新方法。

毋庸讳言，由于生物安全情报本身是一个新领域，本书仅是一本具有探索性和导论性的理论学术专著，它的出版更多是表明作者的探索取得了阶段性的成果。同时，由于时间仓促、资料占有不全，特别是作者的经验、水平与精力的有限，书中难免存在疏漏，恳请广大同仁和读者批评指正。

　　在此，特别感谢作者的研究生团队（包括朱媛媛、李定霖、王渊洁、吕雯婷、周佳胜、巩燕与徐方廷等）为撰写本书所做的巨大努力和付出，感谢导师吴超教授对作者的长期指导、关照和鼓励，感谢书中引用的相关文献的作者朋友们。能集中一段时间安心写书非常难得，这绝离不开家人的付出、支持和理解，感谢父母和妻子辛苦带可爱的彤宝宝，感谢自己在带娃中坚持研究和写作。

　　生物安全是未来相当长时间内维护国家安全乃至全球安全的重点课题，生物安全情报研究任重而道远，在此呼吁各位同仁一起来研究和发展生物安全情报理论，一起来助力实现生物安全治理能力和体系现代化，一起来努力实现我们共同的安全梦想——让我们的国家和世界更安全、和谐而美好！

王　秉

2022 年 3 月

目　　录

第一章 绪 论

※本章导读※

本章是本书的开篇,本章内容旨在给读者学习本书后面章节内容打好基础。首先,明晰某个研究领域的基本概念是了解、学习和开展这一领域研究的基础和起点,本章重点界定和剖析生物安全情报研究所涉及的两个直接概念,即生物安全与生物安全情报。本章基于安全概念界定和解读生物安全概念,基于情报和安全情报概念界定和解读生物安全情报概念。其次,要开展某一领域的研究,首要任务是本着严谨的科学态度考察与分析开展这一领域研究的必要性与重要性。本章分别从研究背景与意义两方面出发,深入论述开展生物安全情报研究的必要性与重要性。最后,介绍本书的研究思路与内容框架,让读者对本书的撰写思路与内容框架有一个基本了解。

第一节 生物安全概念的界定与解读

从概念的包含关系来看,生物安全属于安全概念范畴。换言之,"安全"是属概念,"生物安全"是种概念。因此,需要在安全概念基础上了解、认识与洞察生物安全概念。因此,本节首先介绍安全概念,然后在此基础上界定与解读生物安全概念。

一、安全概念

中文中的"安全"一词是 Safety 与 Security 两个英文单词的集成体。根据 Safety 与 Security 各自的含义,二者存在一些区别(表1-1)(Piètre-Cambacédès and Chaudet,2010)。由于二者存在显著差异,且传统安全问题相对单一,往往是相对孤立的 Safety 或 Security 问题,故传统安全研究和实践往往是将 Safety 与 Security 割裂开来看待的。例如,在安全研究初阶段,工程技术科学安全工作者(除信息安全工作者外)侧重于关注 Safety [如事故,这是因为"事故"的英文"Accident"一词的形容词形式为"Accidental"(中文意为"意外的"),这表明事故属于无意的因素导致的安全事件，属于 Safety 的范畴］，社会科学安全工作者侧重于关注 Security。

表 1-1　Safety 与 Security 的区别

序号	比较维度	Security	Safety
1	安全事件致因	蓄意的因素（主要指蓄意的行为所致的安全事件）	无意的因素（主要指无意的行为所致的安全事件）
		有计划的因素（通常是有计划和有预谋的行为所致的安全事件）	无计划的因素（通常是无计划和无预谋的行为所致的安全事件）
2	威胁（危险）	系统外部的威胁，侧重于系统外部安全威胁	系统内部的威胁
		威胁具有强隐蔽性，难以察觉和感知	威胁的隐蔽性较弱，易察觉和感知
3	影响与损失的波及范围	影响与损失的波及范围相对较大，涉及人员伤亡、财产损失、信息盗取、环境破坏与发展利益等多方面	影响与损失的波及范围相对较小，主要涉及人员伤亡与财产损失
4	涉及行业和领域	各行业各领域均涉及	主要是工业和运输业
5	不确定性	高度的不确定性，且对安全威胁的了解程度较低	较低的不确定性
6	安全策略	主要是对安全威胁的防御，侧重于强化系统自身的安全保障能力	安全威胁的消除、降低及防御

　　根据上述认识，系统安全（System Safety & Security）同时涉及 Safety 与 Security 两方面，且二者相互转化、相互交织、密不可分，见图 1-1。图 1-1 是根据表 1-1 建立的系统安全模型框架。

　　如图 1-1，严格地说，任何系统安全问题都属于安全一体化（Safety & Security Integration）问题。基于系统安全学视角，安全一体化是指系统安全风险涵盖 Safety 与 Security 两方面的安全风险，系统安全促进要注意系统全部安全风险的管控（即要同时重视以上两方面的安全风险）（吴超和王秉，2018；王秉和吴超，2018a）。例如，对城市系统安全（简称城市安全）来说，城市安全涉及自然灾害、社会安全案件、恐怖袭击、工业事故、地下管线安全问题、火灾、交通事故、公共场所踩踏事故等的安全风险因素和安全威胁，这包括 Safety 与 Security 两方面的安全风险，且来自二者的安全风险通常是可以相互交织和转化的。因此，城市安全是一种

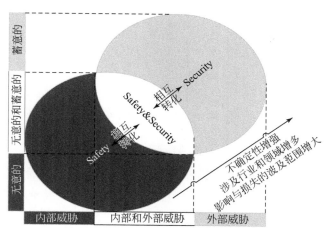

图 1-1　系统安全模型框架

典型的安全一体化问题。

　　总之，在安全研究和发展的高级阶段（即系统安全学阶段），随着系统安全学研究的日益深入，学界和实践界逐渐深刻意识到：对一个系统（如企业系统、工业系统、城市系统、社会系统和国家系统等）来说，其安全问题必然会牵扯到来自 Safety 与 Security 两方面的安全风险，且两方面安全风险相互影响、交织和转化，极难分割（吴超和王秉，2018；王秉和吴超，2018a）。可见，过去单一的 System Safety/System Security 问题与概念已慢慢演化为复合型 Safety & Security Integration（即安全一体化）（王秉和吴超，2019a）问题与概念。

　　近些年，安全工作者开始逐渐重视安全一体化方面的研究，开始认可与讨论"Safety & Security"这一复合概念（Florea and Popa，2012；Riel et al.，2018；王秉和吴超，2019a）。具体如下。

　　1）基于安全一体化视角的各类安全问题（如生物安全、关键设施设备安全、重大工程安全、核安全和社会安全等）都受到了广泛重视和研究。

　　2）荷兰的代尔夫特理工大学（国际上知名的安全科学研究机构之一）在过去的 Safety Science Group 基础上，专门成立 Safety & Security Science Group；2017 年，中南大学（国内安全科学重要研究机构之一）专门设立中南大学安全理论创新与促进研究中心（Safety & Security Theory Innovation and Promotion Center of Central South University，STIPC of CSU）。

　　3）2018 年，国际知名安全科学学术期刊 *Safety Science* 在其期刊网站刊登一则题为《Editor Security Research Selection》的征稿信，旨在征集安全一体化方面的研究成果。

4）2020 年，北京科技大学专门成立大安全科学研究院，这里的"大安全"显然涵盖 Safety 与 Security。

5）Safety & Security 方面的学术期刊不断涌现，如国际期刊 *Journal of Integrated Security and Safety Science*、*International Journal of Safety and Security Engineering*，中文期刊《安全》（*Safety & Security*），等等。

虽然现在已有众多仅针对 Safety 或 Security 的安全定义，但尚未有同时融合 Safety 与 Security 含义的安全定义。根据上面论述的系统安全的内涵，从系统角度出发，提出本书关于安全（Safety & Security）的定义：系统免受不可接受的内外因素不利影响的状态（王秉和吴超，2017）。这一安全定义的逻辑及数学表达式为

$$\begin{cases} S = (0, X_0] \\ X = f(x_1, x_2) = f(x_{11} + x_{12}, x_{21} + x_{22}) \end{cases} \tag{1-1}$$

式中，S 为系统的安全度；X 为内外因素对系统的不利影响；X_0 为可接受的内外因素对系统的不利影响的最大值（临界值）；x_1 为系统内部因素；x_2 为系统外部因素；x_{11} 为系统内部的蓄意风险；x_{12} 为系统内部的意外风险；x_{21} 为系统外部的蓄意风险；x_{22} 为系统外部的意外风险。

其中，"不利影响"的表征具体包括系统正常运转受干扰或终止、系统功能降低甚至失效、系统内出现安全事件（包括事故）、系统内发生损失等；根据安全的属性（相对性）和安全管理习惯，"可接受安全风险"可作为衡量和判断"内外因素不利影响的可接受程度"的基本判据。很明显，上述界定的安全属于广义的安全概念。

1）就内容和内涵而言，它既包括 Safety 又包括 Security。

2）就主体、行业或领域而言，它针对普遍安全（最一般和最普遍的安全），是超越所有特定主体、行业或领域的安全，这是因为：定义中的"系统"可以指生产、工业、城市、国家与社会等任何特定主体、行业或领域，在安全领域，这就是所谓的"大安全/普通安全"（General Safety & Security）。

安全概念的演化过程见图 1-2。

此外，为深入理解和明确安全的定义，这里亦给出系统的具体定义：系统是指相互作用、相互依存的若干组成部分结合而成的，具有特定功能的有机整体（王秉和吴超，2017）。

图 1-2　安全概念演化过程示意图

二、生物安全定义的演进和发展

据考证，目前，国内外就"生物安全"这一概念尚无明确统一定义（莫纪宏，2020）。不同角度和不同时期，学界对生物安全的定义有所不同。以 2003 年严重急性呼吸综合征（Severe Acute Respiratory Syndrome，SARS）为界，学界对生物安全的定义在不断演进和发展。

1）SARS 疫情暴发之前，有关生物安全的定义主要从防止家禽生物遭受微生物侵害的角度出发，这里的生物安全并未将人作为生物中的一员考虑在内，这时的生物安全可定义为：保护家禽类生物免受另一种生物（如微生物）的侵害。

2）2003 年 SARS 疫情暴发，学界首次将人这一生物纳入生物安全考虑范畴当中，这时的生物安全可定义为：保护一种生物（包括人类）免遭另一种生物或其他因素的侵害。

3）SARS 疫情暴发后的一段时间里，微生物对人的生命和健康安全的威胁研究引起学界的广泛关注，生物安全议题也扩大到更加广泛的领域，生物安全的定义随之发生改变，这时的生物安全定义为：保护所有生物免遭其他所有生物和其他因素的侵害。生物安全逐渐演变成表述不同生物间安全性影响的更广泛意义上的概念。

对于人类而言，生物安全不仅指人类自身的安全，还应包括所有对人类有益的生物（简称有益生物）的安全。从这一角度理解，生物安全是指人类及有益生物的安全。这里所说的安全，对人类自身来讲，指人类健康、生活、生存以及生产等活动维持正常状态，免受不良因素威胁和破坏；对于有益生物而言，则是它们能够正常生长繁殖并发挥其正常功能，从而保证环境中的生物多样性和生态环境的相对稳定。反之，若人类及有益生物的正常活动和生存受到威胁和破坏，就是失去安全了。需要说明的是，上面提到的有益生物是指对人类和生态环境有益的各种生物，包括人类种植的植物、养殖的动物、培养的微生物以及自然和人造森林等，不包括对人类及其有益生物有害的生物，如各类害虫、杂草和病原物等（谭万忠和彭于发，2015）。

根据《中华人民共和国生物安全法》，从国家安全角度，生物安全是国家安全的重要组成部分，是指国家有效防范和应对危险生物因子及相关因素威胁，生物技术能够稳定健康发展，人民生命健康和生态系统相对处于没有危险和不受威胁的状态，生物领域具备维护国家安全和持续发展的能力。

三、基于现代安全定义的生物安全定义

理论而言，安全是生物安全的上位概念，要定义生物安全，首先要明确安全的定义。根据安全的定义，参考已有的生物安全相关定义（莫纪宏，2020；郑涛等，2012；Richardson，1999；Meyerson and Reaser，2018）[1][2]，根据生物安全定义的演进和发展趋势，从本义角度定义生物安全。顾名思义，从本义（即生物本身的安全）角度讲，所谓生物安全，是指某一特定生物系统不受内外不利因素影响的状态（王秉，2020a）。对于生物安全的这一定义，需要说明以下三点。

1）生物系统类似于生态系统，指在自然界的一定空间内生物与环境构成的统一整体。

2）生物指具有生命活力的物体，包括动物、植物、微生物所属各种类，它们具有一定生存和繁殖能力，并具备遗传和变异特征。

3）不利因素影响主要指某一特定生物系统中的一种或几种生物受到了其他生物（一般来自某一生物系统外部）的侵害，以致打破生物系统的相对平衡状态。

须特别强调的是，根据安全的概念，显然，生物安全概念中的"安

---

① 王小理、薛杨、杨霄：《国际生物军控现状与展望》，《学习时报》2019-06-14 第 2 版.

② 刘跃进：《生物安全在国家安全体系中的地位》，https：//baijiahao.baidu.com/s？id=1658746702070605199&wfr=spider&for=pc（2020-02-17）［2021-06-01］.

全"概念的完整准确含义是"Safety & Security"。例如，2019 年 3 月 10 日，生物安全领域专业期刊 *Journal of Biosafety and Biosecurity* （《生物安全与生物安保杂志》（英文））在北京举行发布仪式，标志其正式上线并可供读者阅读。这本专业学术期刊的名称就直接表明，"生物安全"中的"安全"一词的完整准确含义是"Safety & Security"，因此"生物安全"的准确完整的英文应是"Bio- safety & security"。其实，纵观生物安全领域的国内外相关研究也可以直观看出，生物安全包括 Biosafety 与 Biosecurity 两大范畴，且很多时候二者是同时被考虑和研究的，这是因为 Biosafety 风险与 Biosecurity 风险相互交织、转化和叠加，必须作为一个整体来研究。

四、生物安全定义的解读

根据生物安全的定义，从生物安全的本义角度，生物安全主要指生物体对生态系统是否安全，属于生态安全的主要影响因素和关注点之一。从分类的角度看，可将生物划分为人和非人生物（即其他生物）两大类。因此，通俗讲，生物安全是指人类的生命健康安全或其他生物的正常生存、发展免受生物危险有害因素或其他危险有害因素不利影响（包括侵害和损害）的状态。生物危险有害因素包括现代生物技术（如转基因技术）的开发和应用、外来有害生物的引进和扩散，以及对人类生产和健康造成不利影响的各种传染病、害虫、真菌、细菌、线虫、病毒和杂草等。

从生物安全的本义来看，生物安全的着眼点和归宿点是保障人体健康安全和动植物、微生物安全，保护生态环境，它的重点关注范畴包括四大方面。

1）防控重大新发突发传染病、动植物疫情，它们主要指微生物、寄生虫等病原体对人及动植物的侵害。

2）防范外来物种入侵，指某一特定生物系统外部的植物、动物与微生物各种生物体进入此生物系统，并对此生物系统造成不利影响或带来威胁的现象。

3）保护生物多样性，一般包括保护遗传多样性、保护物种多样性和保护生态系统多样性。

4）防控非生物危险有害因子对生物产生威胁，如农用化学品对农作物及食品安全的不利影响，乱砍滥伐、乱捕滥食等人类破坏自然的行为也会引发生物安全问题。

据考证，学界早期的生物安全研究主要关注生物安全本义层面的研究，如病原微生物安全（它的关注点是使人或其他动物免受能使人或其他动物致病的微生物的危害）、家禽生物安全（它的关注点是使家禽免受病毒、细菌、真菌、寄生虫等各种生物污染因子的侵害）及外来生物入侵等，可将这些生物安全问题称为传统生物安全问题（莫纪宏，2020）[①]。随着科技的快速发展，特别是现代生物技术的快速开发和广泛应用，非传统生物安全问题不断出现，正因如此，在生物安全的本义基础上，生物安全的内涵和外延也在不断发生延伸和拓展。

近年来，国家和社会各界开始广泛关注现代生物技术开发和应用方面的安全风险防控问题，特别是生物技术开发和应用对生态环境和人体健康安全产生的潜在威胁，如以合成生物学和基因组编辑技术为代表的新型两用生物技术的误用、滥用和谬用风险，以及生物实验室安全等（刘跃进，2020；孙佑海，2020）[①②③]。从总体演进趋势看，生物安全的内涵逐渐由"生物本身的安全风险问题"延伸至"生物相关的安全风险问题"。"生物相关的安全风险问题"主要指由生物因子引发的安全风险（包括生物本身的安全风险可能带来的外溢性风险），如实验室生物安全、生物资源和人类遗传资源的安全、微生物耐药、生物恐怖袭击及生物武器威胁等。

第二节　生物安全情报概念的界定与解读

从概念所属关系角度，生物安全情报属于安全情报，而安全情报又属于情报概念范畴。因此，理解生物安全情报概念离不开对情报和安全情报概念的洞察。鉴于此，本节在界定与解读生物安全情报概念之前，先对情报与安全情报概念进行介绍。

一、情报概念

情报概念源自人类社会实践活动，它是人类社会发展的产物。由于人类在社会生产与日常生活活动中，需要频繁接收、传递与使用各类情报，

[①] 孙佑海：《加快生物安全立法，全面提升生物安全治理能力》，《光明日报》2020-02-22 第7版.

[②] 陈曦：《生物安全，中国正在筑起一道"防火墙"》，《科技日报》2020-04-16 第1版.

[③] 刘跃进：《生物安全在国家安全体系中的地位》，https：//baijiahao. baidu. com/s？id = 1658746702070605199&wfr = spider&for = pc（2020-02-17）［2021-06-01］.

因此，从广义角度理解，自从有了人类就有了情报。只是人类初期的情报比较原始，情报交流的内容和形式都比较简单。随着人类社会与文明的发展和进步，情报交流与传递的内容与形式均发生巨大变化。

情报发展大体经历了四次大转折：第一次转折是因部落联盟间矛盾激化导致军事行动而产生的军事情报；第二次转折是因文字诞生，以及造纸术和印刷术的发明而出现情报交流，情报传递方式发生重大变革；第三次转折是因人类文明和科学技术高度发展，情报成为政治、经济、文化、教育和科学技术等的前提和基础而出现情报工作职业化发展倾向；第四次转折是因情报业在国家治理、国民经济和社会发展中的重要性越来越高而出现情报社会化倾向。在漫长的情报实践发展过程中，人类对情报概念的理解也是不断发展变化的，这是因为人们在不同时期对情报概念的认识，始终与当时的情报工作发展密切相关。下面简要枚举和分析不同时期的一些具有代表性的关于情报概念的理解和认识（梁慧稳，2018）。

在现代情报学形成之前，情报的早期概念源于军事领域，并局限于军事领域（谢晓专和高金虎，2020）。在我国《辞源》（1915 年 10 月版）中，情报的释义是："军中集种种报告，并预见之机兆，因以推定敌情如何，而报于上官者"。在《辞海》（1939 年版）中，情报被解释为："战时关于敌情之报告，曰情报"。在《辞海》（1978 年版）中，将情报解释为："情报泛指一切最新的情况报道"。从军事领域来理解情报一词，多带有机密性和对抗性。这也是日常生活中人们对"情报"一词的直观理解和感受（梁慧稳，2018）。

步入 20 世纪 50 ~ 60 年代，由于科学技术迅速发展，文献记录数量日益繁多，世界各国普遍建立科技情报（或称为"科学情报"或"文献情报"）机构，其主要工作任务为编制文摘、目录和索引，实现对文献情报开展书目控制管理和开发利用。系列化知识的情报概念正好体现了这一时期的情报工作情况。1963 年，日本学者梅棹忠夫（Tadao Umesao）定义了情报：人和人之间传播的所有符号系列化的知识（周柏林，1997）。科技文献量快速增长的同时，电子计算机开始普及并被应用于文献管理工作中，电子计算机能够帮助人们解决对知识的大量搜集、浓缩和系列化问题。计算机辅助的系列化由传统的以数本书、数种刊物为对象发展至以数篇文献资料为对象，直至以数个知识单元（即数据）作为对象。在科技文献领域，上述演变发展促使情报概念由将文献作为工作对象转变为以文献内容（即知识）作为工作对象，这又赋予了"情报"一词独特的含义——情报的知识传递性（梁慧稳，2018）。

随着情报从军事领域发展演变到政治、经济、科技、商业、管理、文化、教育等领域，情报概念的含义已不再局限于单纯的"带有机密性质的消息或报道"，而是逐渐与文献、资料、资讯、信息和知识等术语建立了密不可分的关联。例如，《辞海》的 1989 年版和 1999 年版依次解释：

1）情报是获得他方有关情况以及对其分析研究的成果；

2）情报是获取的他方有关情况以及对其分析判断的成果。

但值得一提的是，这两版《辞海》也补充说明了情报概念的外延，根据内容与性质的不同，把情报具体划分为政治情报、经济情报、军事情报与科技情报等。美国战略情报之父谢尔曼·肯特（Sherman Kent）认为："情报是某种组织通过行动而追求的特定的知识"（Kent，1951）。肯特揭开了千百年来笼罩在情报工作上面的神秘面纱，使人们认识到，情报是人们日常生活中不可或缺的知识或信息，而"情报工作本质上就是寻找唯一的最佳答案的过程"（高金虎和吴晓晓，2014）。中国著名科学家钱学森先生推崇情报概念的"知识说"。在 1983 年国防工作情报工作会上，他指出，情报是激活了、活化了的知识（袁有雄，2013）。杨峥嵘和解虹（1988）亦指出，情报是新的能影响决策的知识。

随着情报科学的发展，传统情报概念的"知识说"又不断发展演变成情报概念的"信息说"。例如，美国学者 Yovits 和 Kleyle（1993）指出，情报是对决策有价值的数据和信息资料。杨建林（2020）指出，情报是基于用户所需解决的问题以及所处环境约束而从全部利益相关者外部获得的信息。换言之，若基于信息概念理解和认识情报，则情报是一种具有传递价值的信息。当今，情报理论界与实践界一致认为，情报是一种有用的信息（包括知识），这应是情报的本质（陈超，2017）。换言之，具有价值是情报的根本属性。细言之，情报是针对特定对象的需要而提供的有用的信息。

情报的定义始终是情报理论界的热点主题之一。虽然至今尚未形成具有共识的情报定义，但综合分析多方观点和认识，有以下两方面具有共性的认识（王秉和吴超，2019b）。

1）情报是被"激活"了的"加工了的信息"，情报的本质依旧是一种信息（就逻辑次序而言，信息在先，而情报在后）。

2）如果面向管理，情报研究旨在服务于管理（主要是决策），旨在解决管理中的情报缺失（不完备）问题。

由此，我们可将一般意义上的情报理解为所有影响了管理的信息（内容）（陈超，2017）。

二、安全情报概念

安全情报的讨论和研究由来已久。归纳看，这方面的有关研究主要具有下述 3 个显著特征（王秉和吴超，2019b）。

1）就研究主题而言，研究主题集中在国家安全、军事安全、科技安全和网络空间/信息安全等 Security 方面，当然也有大安全/普通安全、生物安全、公共安全、城市安全应急等 Safety & Security 方面的研究（近年来，作者对 Safety & Security 方面的安全情报开展了一些探索性研究）。

2）就研究涉及领域而言，研究成果分散在国家安全、军事安全、科技安全和公共安全等特定的安全领域或某个特定的安全管理环节（主要是应急管理环节），近年来，面向总体安全（或称为"大安全/普通安全"）与安全管理全过程的相关研究也开始显现，并逐渐成为这方面的主流研究和发展趋势。

3）就研究主体而言，研究主体集聚在情报科学、公共管理和安全科学等学科领域。

目前，对安全情报的研究比较零散，缺乏统一的规范和指导。因此，不同领域的研究者对安全情报的概念并未形成统一认识。安全情报是情报的一个子概念，可简单理解成"与安全有关的情报"。但这种认识的针对性、科学性和严谨性明显不足，未阐明安全情报的功效与本质等，缺少安全自身内涵与特色。为实现理解、表达与交流方面的统一，为适应安全研究及实践工作的演进趋势和安全情报概念的发展趋势，为防止与不同情报子概念的混淆，非常有必要基于安全角度理解和界定安全情报概念。

安全情报是安全和情报两个概念的组合。对于本书所涉及的广义安全情报的定义，根据广义的安全定义和面向管理的情报定义，从系统安全学角度出发，将安全情报定义为：安全情报是影响了安全管理的信息（王秉和吴超，2019b）。细言之，安全情报指一切影响了安全管理者（它既可指"个体人"，也可指"组织人"，即安全管理机构）的安全管理行为（主要包括安全预测行为、安全决策行为和安全执行行为）的安全信息。为深刻领会安全情报的定义，需要简要剖析上述安全情报定义的深层含义。

1）该定义清晰阐明了安全情报的本质：安全情报的本质是一类安全信息。但需要强调的是，不能混淆安全信息和安全情报两个概念，它们之间的差异和联系相当于信息和情报二者之间的不同。安全信息流贯穿安全管理工作全过程，安全情报是直接针对安全管理问题和安全管理中的不确定性的安全信息，是对安全管理有用（即具有重要价值和意义）的安全信息。

2）该定义表明了安全情报的价值（即效用）：影响安全管理。从安全管理行为要素角度，安全情报主要影响安全预测行为、安全决策行为和安全执行行为三类安全管理行为。

3）该定义强调了安全情报的要义：安全情报的宗旨是服务安全管理，安全情报对安全管理者的安全管理行为具有显著的支撑、改进与修正作用，安全情报的关键价值在于克服安全管理中的安全情报缺失问题。

4）该定义符合安全情报概念的发展走向：综上所述，基于系统安全学视角定义安全情报具有巨大优势，主要理由是，系统安全学视域下的安全情报定义能全方位体现安全情报概念的演进走向，包括总体安全、安全一体化和安全管理全过程。

三、生物安全情报概念

生物安全情报概念是一个组合概念，是生物安全与安全情报两个概念进行组合、交叉和融合形成的。根据生物安全定义及安全情报的定义（安全情报是影响了安全管理的信息。换言之，它是指对安全管理有用的安全信息，旨在解决安全管理中的安全情报缺失问题）（王秉和吴超，2019b），可给出生物安全情报的定义：生物安全情报是指影响了生物安全治理的一切生物安全信息。所谓生物安全信息，是指生物安全状态及其变化方式的自身显示。

根据生物安全情报的定义，实际上，生物安全情报也是一个类似于情报的总括性学术术语。换言之，生物安全情报有多重含义。具体而言，生物安全情报是产品、过程、工具（技术）和能力。

（一）生物安全情报是产品

情报专业人员强调，若收集到的情报不可用（或不可操作），那么它就不是情报（Turban et al., 2010）。作为一种产品，生物安全情报是可用的、可操作的生物安全信息（包括生物安全知识），是根据生物安全治理需求确定的可操作输出。生物安全情报是指收集、评估、整理、分析、整合和解释与生物安全的一个或多个方面有关的所有可用信息（包括数据）而产生的产品，这些信息对生物安全治理具有直接或潜在的意义，如生物安全计划、政策的制定和执行或防范化解生物安全风险等。简言之，生物安全情报是经过处理（分析与解释）的生物安全信息。

（二）生物安全情报是过程

首先，生物安全情报是通过计划、收集、处理和分析生物安全信息，产生和传播具有可操作性的生物安全情报的过程，以期帮助开展生物安全治理工作，提高生物安全性。生物安全情报过程包括五个关键阶段。

1）生物安全情报规划。例如，关注生物安全情报需求、亟待解决的生物安全问题。

2）生物安全信息收集。例如，从各种来源集中收集生物安全信息。

3）生物安全信息整理、获取和存储。例如，从不同角度，按照一定的规则划分生物安全信息类型，采用多种方法和技术从物理和电子等生物安全记录中获取关键生物安全信息。

4）生物安全信息分析。例如，将生物安全信息转换为可操作的生物安全决策信息。

5）生物安全情报报告和传播。例如，向有权和有责任对生物安全信息分析结果采取行动的机构或人员报告和传达生物安全情报。

根据 Wang 和 Wu（2019）以及 Brummer 等（2006），生物安全情报过程如图1-3所示。根据图1-3，该过程具有一系列相关步骤，且具有周期循环性。生物安全信息分析是把原始生物安全数据信息变成为生物安全治理提供支持的生物安全信息的关键步骤。作为一个过程，生物安全情报是指利用零碎的生物安全数据信息，将生物安全数据信息转化为与生物安

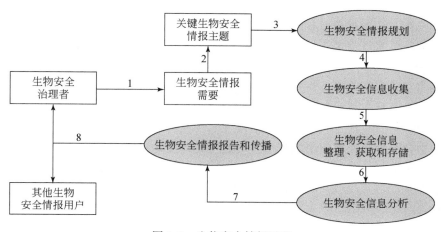

图1-3　生物安全情报过程

全治理目标和生物安全治理建议有关的具有可操作性的信息或知识，并将其应用于提升生物安全治理能力和水平。

其次，生物安全情报是生物安全信息（包括安全数据）驱动的过程，它将生物安全信息存储和收集与生物安全信息和知识管理结合起来，以期为生物安全治理（特别是生物安全治理决策）过程提供输入。

再次，由于处理生物安全信息依赖于生物类软件和信息技术，故生物安全情报是一个软件和技术驱动的过程，这一过程旨在从多个来源分析原始生物安全信息，并从中提取见解，从而做出更有效的生物安全治理决策。

最后，从生物安全治理的角度来看，生物安全情报是一个支持生物安全治理的过程，它体现了基于生物安全情报的生物安全治理（或称为情报主导的生物安全治理）过程。换言之，生物安全情报是生物安全治理过程的重要组成部分。

（三）生物安全情报是工具（技术）

第一，生物安全情报作为一套有效的工具（技术），可将生物安全数据转化为生物安全信息，再将生物安全信息转化为生物安全治理决策，从而有效地推动生物安全治理活动。生物安全情报包括数据仓库、生物安全分析（包括生物安全风险分析）工具和生物安全数据/信息/知识管理。具体来说，生物安全情报作为一种工具或技术，它由一系列体系结构和技术组成（如数据库、数据仓库和数据挖掘等），它们将原始生物安全数据信息转换成有用的生物安全信息，以期支持生物安全治理工作。

同时，各种信息技术和生物技术也是生物安全情报的关键支撑技术。例如，生物安全情报系统使用机器学习技术来识别相关信息（生物安全治理中无明确原因而发生变化的事物之间的关系），从而智能地预测生物安全信息，这有利于厘清生物安全相关因素的发展变化及其相互关系。因此，近年来，数据库管理、数据仓库、大数据挖掘等信息技术的飞速发展，以及这些信息技术在生物安全治理中的广泛应用，进一步推动了生物安全情报在生物安全治理中的应用。由此可见，生物安全情报作为处理和分析收集到的生物安全数据信息的工具或技术，需要众多最初源自生物安全学、安全科学、数据科学、信息科学、计算机科学和人工智能（Artificial Intelligence，AI）科学等多门学科开发的工具。

第二，生物安全情报是进行生物安全事件因果关系分析和生物安全风险诊断的强大工具和技术，这是因为它提供了一种生物安全数据信息驱动的方法，可将战略层的生物安全治理目标和政策与战术层的生物安全程序和一线操作层的生物安全治理活动有效联系起来。

第三，若想使生物安全治理取得成功，就应考虑采用生物安全情报技术提高生物安全治理的质量和效率。生物安全情报技术可使生物安全治理者能够基于高度准确和有价值的生物安全信息做出更快、更有效的生物安全治理决策。

总之，生物安全情报是一套工具（技术），它能使生物安全数据信息转换为生物安全治理过程中所需的及时和准确的生物安全信息，并以最合适的形式提供给合适的人员。

（四）生物安全情报是能力

首先，生物安全情报是收集和处理生物安全数据信息的能力。其次，生物安全情报是解决生物安全问题的能力，因为生物安全情报聚焦于解决生物安全问题，解决生物安全问题也是生物安全治理的直接目标和任务。最后，生物安全情报是了解和预测生物安全风险和变化并及时采取措施的能力。这种能力包括对生物安全治理的远见和洞察力。例如，生物安全情报可以识别即将发生的生物安全变化，这些变化可能是积极的，代表生物安全改进机会，也可能是消极的，代表生物安全威胁或挑战。当然，生物安全情报还可以表示其他能力，具体如下。

1）生物安全学习能力（如获取新的生物安全信息、了解最新的生物安全研究进展）。

2）适应和改造生物安全治理环境的能力。

3）理解生物安全治理因素（如生物威胁、生物安全事件与生物安全资源等）并根据该理解采取适当行动的能力。

综上所述，从生物安全治理角度看，生物安全情报作为一个新术语，是一种现代的生物安全治理思想和方法，结合了方法、过程、工具、技术和能力，将原始生物安全数据信息转换为生物安全情报产品（即有意义和具有操作性的生物安全信息），用以支持生物安全治理活动。通过识别生物安全风险、新的生物安全促进机会、生物危险因素和潜在生物安全威胁，揭示新的生物安全治理见解，优化生物安全治理过程，生物安全情报可在促进生物安全治理能力和水平提升方面发挥重要作用。可以肯定的是，在当今大数据和智能化时代，生物安全情报会越来越受众多生物安全治理者的青睐和重视。

第三节　生物安全情报研究的背景分析

一、从生物安全形势分析

生物安全是 21 世纪全球重大安全，全球生物安全面临多元交织化的严峻挑战[1][2]（特别是，目前我国就面临严峻的生物安全形势）（王秉，2020a）：①面临自然暴发的传染病的重大威胁；②面临的生物恐怖威胁日益上升；③生物武器威胁长期存在且逐渐增大；④微生物耐药性形势日益严峻；⑤生物技术滥用安全风险巨大；⑥保护生物多样性形势严峻；⑦外来生物入侵威胁严重；⑧生物实验室安全风险巨大，防控难度大；⑨人类遗传资源与生物资源安全潜在威胁增大。

二、从国家战略分析

发展和安全关乎国家兴衰存亡。统筹发展和安全是中国共产党治国理政的一个重大原则，是实现"两个一百年"奋斗目标的基本保证。党的十九届五中全会提出，统筹发展和安全，建设更高水平的平安中国。坚持总体国家安全观，实施国家安全战略，维护和塑造国家安全，统筹传统安全和非传统安全，把安全发展贯穿国家发展各领域和全过程，防范和化解影响我国现代化进程的各种风险，筑牢国家安全屏障。其中，安全是发展的基础，保证国家安全是头等大事。习近平总书记多次在不同场合、会议上强调安全的重要性。在此背景下，安全已上升为国家重大战略。面对突如其来的新冠疫情，我们深刻意识到，生物安全风险是事关国家安全和发展、事关社会大局稳定的重大安全风险挑战。2020 年 2 月 14 日，习近平总书记在中央全面深化改革委员会第十二次会议上强调："要从保护人民健康、保障国家安全、维护国家长治久安的高度，把生物安全纳入国家安全体系，系统规划国家生物安全风险防控和治理体系建设，全面提高国家生物安全治理能力。"可见，生物安全已经成为我国新型国家安全的重要

---

① 红星网：《我国面临什么样的生物安全形势？（上）》，http://www.hongxingchina.org/Article_view/？1704. html［2021-06-01］.

② 红星网：《我国面临什么样的生物安全形势？（下）》，http://www.hongxingchina.org/Article_view/？1706. html［2021-06-01］.

领域，生物安全战略是国家安全战略中的重要组成部分①。2020 年 9 月 29 日，中共中央政治局就加强我国生物安全建设进行第三十三次集体学习，中共中央总书记习近平在主持学习时强调，生物安全关乎人民生命健康，关乎国家长治久安，关乎中华民族永续发展，是国家总体安全的重要组成部分，也是影响乃至重塑世界格局的重要力量。要深刻认识新形势下加强生物安全建设的重要性和紧迫性，贯彻总体国家安全观，贯彻落实生物安全法，统筹发展和安全，按照以人为本、风险预防、分类管理、协同配合的原则，加强国家生物安全风险防控和治理体系建设，提高国家生物安全治理能力，切实筑牢国家生物安全屏障。

根据《中华人民共和国国家情报法》，情报工作的宗旨是维护国家安全和利益，国家情报工作坚持总体国家安全观，为国家重大决策提供情报参考，为防范和化解危害国家安全的风险提供情报支持。由此可见，情报直接关乎安全，保障安全离不开安全情报的强有力支撑。在生物安全方面，生物安全情报同样关乎生物安全风险防控和治理能力。及时获取、掌握生物安全风险方面的情报并使之在生物安全风险防控和治理中发挥特殊重要价值，是安全情报工作者和安全情报学专家学者的重大职责和使命。可见，生物安全情报与生物安全风险防控和治理密不可分，安全情报学及安全情报工作对国家生物安全负有神圣职责和使命。

从生物安全和安全情报学综合角度看，生物安全风险防控和治理能力建设、复杂生物安全问题解决亟待安全情报学加入并提供支持（王秉，2020a）。安全情报学是为安全管理工作提供情报支持和服务的一门学科（王秉和吴超，2019a），生物安全作为一个重要的国家安全领域，若安全情报学缺少生物安全情报方面的内容，就会直接影响安全情报学的完整性和系统性，亦会降低安全情报学提升国家安全保障能力和水平的重要性和贡献度。创立安全情报学的分支学科之生物安全情报学，有利于为防范和化解生物安全风险提供强有力的情报智力和能力支持，有利于提升生物安全风险防控和治理能力与水平，有利于推动国家生物安全风险防控和治理体系与能力现代化。

三、从技术支撑条件分析

在当今大数据时代，各个学科领域都已宣告迈入大数据时代。由于生

---

① 刘跃进：《生物安全在国家安全体系中的地位》，https://china.chinadaily.com.cn/a/202002/17/WS5e49edcca3107bb6b57a0192.html（2020-02-17）[2021-06-01].

物科学研究历来高度依赖实验，再加之生物实验室往往有多种生物实验设备设施，故随着生物实验能力和生物实验设备设施水平的提高，生物实验效率不断大幅提升，实验数据的产生效率和量也随之不断暴增。随之，生物信息学便兴起和高速发展。因此，生物科学历来是数据相对较为密集的学科领域，与其他学科领域相比，生物科学是较早迈入大数据时代的学科领域（王波等，2014）。1977 年 2 月，Sanger 和其同事发表第一个生物体的完整基因组序列，生物科学的大数据时代宣告来临（王波等，2014）。随着人类基因组计划的完成引发生物科学领域的一次大变革，高通量测序技术得到快速发展和应用，使生物科学领域拥有了强大的数据生产能力，包括基因组学、蛋白质组学、转录组学、代谢组学等生物科学数据。可以说，当前，生物科学研究与实践已全面进入大数据时代，生物大数据使原来假说驱动的传统生物科学研究范式转变为大数据和假说共同印证的系统生物科学研究范式。在此背景下，生物大数据已成为国家战略的一部分，其重要性不言而喻（王波等，2014）。目前，生物大数据的应用涉及多个领域，如生物安全领域的未知病原筛检和可疑致病微生物发现、生物监测与公共卫生安全监测等（王波等，2014）。

从生物安全学角度看，几乎所有生物数据都可为生物安全研究和实践所用（换言之，与生物安全风险相关的生物大数据就是生物安全大数据），生物大数据为生物安全研究和生物安全风险防范化解工作提供了宝贵财富。从生物安全学角度看，生物大数据及其相关技术的战略意义不在于掌握庞大的数据信息，而在于对这些大数据所蕴含的对生物安全风险防范化解工作有用的情报的提取和利用，从而提升生物安全风险防范化解工作的情报支持和保障能力。生物大数据的来源多样，在中微观层面包括基因测序、分子通道、不同的人群或物种等，在宏观层面涵盖临床医疗、公共卫生安全、生物科技（包括医药）研发、生物（包括医疗）市场、生物个体及群体行为研究、遗传学与组学研究、社会人口学、环境科学、生态学、军事学、公安学、国家安全学、生物网络和媒体等。就生物安全而言，将生物大数据应用于防范化解生物安全风险需要生物安全情报学理论和方法的支撑，把有用的信息和知识挖掘出来用以支撑生物安全风险防范化解工作。针对不同生物安全问题，通过处理和分析多种生物/信息技术产生的生物大数据获得生物安全情报，并将生物安全情报回归至相应的生物安全问题，对相应的生物安全问题进行解释和帮助解决。从这个角度讲，未来生物安全情报会在应用生物大数据防范化解生物安全风险工作中起到主导作用。

总之，现在，生物信息学、大数据、云计算与人工智能等方法和平台为生物安全情报研究提供了新的技术基础，它们让生物安全情报研究如虎添翼。较之过去，生物安全情报的来源渠道剧增，生物安全情报的数据量、信息量呈爆炸式增长。大数据使防范化解生物安全风险获得全源数据和信息具备了可能性，大数据、云计算与人工智能等新兴技术有效提升了生物安全情报分析挖掘的能力和效率，可大幅提升情报的价值含量和精准程度。上述技术条件使建立、建设和发展生物安全情报学具备了扎实基础与优良保障条件。换言之，在大数据和智能化时代，随着生物信息技术的发展与环境的变化，生物安全情报学已具备了创立并真正为生物安全风险防范化解工作作出具有独特而重要价值的贡献的良好条件和机遇。

第四节　基于文献综述的生物安全情报研究意义分析

一、生物安全治理研究重要而急需

自从国际上发生"炭疽粉末邮件"事件（它是一起典型的生物恐怖主义事件），生物安全问题就逐渐得到世界关注（李冰雪等，2009）。近年来，随着公共卫生安全事件频发，新型两用生物技术（它以合成生物学和基因组编辑技术为代表）误用、滥用和谬用的安全风险正在加剧，特别是在当前新冠疫情在全球大流行的背景下，全球对生物安全空前关注。

目前，新发突发传染病、生物入侵、农业转基因生物、农用化学品、新型生物技术、生物实验室泄漏、生物恐怖袭击、生物武器威胁等带来的生物安全风险已成为自然和人类社会健康发展中的焦点与热点问题，生物安全已进入当代国际视野，已发展为一种危及公众健康安全、生态环境、经济建设、社会安定、军事国防、科技安全、资源安全等多个方面的全局性重大国家安全甚至全球安全问题（莫纪宏，2020；王秉，2020a）[1][2]。正因如此，生物安全引起了国内外政府、社会和学界的高度重视，已经成为世界安全、国家安全的重要组成部分。例如，2019 年 10 月 21 日，《中华人民共和国生物安全法（草案）》首次提请第十三届全国人民代表

---

① 刘跃进：《生物安全在国家安全体系中的地位》，https://baijiahao.baidu.com/s? id = 1658746702070605199&wfr = spider&for = pc（2020-02-17）[2021-06-01].
② 王小理、薛杨、杨霄：《国际生物军控现状与展望》，《学习时报》2019-06-14 第 2 版.

大会常务委员会第十四次会议审议。《中华人民共和国生物安全法》由第十三届全国人民代表大会常务委员会第二十二次会议于 2020 年 10 月 17 日通过，自 2021 年 4 月 15 日起施行。

新冠疫情发生以来，习近平总书记不止一次谈到生物安全问题。2020 年 2 月 14 日，习近平总书记在中央全面深化改革委员会第十二次会议上强调：要从保护人民健康、保障国家安全、维护国家长治久安的高度，把生物安全纳入国家安全体系……系统规划国家生物安全风险防控和治理体系建设，全面提高国家生物安全治理能力。这一论断不仅丰富了国家安全体系的内容要素，完善了国家安全体系的顶层设计，且为加强国家生物安全治理体系和治理能力建设明确了方向和路径。由此可见，目前，研究生物安全治理正当时，意义非常重大。

无论国内还是国外，生物安全治理均是一个相对新的课题。目前，在实践层面关于生物安全治理的关注和讨论较多，而相比实践领域的广泛重视，关于生物安全治理的理论研究尚非常匮乏和不足，特别是尚未建立具有基础性和通用性的生物安全治理的基本理论与方法，从而导致现有生物安全治理研究远远无法有效防范化解复杂生物安全风险，无法有效应对大数据时代生物安全治理的新机遇和新挑战（表 1-2），更无法支撑智能化时代和大数据时代生物安全治理的"早发现、早研判、早报告、早处置、早解决""关口前移，预防为主"，以及智能化、精准化的需求。因此，亟待结合时代背景和现实需要，开展生物安全治理理论和方法创新研究，这对完善生物安全治理理论方法体系、提升生物安全治理能力、推进生物安全治理体系和能力现代化具有重要意义。

表 1-2 大数据时代生物安全治理的主要新机遇和新挑战

序号	主要新机遇和新挑战
1	生物安全数据信息量呈井喷式增长，可为生物安全治理提供丰富的安全数据信息资源，可为生物安全风险的科学感知、预测与决策等提供支持
2	运用大数据分析技术和方法，有利于收集和利用高质量的生物安全情报服务于生物安全治理
3	在大数据驱动的技术与方法变革影响下，生物安全治理的模式从底层支撑方式到上层方法应用都在发生着脱胎换骨的变化，生物安全治理范式和方法亟待创新
4	生物安全治理人员被数据淹没，无用的生物安全数据信息泛滥，但服务于防范化解生物安全风险的有价值的生物安全情报缺失

序号	主要新机遇和新挑战
5	生物安全治理面临"数据迷失"问题，即尚未明晰如何将大数据有效介入生物安全治理工作，以及如何从大数据中提取出真正对生物安全治理有用的生物安全情报，一味扎进大数据而导致生物安全治理工作出现迷失
6	数据信息的关联交互作用使各种生物安全风险因素的关联性、交织耦合性不断增加，导致生物安全风险易发频发，防范化解难度不断增大

二、完善生物安全治理视角与理论的需要

自 21 世纪以来，生物安全研究受到了生物科学、生命科学、医学、环境生态科学等自然科学领域研究者的广泛关注。其实，从安全科学（它是典型的大交叉大综合学科）角度看，所有安全问题均是典型的自然科学与社会科学交叉问题，生物安全问题亦是如此。正因如此，生物安全研究需要自然科学与社会科学领域研究者的共同参与。近年来，社会科学（如法学、伦理学、公共管理学科等）领域研究者也开始关注并开展生物安全研究，但社会科学视域下的生物安全研究尚处于起步阶段，亟待进一步充实和深入（王秉，2020a）。

根据诺贝尔经济学奖获得者、著名管理学家赫伯特·西蒙的管理（包括决策）理论（Simon，1959），情报是管理（特别是决策）的根据、基础和起点。情报学作为一门以情报为研究对象的学科，旨在解决管理中的信息不完备问题（赖纪瑶等，2018）。同理，在生物安全领域，生物安全治理离不开情报的支持。因此，情报学（更具体讲是安全情报学）作为以社会科学属性为主，兼具理工科特色的一门应用性学科（王秉和吴超，2019c），理应是生物安全研究与实践工作的一个重要学科视角。例如，为及时发现、准确预警和实时跟踪全球重大公共卫生事件，世界卫生组织于 20 世纪 90 年代后期开发了一套软件系统——全球公共健康情报网（Global Public Health Intelligence Network，GPHIN）。根据王秉和吴超（2019a）对安全情报学研究对象和研究内容的划分思路，生物安全情报应是安全情报学的一个具体研究对象和研究内容。曹文（2017）开展了基于多层异质复杂网络的生物安全情报分析技术研究。同时，《中华人民共和国国家情报法》第二条指出："国家情报工作坚持总体国家安全观，为国家重大决策提供情报参考，为防范和化解危害国家安全的风险提供情报支持，维护国家政权、主权、统一和领土完整、人民福祉、经济社会可持续发展和国家其他重大利益。"生物安全作为国家安全的核心内容要素

之一，防范和化解生物安全风险需要与生物安全相关情报（即生物安全情报）提供决策和服务。

此外，在当今信息时代，特别是大数据时代和智能化时代，生物安全情报已成为生物安全治理工作的重要基础性战略资源，生物安全治理能力的提升必须依赖高质量的生物安全情报。

但遗憾的是，生物安全在诸多社会科学领域仍是一个新领域，在安全情报学领域亦是如此，生物安全情报研究尚极为罕见。目前，较具代表性的专门的生物安全情报研究成果仅有曹文（2017）的研究，且其单纯是基于多层异质复杂网络的生物安全情报分析技术研究，生物安全情报学这一重要的新领域尚未正式提出，生物安全情报基本理论尚未明确，这严重阻碍生物安全情报研究及生物安全情报理论体系建设，进而严重影响生物安全治理能力和水平的提升。

三、生物安全学发展的需要

生物安全学是研究生物安全风险防控（具体包括防范和应对）的科学。从全球角度看，生物安全学的主要目标是保障人类生命健康安全、保护生物资源和生态环境，以及促进生物技术健康发展。单从某一国家来讲，生物安全学的核心目标还有维护国家安全利益，这是因为，生物安全是国家安全的重要内容，生物安全学是国家安全学的重要分支内容。生物安全学属于自然科学和社会科学深度交叉融合的研究范畴。自然科学和社会科学交叉形成的学科的研究对象一般都极其复杂。生物安全学的研究对象就极为复杂，涉及宏观、中观和微观多层次的研究。若想分析透彻生物安全问题，需从宏观、中观和微观多层次出发搜集更多的数据和信息并据此分析提炼为更为全面、准确和有价值的生物安全情报，以解决复杂的生物安全问题。但遗憾的是，过去的生物安全学研究主要集中在硬科学（即自然科学）方面，社会科学角度的生物安全学研究偏少，导致生物安全风险防范化解的软支撑理论和方法严重不足。显然，从情报学等社会科学视角开展生物安全情报研究是生物安全学发展的需要，生物安全情报研究有助于弥补传统生物安全学研究工作的不足，有助于丰富和完善生物安全学理论和方法。

同时，从生物安全学实践角度看，生物安全情报研究也亟待开展。由上可知，在当今大数据和智能化时代，生物安全情报工作已成为决定生物安全治理能力和水平的重要因素。生物安全问题的复杂性对生物安全态势感知、分析与评估等工作提出了高要求，多源异构生物安全信息加大了生物安全情报融合和利用难度，生物安全情报获取、传递和利用不力降低了生物安全风险防控效率和成效，要对复杂、多变、潜伏性大的生物安全风险进行及时有效防控，这已不是需不需要开展生物安全情报工作的问题，而是如何通过系统科学的生物安全情报工作（实践层面）和生物安全情报理论方法（理论层面）来提供支撑的问题。

四、安全情报学应用和发展的需要

安全情报学是旨在为安全风险防控（即安全治理）提供安全情报支持和服务的学科。安全情报学在多个安全领域发挥重要作用，并形成了以国家安全情报、公共安全（公安）情报、应急情报、科技安全情报等为代表的一系列安全情报学分支领域，分别对各个安全领域的专门类型的安全情报的本质、特点、内容及其在各自安全领域中的安全风险防控工作的地位和作用开展研究，并对相应的安全情报在所对应领域范围内的工作过程、规律、方法及体系等进行研究。目前，安全情报学理论研究和实践探索已积累了大量成果，要使安全情报学理论与方法在生物安全领域充分发挥作用，就须专门开展生物安全情报研究，进而形成系统化、科学化的生物安全情报理论和方法体系。唯有这样，才能使生物安全情报真正成为生物安全风险防控的"耳目、尖兵与参谋"。

此外，安全情报学是近年来才兴起和建立的一门新学科，亟待开拓安全情报学分支领域，以期丰富和扩充安全情报学内涵与内容。生物安全情报研究就是这方面的一个有益尝试和探索，这有助于丰富安全情报学的研究范畴。根据生物安全的范畴，可将生物安全情报的研究范畴概括为"五防三保一应对"：防控传染病与动植物疫情、防止生物技术滥用（误用和谬用）、防范生物恐怖袭击、防御生物武器威胁、防范外来物种入侵、保护生物多样性、保障生物实验室安全（尤其是病原微生物实验室生物安全）、保护人类遗传资源与生物资源安全，以及应对微生物耐药。可见，生物安全情报具有巨大的研究空间和广袤的应用天地。因此，生物安全情报研究有助于推动安全情报学应用和发展。

第二章　生物安全概述

※本章导读※

生物安全情报的指向和服务对象是生物安全治理。就研究者而言，要开展生物安全情报研究工作，首先是要深刻理解和掌握生物安全相关基本问题。唯有这样，才能使研究所得的生物安全情报理论方法具有生物安全情报自身内涵和特色，符合生物安全治理实际需要，以期使研究所获得的生物安全情报理论方法更具有说服力与适用性。就读者而言，了解和掌握生物安全相关基本知识是学习和理解生物安全情报理论方法的基础。正因上述缘由，本章简要分析生物安全的相关基本问题，具体包括生物安全概念的由来、生物安全的范畴、生物安全的本质、生物安全的特征、生物安全与国家安全的关系、生物安全治理体系，以及新时期生物安全因素与形势分析。通过本章学习，以期让读者掌握生物安全的基本全貌和发展趋势，从而让读者具有学习和应用生物安全情报理论方法的生物安全理论基础。

第一节　生物安全概念的由来

一、研究与实践层面的生物安全概念由来考究

近年来，生物安全这个概念逐渐在全球范围内引起广泛关注，在我国，即便是在学术界，大多数人也不是很熟悉这个概念的内涵。但是，生物安全并非一个新问题，其是一个由来已久的问题（莫纪宏，2020）。

通过检索文献发现，国外最早的有关生物安全的文献发表于 1950 年（Rakieten，1950），文章主题是关于生物安全在肠胃药品质量控制中的作用。可以看出，有关生物安全的研究可以追溯到 20 世纪 50 年代初。中国第一篇关于生物安全的文献由陈涛发表于 1983 年，文章围绕中国第一台Ⅱ级 A 型生物安全工作台展开，Ⅱ级 A 型生物安全工作台是一种微生物安全操作隔离设备，也是一种专业性较强的局部净化设备。由此可见，中国生物安全研究最早与"微生物"有关。

其实，很早之前出现的"生物防御""生物疆域""生物国防"等术语就涉及生物安全问题。国际社会于1992年制定的《生物多样性公约》就涉及生物安全概念和内容。为有效落实《生物多样性公约》，2000年130多个国家又签署了专门针对生物安全的《〈生物多样性公约〉卡塔赫纳生物安全议定书》。自此，生物安全问题开始引起社会和公众关注。例如，2010年以来，美国先后发布《国家生物经济蓝图》《国家生物防御战略》等[1]。

21世纪以来，中国面临的生物安全风险日趋增多，面临的生物安全形势和挑战也日趋严峻，中国开始重视和加强生物安全治理。例如：

1) 为完善生物安全行政管理体系和法律法规体系，中国先后制定实施《中华人民共和国传染病防治法》《中华人民共和国进出境动植物检疫法》《中华人民共和国野生动物保护法》等法律和《病原微生物实验室生物安全管理条例》《中华人民共和国人类遗传资源管理条例》《中华人民共和国野生植物保护条例》等多部行政法规。

2) 2019年10月21日，《中华人民共和国生物安全法（草案）》首次提请第十三届全国人民代表大会常务委员会第十四次会议审议，《中华人民共和国生物安全法》由第十三届全国人民代表大会常务委员会第二十二次会议于2020年10月17日通过，自2021年4月15日起施行。

3) 新冠疫情暴发后，生物安全问题再次引起各国政府、社会和学界的高度关注和重视，2020年2月14日，习近平总书记在中央全面深化改革委员会第十二次会议上强调，"把生物安全纳入国家安全体系，系统规划国家生物安全风险防控和治理体系建设，全面提高国家生物安全治理能力。要尽快推动出台生物安全法，加快构建国家生物安全法律法规体系、制度保障体系"，这一重要论述既是保障人民健康和国家安全的重要举措，也是丰富和完善总体国家安全观的重要体现。

通过分析生物安全文献数量的变化趋势发现，重大生物安全事件（如"炭疽粉末邮件"事件、SARS疫情、新冠疫情等）是推动生物安全概念发展和生物安全研究的重要动因。例如，在1950年到2003年SARS疫情暴发前，中国知网收录的以"生物安全"为篇名的中英文文献总量未达100篇。2003年有关生物安全的学术论文数量陡增，学界关于生物安全问题的研究方向也从微生物对家禽的影响逐渐上升到微生

---

① 王小理、周冬生：《面向2035年的国际生物安全形势》，《学习时报》2019-12-20第2版.

物对人类生命健康的影响，且论文数量在 2003 年当年就达 102 篇。SARS 疫情的暴发，催生了学界关于病毒等微生物威胁人类生命健康安全的研究。

在此之后的研究发展过程当中，生物安全的研究范围从人类逐渐扩大至所有生物，威胁生物安全的不仅是微生物，同样也扩大至所有生物，至此，生物安全涵盖某种生物威胁另一生物安全性的更为广泛的概念。此外，随着生物安全研究的不断深入，生物安全的研究视角由最早的畜牧学和生物学等学科逐渐发展成为多学科交叉形成的综合性学科，受到自然科学和社会科学的共同关注，相关研究涉及畜牧与动物医学、生物学、预防医学与卫生学、医学教育与医学边缘学科、医药卫生方针政策与法律法规、高等教育、农业基础科学和农业经济等（莫纪宏，2020）。

二、学理层面的生物安全概念由来分析

从学理层面看，"生物安全"概念是"+安全"的概念产物。"+安全"和"安全+"是安全科学的两条重要方法论，是安全科学研究实践的两条元进路（王秉等，2019a），它们的基本含义分别如下。

1）"+安全"是以其他学科或领域为主体，并附加安全或安全科学的一种研究实践模式。在"+安全"中，安全科学不是主导者，而是附属体，主要体现安全本身的依附性以及安全科学的应用性，其着力点是从其他学科或领域开始，旨在服务于其他学科或领域的发展和优化（安全发展）。在这个过程中，安全科学起到的只是工具的作用。显然，"+安全"很难产生具有普适性的安全科学理论、方法与技术等。

2）"安全+"是将安全科学作为主体和引擎的一种研究实践模式，其着力点是安全科学领域，旨在运用其他学科或领域的理论与方法等服务于安全科学发展。它的本质是把其他学科或领域的理论与方法等彻底实现"安全化"，把"+安全"的输入转化为"安全+"的输出。显然，"安全+"是安全科学发展成一门独立学科，形成具有普适性安全科学理论、方法与技术等的根本思维和手段。

根据二者的基本含义，可发现它们的共同和差异之处。二者的相同点是，二者的本质都是安全科学与其他学科或领域的交叉融合；二者的不同点是，二者的站位、主导者和对安全科学发展的优势不同（图 2-1）。细言之，"安全+"更多强调创新和发展安全科学，即以发展和服务安全科学为导向，把其他学科或领域的理论、方法与技术等直接改造为安全科学的理论、方法与技术，实现安全科学的爆发式发展；而"+安全"则更多

强调顺势创新和发展安全科学，即以发展和服务其他学科或领域为导向，主要是以其他学科或领域的既有理论、方法与技术等为基础，利用安全科学的理论、方法与技术等，稍加改造或优化其他学科或领域，保障其他学科或领域安全发展。

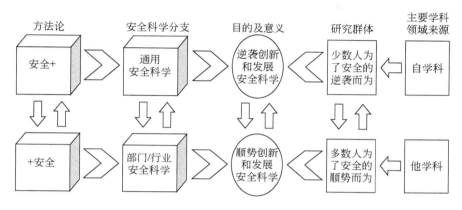

图 2-1　"+安全"和"安全+"的比较

从图 2-1 可知，从学科方法论角度看，安全科学的发展过程是"'+安全'→'安全+'→'+安全'＆'安全+'"的演化过程，科学的安全科学发展之路应是"安全+"与"+安全"二者并存，实现相互转化和促进（王秉等，2019a）。安全科学基础理论研究的方法论是把"+安全"的输入转化为"安全+"的输出，而安全科学应用实践研究的方法论是把"安全+"的输入转化为"+安全"的输出（王秉等，2019a）。从"+安全"与"安全+"的视角看，"生物安全"这一概念是"生物+安全"的概念产物。生物安全工作者的核心任务是把"安全+"（即具有普适性的安全科学理论、方法与技术等）的输入转化为"+安全"（即生物安全的理论、方法与技术等）的输出。也就是说，生物安全工作者应充分利用安全科学理论、方法与技术等指导生物安全的研究与实践工作。

第二节　生物安全的范畴

生物安全的范畴可概括为"五防三保一应对"，即防控传染病与动植物疫情、防止生物技术滥用（误用和谬用）、防范生物恐怖袭击、防御生物武器威胁、防范外来物种入侵、保护生物多样性、保障生物实验室安全（尤其是病原微生物实验室生物安全）、保护人类遗传资源与生物资源安全，以及应对微生物耐药。

一、防控传染病与动植物疫情

防控传染病与动植物疫情是目前生物安全领域最为紧迫的任务。近年来全球疫情频发，预示着世界进入传染病和动植物疫情高发阶段，随着全球化发展进程推进，传染病和动植物疫情的传染途径和传播速度增加，大规模传染病的防控难度呈现上升趋势。自 2003 年 SARS 疫情暴发以来，全球范围内陆续暴发 H5N1 禽流感、甲型 H1N1 流感、H7N9 禽流感、中东呼吸综合征、霍乱、手足口病，特别是近几年暴发的新冠疫情等重大疫情，而艾滋病、结核病、登革热和疟疾等传染病仍长期高位流行。过去已被暂时控制的疾病如霍乱和肺结核等卷土重来，原有传染病如登革热和流感等的传播范围明显扩大，新发突发传染病也相继出现。

新发突发传染病指新出现的在人群中传染的疾病，或过去存在但在发病率或者地理分布上在增加的传染病（侯云德，2019）。新发突发传染病的发现大致有三种情况：一是已存在的疾病，因致病病原体被发现而有了新的认识；二是以往被认为不具传染性的疾病，因对该非传染性疾病有了新认识而将其视为具有传染性的疾病；三是由于病原体变异等复杂原因而发生的新型传染病。

新发突发传染病因具有不确定性和难以预测性而使人们难以及时做出决策并采取具有针对性的预防控制措施，造成新发突发传染病具有高病死率并对人类健康、社会稳定和经济发展造成严重影响，成为全人类需共同面对的重大公共卫生问题。过去 30 年中，全球发现的新传染病约 40 种，这些新发现的传染病中有一半是病毒性的，75% 是动物源性的（侯云德，2019）。近些年来，历史上一些传染病突然又有了卷土重来的迹象，如在非洲肆意横行的埃博拉病毒，2000 年以来最高病死率达 89.51%[①]；在美国流行的致命甲型 H3N2 流感病毒，就算接种疫苗也难以完全免疫。

传染病防控治理是当前全世界各个国家疾病防治的关注重点。联合国发布的《可持续发展目标》（Sustainable Development Goals，SDGs）中提到，到 2030 年，要消除艾滋病、结核病、疟疾以及被忽略的热带疾病等流行性疾病，抗击肝炎、水传播疾病和其他传染病（UN，2015）。随着科学技术和实践经验的不断累积，我国的传染病防治体系日渐完善，并在实

---

① WHO. Ebola virus disease. https：//www. who. int/news- room/fact- sheets/detail/ebola- virus- disease（2021-02-23）［2022-08-05］.

践过程当中成效显著，但与 SDGs 还存在差距。未来我国需要持续加强传染病防治能力的提升和治理体制机制的建设。

二、防止生物技术滥用（误用和谬用）

防止生物技术滥用（误用和谬用）是生物安全的基本保障。所谓生物技术，是指人们基于现代生命科学，采用先进的科学技术手段，对生产原材料进行加工或者改造生物体本身，从而满足人类生存和发展所需要产品和服务（刘双江等，2018）。众所周知，生物技术具有两用性特征，在生物技术被投入实际应用的同时，其所造成的负面影响也引发了人们对生物技术两用性的关注和重视（张鑫等，2020）。因此，在研发生物技术和使用生物技术的过程当中，应加强对生物技术滥用（误用和谬用）所带来的生物安全问题的管理，从而保障人类的生命健康、生活安全和生产安全。

当前，世界生物技术强国多采用技术标准和行政法规相结合的方式开展转基因生物和相关转基因产品的管理工作。具体管理类型大致可以分为三类（陈超等，2007），包括以产品为基础的美国模式、以澳大利亚和加拿大为代表的中间模式和以工艺过程为基础的欧盟模式。美国对转基因食品持乐观态度，并认为转基因生物与非转基因生物在本质上并无差别，需要关注的对象是生物技术产品，而非生物技术本身。而欧盟则在国际上极力推崇对转基因生物采取"预先预防态度"，认为生物技术的运用本身就存在潜在风险，须对运用基因重组技术获得的转基因生物进行安全性评价和监管。

三、防范生物恐怖袭击

防范生物恐怖袭击是生物安全的重要组成部分。自从国际上发生"炭疽粉末邮件"事件（它是一起典型的生物恐怖主义事件）以来，生物恐怖对人类社会安全产生威胁的严重性攀升，且威胁形式呈多样化发展，与美国"9·11"恐怖袭击事件相比，威胁形式更为隐蔽，"炭疽粉末邮件"事件瞬间引发蝴蝶效应般的影响，在全球范围内引起大范围恐慌，同时也提高了人们对生物恐怖袭击防范和生物安全治理能力建设的重视程度（郑涛等，2014）。

不得不承认，无论是战争时期或是和平时期，敌人一旦使用生物战剂，都将给人类生命健康和财产安全造成极大威胁并带来长期的心理恐慌。随着全球化进程的发展，国际交流日益密切，生物制剂流通形式多样，流通需求逐渐增大；随着国际生物技术交流的不断深入，相关生物技术研发人员的流动性也有所增加；此外，生物制剂研究和管理方面也存在漏洞。种种现象都为恐怖组织取得生物试剂带来可能。生物恐怖相比于其他恐怖形式具有更大的隐蔽性和后果严重性，因此，防范生物恐怖袭击事件的发生意义重大（杨博等，2020）。防范生物恐怖袭击涉及多环节、多学科和多部门的共同参与，加之生物恐怖袭击事件具有突发性和隐蔽性等特点，及早制定系统化、周全且可行性高的防范措施，对于防范生物恐怖袭击、避免灾难的发生至关重要。

四、防御生物武器威胁

防御生物武器威胁是生物安全的核心组成部分。伴随生物科学和武器技术的不断发展，最早的生物武器出现于20世纪，虽然早在1975年国际就达成了《禁止生物武器条约》，然而生物技术在军事领域的使用仍未停止，反而随着国际形势严峻发展而愈演愈烈（曹亚铂等，2020）。

随着生物科技的不断进步，生物武器问题进入国际重点关注范围，生物武器威胁程度的增加，使得人们意识到生物战爆发的可能性并不低，且生物战一旦爆发，其影响范围和后果严重程度均难以估计，可能引发大规模传染性疾病和生态环境破坏，给人们的生理和心理带来持续性损害，严重影响社会稳定和经济发展。生物技术的发展滋养了生物武器威胁的形成，引发世界各国对发展和安全平衡问题的思考。如何防范化解生物武器威胁，未来人类将面临怎样的生物威胁形势，以及应当采取怎样的应对措施均是目前世界各国需要共同面对的问题。

五、防范外来物种入侵

防范外来物种入侵是生物安全的长期持续性任务。生态系统在经受人类干扰后的抗入侵能力直线下降，外来物种入侵极有可能导致原有生态系统完整性遭到严重破坏。此外，随着全球化进程加快，大批新型外来物种的入侵速度大幅度提高，新型生物入侵风险及其所带来的生态危害程度攀升。外来生物入侵是全球公认的引发生物多样性严重受损的重要因素，对生态系统健康造成难以逆转的严重影响，给入侵地造成重大经济损失（闫小玲等，2012）。外来生物入侵威胁入侵地的居民健康、生态安全和经济发展，成为长期以来备受全球关注的问题。除此之外，外来物种的入侵将破坏原有生态系统的结构与功能，导致生态灾害暴发以及生物多样性的丧失，影响农林牧副渔业的发展，进而威胁人类生存环境。需要说明的是，外来入侵物种是指在当地生态系统中拥有较强自我再生能力、破坏当地生态环境、给人类生产和生活带来不利影响的外来物种。

外来物种入侵对我国生物安全、生态安全和粮食安全构成重大威胁。21世纪初期，外来生物入侵问题逐渐受到我国有关部门重视，我国在体制机制和法律法规等方面采取相关措施（王思丹，2020），并取得了一定成效，但我国现行防控体系仍存在薄弱环节，如在指导思想上存在一定偏差、现行法律制度不够全面且强制力不足、有关部门职责划分不明确、各部门间联防联控机制尚未建立且具体防控效果不详。2019年，中国启动了生物安全法的立法进程，同年10月，十九届四中全会通过的《中共中央关于坚持和完善中国特色社会主义制度 推进国家治理体系和治理能力现代化若干重大问题的决定》提出，推进国家治理体系和治理能力现代化。这为完善我国外来入侵物种防控体系带来新的机遇。

六、保护生物多样性

保护生物多样性是生物安全的长期课题。从生物安全角度出发，生物多样性威胁因素主要来源于外来物种入侵、生物遗传资源流失，以及遗传修饰生物环境释放导致的安全问题。人类的生存和发展离不开生物多样性的支持，也正是因为人类活动的影响，当前的物种灭绝速率比历史上物种自然灭绝的速率提高了1000倍。即使人类意识到保护生物多样性的重要性并为此采取保护措施，但随着现代化进程的推进，生物栖息地的功能丧失和退化仍非常严重，热带地区和森林地区尤为明显；全球生态湿地正以难以接受的速度消失，河流断流现象频频出现；环境污染依旧未能得到遏制，如生态系统中残留的杀虫剂和海洋生态中的塑料制品。

据报道，2010年，全球共196个国家和地区的领导人在日本爱知县以拯救地球为主旨商定了"爱知生物多样性目标"，并为此制定了长达十年的拯救计划，计划以保护生物多样性、保护生态系统和促进可持续发展为目标（张剑智，2018）。十年弹指之间，联合国于2020年发布第五版《全球生物多样性展望》，就"爱知生物多样性目标"的实施和进展进行评估，指出十年计划仅部分实现，并且所制定的20个目标中没有一个目标被完全实现。该报告写道，"人类在留给后代的自然遗产问题上正处于一个十字路口，当前生物多样性丧失之快前所未有，并且推动多样性丧失的压力与日俱增。"联合国《生物多样性公约》执行秘书伊丽莎白·穆雷玛对此表示："地球的整个生态系统正在遭受破坏。人类假使继续以不可持续的方式开发利用自然、削弱自然对人类的贡献，那么我们也难保自身的福祉、安全与繁荣。"

根据第五版《全球生物多样性展望》内容，预计 2050 年后，由于不可持续的生产和消费模式、人口增长和技术进步的驱动，土地和海洋利用变化、过度开发、气候变化、污染和外来入侵物种五大压力因素的影响会越来越大。该报告建议在土地和森林、淡水、渔业和海洋、农业、粮食系统、城市和基础设施、气候行动、生态系统和居民八个关键领域推动转型，以减少生物多样性的丧失和退化。该报告传达出一些最重要的关键信息：一是大自然本身及其功能和服务正在全世界范围内恶化；二是导致变化的直接和间接驱动力在过去的 50 年里不断加快；三是沿当前轨迹继续下去，无法实现保护和可持续利用大自然、可持续发展的目标，2030 年目标和 2050 年愿景唯有通过囊括经济、社会、政治和技术诸因素的根本性变革才有可能实现；四是紧急行动起来，促进变革型改变，实现对大自然的保护和恢复，实行自然资源的可持续利用，进而实现和达成其他全球社会发展目标①。

回溯 2010 年第三版《全球生物多样性展望》和 2014 年第四版《全球生物多样性展望》所提出的警示：如果不采取有效措施来解决导致生物多样性丧失的压力根源问题，地球生态系统如原始森林、内陆水域、珊瑚礁等，将持续退化并接近一系列门槛或临界点；虽然多数"爱知生物多样性目标"显示有进展，但不足以实现 2020 年的预期目标。为此，当前必须对中国自然资源及其开发利用现实、对建设美丽中国所面临的巨大挑战要清醒研判①。

七、保障生物实验室安全

保障生物实验室安全是生物安全的基础性工作。实验室是生物技术研究的主要场所，生物实验室安全管理上的疏忽可能导致实验室人员感染和内部环境的污染，甚至造成实验室外部环境的污染，从而引发大范围人员感染（汪梅青，2020）。生物实验室作为生物技术研发场所，其安全性相较于其余生物安全范畴具有更高的可控性，可对生物实验室安全进行风险评估，对各种风险进行预先分析并采取相应防范措施，由消极的被动接受转为积极的主动应对，从而减少实验室生物安全事件的发生以及可能造成的损失。因此，对实验室安全进行严格的管理具有重要的现实意义和发展

---

① 郧文聚：《从源头发力保护生物多样性》，《中国自然资源报》（2020-10-26）［2021-03-15］.

意义。

中国相继颁发了《实验室 生物安全通用要求》（GB 19489—2008）、《生物安全实验室建筑技术规范》（GB 50346—2011）、《病原微生物实验室生物安全管理条例》和《医疗废物管理条例》等系列法律法规，这些法律法规的颁布和落实，对提高中国生物实验室安全管理水平有显著意义，标志着中国生物实验室安全向更加科学规范的新阶段发展。目前，中国高校生物实验室多注重科学研究，而忽视了实验室安全管理建设（武晓峰和闻星火，2012）。此外，中国生物实验室设备设施研发水平有待提高，在研发过程中应将安全放在首位进行考虑。

八、保护人类遗传资源与生物资源安全

保护人类遗传资源与生物资源安全是新时期生物安全须面对的挑战。人类遗传资源包括含有人类遗传物质的细胞、组织和器官等的人类遗传资源以及遗传信息（王玥，2021）。伴随着基因技术和信息技术的不断发展，人类跨入了现代化生物信息学时代，人类遗传信息成为当前遗传学的关注重点。同时，新技术也带来了遗传资源信息安全问题。

随着信息技术的迅猛发展，互联网作为当前主流的传输媒介大大提高了信息交换的速度，丰富了传播渠道；云计算和大数据技术能够对海量数据进行快速挖掘、处理和分析。随着全球化发展进程不断深入，国际贸易和跨国研究蓬勃发展，使信息在全球范围内的流动变得更加频繁和便利。而人类遗传资源信息在基因测序和大数据分析等技术的支持下发挥出前所未有的作用，人类遗传信息也因此成为信息争夺的首要目标。因此，为最大限度地利用和保护人类遗传资源信息，需要解决人类遗传资源利用和保护间的价值冲突，加强对人类遗传资源利用、储存和出境等关键机制的规范管理和制度建立，完善人类遗传资源保护制度和相关法律制度。2020年10月17日，在第十三届全国人民代表大会常务委员会第二十二次会议上，通过了《中华人民共和国生物安全法》，其中明确指出，"国家加强对我国人类遗传资源和生物资源采集、保藏、利用、对外提供等活动的管理和监督，保障人类遗传资源和生物资源安全。"

九、应对微生物耐药

近年来，随着抗生素的大量使用，越来越多的细菌产生了耐药性，这种细菌被称作超级细菌。超级细菌对人类和社会的影响和危害非常大，它不是某种特定的细菌，而是对多种抗生素具有耐药性的细菌，其准确称呼

是"多重耐药性细菌"（陈昌福和周鑫军，2021）。

这类多重耐药性细菌表现出对各种抗生素类药物的抵抗力，难以被抗生素灭杀，且产生耐药性的速度逐渐加快，耐药的频次增多，繁衍速度远超过人类研发抗生素药物的速度。病原微生物产生耐药性后，会导致患者无法获得有效治疗，延长患者治疗时间，大大增加患者死亡概率。此外，多重耐药性细菌还会延长流行病持续时间，阻碍疫情防控工作开展，大幅增加抵抗流行病的人力、物力和财力的投入。例如，由于细菌的耐药性，美国每年多花约 400 亿美元用于抗感染。此外，据相关报道，因为在临床科室中不断增加对替考拉宁、万古霉素等的使用频次，肠球菌对该类抗菌药物产生了耐药性，由此造成的感染现在已经没有较为理想的治疗措施（Chavers et al.，2003）。因此，重视微生物产生耐药性问题，谨慎使用抗生素，提高抗菌药物的有效年限，已成为关乎人类未来发展的重要影响因素。若任其发展，也许未来有一天，医生在面对普通细菌感染引发的疾病时也只能束手无策。

为此，中国于 2016 年制定并出台了《遏制细菌耐药国家行动计划（2016-2020 年）》，该计划旨在从国家层面出发，达成跨部门、跨领域的通力合作，从而有效应对微生物耐药，维护国民生命健康，维护社会稳定。此外，为更好地执行该计划，并保障动物源性食品安全和公共卫生安全，中国于 2017 年 2 月发布了《2017 年动物源细菌耐药性监测计划》。

第三节 生物安全的本质

从安全问题的科学本质来看，生物安全是典型的复杂巨系统安全问题、大安全问题，以及传统安全威胁与非传统安全威胁交织的安全问题，具体讨论如下。

一、生物安全是一类典型的复杂巨系统安全问题

生物系统不仅是一个系统，更是一个复杂巨系统。

首先，生物系统具备显著的巨系统特征。巨系统的概念是由世界著名科学家钱学森提出的。一个系统是由若干子系统所组成的，若某一系统的子系统种类或数量非常之大（如几十、上百，甚至成千上万、上百亿、万亿），则称该系统为巨系统（钱学森，1989）。换言之，巨系统概念主要体现系统的子系统的种类或数量和规模非常之大。生物作为一个系统，无疑是一个巨系统，甚至是超巨系统，这是因为：生物系统的子系统的数

量及规模均非常之大，而且层层叠叠的子系统再套子系统。

其次，国家同时具有显著的复杂巨系统特征。根据钱学森（1989）与赵亚男等（2001），若巨系统中的各子系统之间的关联关系比较简单，则可将这类巨系统称为简单巨系统；若巨系统中的子系统种类或数量非常之多并有层次结构，且它们之间的相互作用和关联关系与方式又高度繁杂，则这类巨系统就是复杂巨系统。显然，国家是一类典型的复杂巨系统。

总之，国家的子系统繁多，且子系统之间的相互作用和关联关系与方式高度繁杂，具备复杂巨系统的多要素（子系统）、多主体、多层次、高维性、多尺度、非线性、开放性、动态性等特征。因此，生物安全的本质是一类典型的复杂巨系统安全问题，复杂巨系统安全理论是国家安全学的重要理论基础之一。

二、生物安全是一类典型的大安全问题

生物安全风险包括来自 Safety 和 Security 两方面的安全风险。因此，生物安全英文翻译包括 Biosafety 和 Biosecurity。例如，生物安全领域有一本专业期刊的名称是 *Journal of Biosafety and Biosecurity*。Biosafety 和 Biosecurity 两个术语的区别见表 2-1。其中，二者最大的区别是：Biosafety 层面的生物安全风险一般指来自意外的生物安全风险（如自然的传染病和动植物疫情），而 Biosecurity 层面的生物安全风险一般指来自蓄意的生物安全风险（生物恐怖袭击与生物武器威胁等）。

表 2-1　**Biosafety 和 Biosecurity 两个术语的区别**

区分角度	Biosafety	Biosecurity
主动性	相对被动地维持生物的安全状态	主动采取措施应对可能的生物威胁
故意性	针对非故意引起的生物危害	针对故意的，如窃取和有意地滥用生物危险物质引起的生物危害
词语构成	由形容词 Safe 构成的名词，更多地表示状态	由动词 Secure 构成的名词，带有更多动词的意味
防控特征	对策以遏制为主	对策以防御为主，难度更大

虽然 Biosafety 与 Biosecurity 两个术语存在差异，但大部分研究者认为不必区分 Biosafety 与 Biosecurity，且二者目标具有一致性。

1）Biosafety 和 Biosecurity 一致性体现在农林牧渔业安全、食品业安全、实验室安全及公共健康安全方面；

2）用于应对生物实验室威胁的手段和方法同样适用于应对生物恐怖威胁；

3）二者都在理论、立法和管理上存在大量的重叠区域，在相当大的程度上是紧密联系、难以分割的（如《中华人民共和国生物安全法》就同时涉及 Biosafety 和 Biosecurity）。

由上可知，生物安全的内容涵盖 Safety 和 Security 两个层面，且一般二者紧密联系，相互影响，相互交织，相互转化，不可分割。因此，国家安全问题是一类典型的大安全问题，需建立统一的生物安全理论和工作框架，将 Biosafety 和 Biosecurity 中割裂和重叠的各部分综合起来，从而提高生物安全相关工作的开展效率（郑涛，2015）。正因如此，在本书中，"生物安全"的英文翻译是"Bio-safety & security"（见第一章第一节）。换言之，Bio-safety & security 可视为广义的生物安全，涉及所有的生物因素、环境条件、危害形式与法律法规等，表述为由各类生物因子以及生物技术滥用引起的对人类遗传、公共健康、生物多样性和环境（特别是农业和生态环境）的生物性危害。

三、生物安全是一类典型的传统安全威胁与非传统安全威胁交织的安全问题

生物安全同时具有传统安全与非传统安全的特征。传统安全聚焦于军事安全与政治安全，关注点在于维护国家领土和主权完整。就生物安全而言，防御生物武器威胁属于传统安全的重要内容，生物武器具有大规模杀伤性，严重威胁人类生命健康安全，在国际社会被明令禁止。1971 年美国、英国、苏联等 12 国向联合国大会提出《禁止生物武器公约》草案。

此外，生物安全作为非传统安全的典型代表，具有区别于传统安全的特征（表 2-2）。

表 2-2　生物安全区别于传统安全的特征

特征	具体描述
风险来源的国际性	生物风险来源的国际性，即生物风险既可源自国内也可源自国外，生物风险可在全球范围快速传播，这主要是随着国际交通运输不断发展，人员流动加快、人口聚集度增加导致的

特征	具体描述
威胁形式的多样性	生物威胁形式的多样性,生物威胁形式可表现为暴力性的生物恐怖和相对温和的传染病或生物事故;既可以显性威胁形式出现,也可以隐性形式出现
事件后果的灾难性	生物安全事件后果的灾难性,生物安全事件往往从一个区域始发,随着人员和交通工具流通迅速扩散到全国范围乃至全世界范围,给国家发展和社会稳定带来严重影响,威胁全人类健康安全

须特别明确的是,生物安全领域的传统安全与非传统安全间不存在明显的界限,且在一定条件下,二者可相互转化(郑涛,2015)。例如,一个国家对另一个国家实施秘密的生物恐怖袭击,目的在于对该国家经济和社会稳定等方面造成影响(属于非传统安全范畴),受害国家可能认为受到了敌方的生物武器袭击,那么该生物安全事件的性质就转变为生物战争(属于传统安全范畴)。由此可见,生物安全兼具传统安全和非传统安全的特征,我们需要深刻认识生物安全的复杂性,并对此保持高度的重视和警惕。

第四节 生物安全的特征

概括而言,生物安全具有八大主要特征,依次是前沿引领性、常态化、复合系统性、复杂性、强隐蔽性、难以预知性、动态性及难以防控性。

一、前沿引领性

现代生物科学和技术的发展往往是对未知世界的探索,一般具有前沿突破性。相对于传统认知而言,突破与改变就意味着不确定性,这是生物安全风险的主要来源之一。例如,新型生物科技本身所携带的安全风险具有前沿引领性。生物安全的前沿引领性决定防范化解生物安全风险的手段必须是具有前沿引领性的。

二、常态化

在状态方面,与其他安全领域相比,生物安全具有常态化特征,生物风险威胁与防范始终处于动态变化中,具有较强时空特征,生物威胁和风险是绝对的，并以不同形式持续存在，但其种类、来源和严重程度等呈现出较强的动态变化性。有效的生物安全风险防控措施能够有效抑制生物安全风险和威胁，阻止生物安全风险进一步演化为生物安全事件。因此，我们应时刻关注和重视生物安全风险，并及时采取有效防控措施，实现生物安全风险防控常态化管理。

三、复合系统性

生物安全风险往往不是独立存在的，它是一种与多领域安全风险（如生态安全、资源安全、科技安全、军事安全与信息安全等）深度融合、相互影响渗透的交叉综合型安全风险，呈现出明显的复合性（或称为"综合性"）特征，这就造成现代生物安全风险极为复杂。生物安全风险的复合性决定生物安全风险的影响涉及多方面，对国家安全系统的影响具有"牵一发而动全身"的特点，易产生关联、转化和放大效应，易引发国家安全系统的系统性安全风险。简言之，生物安全风险往往不是孤立出现和产生影响的，它往往是一个风险综合体。

四、复杂性

根据生物安全的本质，生物安全是一类典型的复杂巨系统安全问题，是一类典型的大安全问题，是一类典型的传统安全威胁与非传统安全威胁交织的安全问题，生物安全具有复杂性特征（王秉等，2019a）。同时，生物安全的复合系统性使生物安全的复杂性更加凸显。

五、强隐蔽性

生物安全风险因素本身一般不易被感知，往往具有强隐蔽性（李雪枫和姜卉，2021），很多不确定问题（即生物安全风险）潜伏在生物活动之中，且生物要素渗透经济社会发展的各个方面，导致生物安全风险的影响极为隐蔽。简言之，生物安全风险的大规模暴发并非朝夕之事，而是要经过一段较长时期，量变只有积累到一定程度才会引起质变，只有时机和条件达到一定程度，生物安全风险才会显现。例如，生物技术的安全风险往往是出现很久才显现的（张金荣等，2013）；动植物疫情和传染病初期具有很强的潜伏性，需要较长时间的酝酿才会激增和暴发；生物战剂的影响在初期极难察觉。

六、难以预知性

生物安全风险影响因素众多，形成和发展机理复杂多变，且生物安全风险的影响涉及多方面，这导致难以预知生物安全风险（特别是它的未来发展和影响）。例如，人类的认知能力是有限的，人类无法完全掌握生物科技所带来的未知危害，更无法对相关危害所带来的负面后果做出精确预测。

同时，信息网络全球化使生物安全风险的传播速度加快，导致生物安全风险在每个传播环节都有可能发生变化，这进一步增加了预知生物安全风险的难度。

七、动态性

由上所述可知，生物安全风险具有明显的动态变化特征，这就要求生物安全治理应具备生物风险监测、预警、处置、恢复和全过程威胁处置应对的动态变化能力。同时，生物安全风险因子不断积累，给生物安全风险防控工作带来不确定的动态变化与挑战，因此不仅需要面对已存在且知晓的威胁，还需要面对潜在未知的威胁，这对生物安全治理能力建设的预见性（即动态适应性）、系统性和全面性提出了更高要求。

八、难以防控性

生物安全风险的前沿引领性、复合系统性、强隐蔽性、难以预知性和动态性，决定防范化解生物安全风险往往需要很大的投入和代价（王小理，2020），往往会突破想象的空间，即防范化解生物安全风险难度大。同时，由于下述突出问题的显现，生物安全治理面临更高难度的挑战。

1）随着全球化进程的不断发展，传染病和动植物疫情在全球范围内肆意传播。

2）生物技术的滥用（误用和谬用）使得生物技术备受争议。

3）随着科技发展和人类活动的影响，生物多样性遭到破坏。

4）随着城市化进程的发展、人口数量的攀升以及交通出行的便捷发展，人类活动范围将进一步拓展，且趋于密集化发展，受生物安全威胁的影响增大。

第五节　生物安全与国家安全的关系

一、生物安全在国家安全体系中的地位

习近平总书记在中央全面深化改革委员会第十二次会议上强调："把生物安全纳入国家安全体系"。从国家安全体系角度看，生物安全是国家安全的构成要素之一，但它并非与总体国家安全观中提到的"政治安全、国土安全、军事安全、经济安全、文化安全、社会安全、科技安全、信息安全、生态安全、资源安全、核安全"11个领域的安全问题是同级的，而是涉及上述多个领域的安全问题，是一个交叉综合型安全问题（刘跃进，2020；王秉，2020a）。也就是说，生物安全问题蕴含于上述多个领域的安全内容中。

概括来看，生物安全主要涉及生态安全（主要指生物入侵、生物多样性与动植物疫情等问题）、资源安全（主要指国家生物资源安全及人类遗传资源安全）、科技安全（主要指生物技术安全与生物实验室安全）、军事安全（主要指生物恐怖袭击与生物武器威胁）、信息安全（主要指国家人类遗传基因数据安全）、经济安全（主要指农业生物安全及因生物安全问题引发的粮食安全问题）与社会安全（主要指生物性突发公共卫生安全事件）七大领域的安全问题（图2-2）。

图 2-2　生物安全在国家安全体系中的地位

从国家安全高度看，根据总体国家安全观的内涵，就生物安全而言，保护人民生命健康安全、保障国家安全、维护国家长治久安是根本目的，保护生物资源、促进生物技术健康发展、防范生物威胁是主要任务，生物安全治理既要重视传统生物安全问题，又要重视非传统生物安全问题，同时，根据生物安全在国家安全体系中的地位，应构建集生态安全、资源安全、科技安全、军事安全、信息安全、经济安全与社会安全等领域的生物安全治理于一体的国家生物安全体系。

二、生物安全在国家安全中的重要性

不仅是中国，世界各国都很重视生物安全，许多国家都把生物安全纳入国家安全战略（高德胜和周笑宇，2020）。以美国为例，"炭疽粉末邮件"事件发生后，美国连续多年出台多项生物安全战略。2001～2017年，美国国家生物安全防治体系经历了五次演变，逐渐形成一个全面具体的国家生物安全治理体系。我国也已将生物安全纳入国家安全体系，确立了生物安全在我国国家安全中的地位和意义，并从国家战略、政策规划和组织领导等方面对国家生物安全予以高度重视（孙祁祥和周新发，2020）。生物安全在国家安全中的重要性主要体现在以下三大方面。

（一）生物安全关乎国家核心利益

生物安全关乎国家核心利益，生物安全事件的发生，势必影响国家正常运行，影响国民生命健康、国家经济发展和社会稳定（温志强和高静，2019）。纵观历史，古罗马帝国曾辉煌一时，却因接连暴发瘟疫，人口骤减，最终导致古罗马帝国走向衰落（余潇枫，2021）。明朝末年，鼠疫席卷我国华北地区，后传入北京，为清军入关问鼎中原创造机遇。1918年西班牙暴发流感导致数千万人死亡（孙经国和纪泽苑，2020）。历史表明，生物安全威胁出现后通常会引发社会安全、经济安全、生态安全和政治安全等系列连锁反应。重大传染性疾病虽不能决定历史，但在很大程度上影响历史轨迹。这不断提醒着我们，生物安全防御措施不当，生物安全危机一旦出现，就能轻易阻碍社会发展，危及社会稳定和国家长治久安。

（二）生物安全支撑国家战略目标

2018年4月习近平总书记在十九届中央国家安全委员会第一次会议上强调，当前我国国家安全内涵和外延比历史上任何时候都要丰富，时空领域比历史上任何时候都要宽广，内外因素比历史上任何时候都要复杂。

这要求我们要重视传统安全，更要重视非传统安全（温志强和高静，2019）。随着全球化进程的不断推进，多个国家把生物安全纳入国家安全战略，美国先后颁布了生物监测计划、生物盾牌计划、生物传感计划等计划；德国将传染病定为国家安全威胁；英国和澳大利亚等国也分别把国防安全等部门纳入公共卫生体系。以上种种足以说明生物安全在国家安全中的重要地位。科学和医学的不断发展提升了人类应对生物安全问题的能力，但这并不意味着人类彻底摆脱了生物安全问题的威胁。习近平总书记指出："重大传染病和生物安全风险是事关国家安全和发展、事关社会大局稳定的重大风险挑战。"历史不断说明，生物安全作为新兴非传统安全已对国家安全提出了全新挑战，需要我们坚持从人民立场和国家安危出发，拥有全球视野，重视和维护生物安全。

（三）生物安全影响国民安全乃至全人类安全

改革开放以来，我国经济持续发展，人们的生活水平得到很大改善。我国作为世界人口大国，生物安全对我国发展尤为重要。生物安全作为国家的生命工程，涉及人类最基本的生命权利及其保障条件，一个国家如果连最基本的国民安全都无法保障，那么这个国家将难以发展甚至走向灭亡。中国梦的推进和中华民族的繁荣复兴都需要依靠国民去实现，若不重视生物安全，一旦生物安全威胁出现，随着生物流动和现代交通工具的促进作用，各类病毒、细菌和生物剂将蔓延扩散，给我国国民、经济、社会和政治带来毁灭性影响。

全球化时代，是相互依赖的时代，也是相互影响和相互作用的时代。一个区域的生物安全威胁，凭借全球化的"翅膀"很快发展成为全人类的"梦魇"（孙经国和纪泽苑，2020）。当今全球人流、物流和信息流的高度发展和融合，为病毒的流通搭建了快速传播的途径。在此过程中每个国家、个人都不能独善其身。全球性疫情还会给全球经济和贸易带来许多变数，导致全球产业链和供应链失衡，给国家经济带来巨大损失。随着全球化进程的不断推进，存在明显政治界限的各个国家变成了联系紧密的地球村，分属各国的人民也连接成了人类命运共同体。为了全人类的长足发展，对生物安全的关注须打破国家和种族的界限，从关注个人安全上升至关注全人类安全，从关注国家安全拓展到关注全球安全。

第六节　生物安全治理概述

生物安全关乎国家安全。提高生物安全治理能力，不仅关乎国家生物安全和人民生命健康，也是应对目前非传统安全领域重大风险、促进国家治理体系和治理能力现代化发展的关键性议题。生物安全治理体系建设，应当坚持科学的生物安全治理原则，重视生物安全治理体系功能建设以及专业人才队伍培养，明确生物安全治理各主体的责任与义务，充分发挥现代科学技术支持功能，并不断完善生物安全法律制度建设，协调生物安全治理体系良性循环。

一、生物安全治理原则

生物安全治理体系的建设能够有效降低生物技术发展所带来的风险，最大限度地保护人类健康及人类赖以生存的生态环境，促进国家经济的发展，维护社会稳定。生物安全治理体系应体现国家意志，关乎国家综合实力增长。生物安全治理应遵守以下六大原则。

（一）预防为主原则

《关于环境与发展的里约热内卢宣言》中指出，为了保护环境，各国应按照本国能力，广泛采取预防措施。遇有严重或不可逆转威胁时，不得以缺乏科学充分确实证据为理由，延迟采取符合成本效益的措施防止环境恶化。以生物技术为例，随着生物技术的不断发展，生物技术的两面性也给生物安全治理工作带来考验。在发展生物技术的过程中应当严格遵守预防为主原则，充分辨识存在于实验研究、加工、储存和转运等过程中的生物安全隐患，并预先采取措施，防止生物技术负面效应对生态环境和人类健康造成影响。

（二）发展和安全防范并重原则

对于发展和安全防范并重原则应从两方面把握，一方面，要从政策上支持生物技术的合理开发和应用，促进生物技术的不断发展；另一方面，要高度重视生物技术所带来的衍生问题，客观科学地看待生物技术安全问题的潜在性、复杂性和后果严重性（董妍和夏佳慧，2019）。坚持在保障生态环境和人类健康的前提下开展生物技术研究和使用。

（三）国家干预原则

生物安全治理涉及多领域、多部门和多社会层面，需要同时具有雄厚的经济实力和强有力的领导能力，使得国家在生物安全治理中扮演重要角色。生物安全问题不同于传统安全问题，生物安全问题兼具传统问题与非传统问题的特征，一旦发生生物安全事件，如突发公共卫生事件，其具有影响范围广、持续时间长、传播速度快以及后果严重等特点，危害人民健康，阻碍社会经济发展。国家可以从宏观上采取法律法规、行政规定和经济政策等手段，在较高层次上采取干预措施，统筹各方力量，综合考虑短期利益和长远利益，有效化解发展与治理间的矛盾，促进生物安全治理工作顺利开展。

（四）控制原则

控制原则包含适度控制原则和全程控制原则。其中，适度控制原则是指在采取法律手段控制生物安全时，应深入了解和权衡生物科技的研发使用与其所带来的负面效应之间的利弊关系，并基于此进行法律法规的制定（刘旭霞和刘桂小，2016）。既不能制定过于严苛的法律以限制正常、科学和对人类发展有利的生物技术研发，也不能只考虑生物技术本身的发展，而忽略生物技术可能对人类和生态环境造成的不利影响。全程控制原则是指应在生物技术研究全过程进行有效控制，包括生物技术研究问题的提出、研发方案的确定、研发工作的具体实施以及生物技术的使用等过程。在进行生物安全治理的过程中，应当借鉴发达国家的有效经验，考虑国家自身特色，摒除"先发展，后治理"的错误观念，实行从问题提出到成果研发，再到成果使用和后续跟踪监测的全过程控制。

（五）公正科学原则

随着改革创新的不断推进，经济形势和社会生活方式发生深刻变化，科学技术不断推陈出新，新型生物威胁涌现，如网络生物安全等，面对新的经济、科技和社会形势，生物安全治理必须坚持公正科学的原则。生物安全治理须以科学为依据，站在公平公正的立场对生物安全予以评价，对生物技术的发展持有公正科学的态度，不断更新对其研发和使用的评价标准，避免出现技术遥遥领先于治理，应在技术设想提出的同时思考评判标准，并严格以先进科学水平为准则。此外，国家生物安全治理标准和监测技术等不仅需要在本国得到认可，还应当符合国际标准，得到国际社会的认可和监督。

（六）公众参与原则

公众参与原则包括两个层面含义。一是生物安全治理的推进需要全社会公众的参与和支持（王康，2020）。生物安全治理工作是一项长期的、艰巨的且富有挑战性的工作，仅凭借政府部门和有关专家的努力难以将生物安全治理工作顺利推进，需要社会公众了解、认可并参与到实际治理工作当中，从而更好地推进国家生物安全治理进程。二是社会公众既是生物技术的受益者，又是生物威胁的承担者，公众有权了解国家生物安全治理的内容并参与到监督活动当中。我国是一个社会主义法治国家，宪法赋予公民权利，公众参与到生物安全治理过程当中正是民主的体现。因此，在不影响核心秘密的前提下，公众有权了解国家关于生物安全治理的部署和行动，从而维护公众的知情权。此外，坚持公众参与原则在普及生物科技知识的基础上，还能够有效提高公众对生物安全的认知水平。

二、生物安全治理体系内涵

生物安全治理涉及多领域、多行业和多学科的参与，需要具有全局视角，发挥系统思想，不能局部、孤立和片面地观察、分析和研究问题，而应该将其看作一个系统，综合考虑系统内部和外部的相互作用、相互制约因素，从而全面清晰地认识和深入生物安全治理工作（司林波，2020）。

因此，根据生物安全治理的内部和外部需求，建立完整全面的生物安全治理体系是十分必要的。由于各国生物技术发展水平不平衡，就发达国家而言，其生物技术和基因产品研发已从初步探索研究阶段过渡到中间试验和实际应用阶段；而对于发展中国家而言，其生物技术研究大多尚处于初探阶段。也正因如此，发达国家较早制定了生物安全治理相关法律法规。例如，1976 年美国率先颁布《重组 DNA 分子研究准则》，在此之后，日本、英国、法国等 20 多个国家纷纷加强了对生物安全治理工作的重视。1993 年《基因工程安全管理办法》的发布，标志着我国开启了生物安全治理新篇章。随着生物技术不断发展，各国都逐渐认识到生物安全治理能力建设的重要性，并着手开展和加强生物安全治理体系建设工作。

生物安全治理体系的建设目标：通过相关政策和法律法规的制定规范生物安全活动，建立并完善生物安全治理机制，平衡生物技术发展与安全之间的矛盾，促进生物安全技术研发，建立综合型生物安全人才队伍，以保护人类健康和生态环境为宗旨，维护社会稳定，促进国家经济发展。

三、生物安全治理体系构建

国家生物安全治理体系建设应当严格遵循生物安全治理原则，明确治理体系建设目标，依托生物安全法律保障和科学技术支持，完善生物安全治理体系功能。具体来讲，生物安全治理体系包括生物安全治理功能体系、生物安全治理法律法规体系、生物安全治理科技体系和生物安全治理运行体系四部分（图2-3），各体系意义和具体内容见表2-3。

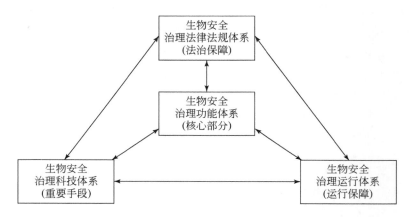

图 2-3　生物安全治理体系基础框架图

表 2-3　生物安全治理体系各体系意义和具体内容

体系名称	体系意义	具体内容
生物安全治理功能体系	生物安全治理功能体系旨在解决生物安全治理过程中的问题，是生物安全治理体系的核心部分	协调生物安全治理各部门主体，统筹分配生物安全治理资源；进行生物安全宣传教育工作，提高人们对生物安全风险的了解和重视程度；实时监测生物安全威胁因素的出现和变化，及时采取应对措施，并对生物安全治理措施和相关法律法规的落实情况和治理效果进行监测
生物安全治理法律法规体系	生物安全治理法律法规体系是生物安全治理工作得以开展的前提和依据，也是生物安全治理体系的法治保障	严格贯彻执行生物安全治理法律法规，不断完善生物安全治理法律法规体系建设，细化各类生物安全标准，包括生物安全风险评估标准、生物技术研发规定、海关监管制度以及生物实验室管理制度等

体系名称	体系意义	具体内容
生物安全治理科技体系	生物安全治理科技体系为生物安全治理工作提供技术支撑，是生物安全治理体系的重要手段	为生物安全治理工作的开展提供先进技术支持，优化工作方式，提升治理效率；在现有技术基础之上开发生物安全领域科学技术，充分发挥科学技术在生物安全风险监测预警等方面的先进优势
生物安全治理运行体系	生物安全治理运行体系旨在协调各部门、各层级、各主体间信息互通，保证生物安全治理体系内部有序运行，是生物安全治理体系的运行保障	协调生物安全治理体系各部分，发挥法律、科技和行政等多方综合力量，优化生物安全治理效果；帮助落实生物安全治理战略规划，充当各主体间的联络纽带；建立政府与社会间的信息互通，提升政府公信力，便于生物安全治理工作开展

第七节　典型国家的生物安全治理发展与现状分析

在生物安全治理领域，西方的发达国家一直走在世界前列（李雪枫和姜卉，2021）。梳理全球范围内与生物安全相关的法律法规，除《海牙公约》《日内瓦议定书》等国际条约外，各国的生物安全立法模式可分为两大类，一类是以美国为代表的分立式立法模式，另一类是以澳大利亚为代表的统一式立法模式（郭仕捷和吴菁敏，2021）。

西方国家对于生物安全治理的理解和重心各有不同，有的注重军工生物的研发与防护，有的注重公众对生物疾病的防护。虽然各自的生物安全治理体系各有不同，但其成果各有借鉴之处。这些西方国家已经把生物安全治理体系并入国家安全体系的研究，并出台了大量的、系统全面的法律法规，它们的生物防控正在步入成熟阶段。因此，对他国生物安全治理体系进行深入的研究、梳理和分析比较，能为我国构建生物安全治理体系提供建议。

一、美国生物安全治理发展与现状

美国是世界上较早在生物安全方面开展研究的国家，在生物安全立法保护上，美国采取分立式立法模式，将生物安全划分为不同模块分别进行立法，形成系统的生物安全治理体系，并不断建立新的生物安全立法模块以灵活应对时代变化。美国生物安全治理发展大致可以分为三个阶段：起步阶段、发展阶段、成熟阶段（王雅丽等，2020），其中发展阶段又可分为缓慢发展阶段和快速发展阶段（表2-4）。

表2-4　美国生物安全治理发展历程

发展阶段		发展成果
起步阶段		1971年，联合12国提出《禁止生物武器公约》
		1973年，完成世界上第一例DNA重组实验
		1976年，发布《重组DNA分子研究准则》
		1986年，发布《生物技术管理协调大纲》
发展阶段	缓慢发展阶段	1996年，发布《反恐怖主义和有效死刑法》
	快速发展阶段	2002年，发布《公共健康安全和生物恐怖防范应对法》
		2002年，发布《应对大规模毁伤性武器的国家战略》
		2003年，发布《抗击恐怖主义国家战略》
		2004年，发布《21世纪的生物防御》
		2009年，发布《应对生物威胁国家战略》
成熟阶段		2017年，发布《国家安全战略》
		2018年，发布《国家生物防御战略》
		2019年，发布《全球卫生安全战略》

科技引领技术，美国的科技产业促进了生物科学的发展，在20世纪70年代，美国率先完成了全球第一例DNA重组实验。在随后的几年，生物武器大量发展，成为全世界的威胁，英国、美国等发达国家提出《禁止生物武器公约》，旨在减少可能发生的生物战争，防止大规模的人身伤亡，但是此条约缺乏完整的监督机制，导致生物武器持续不断地发展，屡禁不止。在1976年初，美国政府出台了《重组DNA分子研究准则》，其成为全球第一部涉及生物安全的法律法规，在法规中，生物安全的概念也被第一次提出。

随着经济的迅猛发展，美国政府相关部门预见到生物科技也将会迅猛发展，所以在1986年发布了《生物技术管理协调大纲》，明确规定了生物行业的发展限制并且将基因工程纳入法律法规控制的范畴中进行管理。

1986～2002年，美国的生物医药及生物制剂等研究发展较为缓慢，生物安全的形势也比较平稳，没有出台相关的法律法规及预防生物安全的方针政策。但由于多地区发生了病原体中毒以及公共场所投毒的事件，政府提高了对生物恐怖袭击的关注，制定了一系列针对恐怖主义的生物安全条例，如《反恐怖主义和有效死刑法》，加强了对生物恐怖主义的管控。

进入21世纪，美国政府更加注重对生物安全的管控。在2001年发生的"炭疽粉末邮件"事件中，多人感染和死亡，对美国造成极大极坏的社会影响，美国政府相继颁布多部法律，如《公共健康安全和生物恐怖防范应对法》，构建生物安全防治体系，旨在做好针对重大公共卫生事件的防治。奥巴马政府上台后，更加注重生物安全，于 2009 年颁布了《应对生物威胁国家战略》，针对生物恐怖、生物技术滥用建立了一整套的预防体制，并且携手各国，加强全球生物安全。

特朗普政府上台后，美国生物安全治理步入成熟阶段，先后颁布了《国家安全战略》《国家生物防御战略》等多部涉及生物安全的法律法规，完善了生物安全治理体系，提升了美国政府及社会处理突发公共卫生事件的能力。

二、澳大利亚生物安全治理发展与现状

澳大利亚采取统一式立法模式，将各项生物安全法律条目集中统一，形成一部独立且全面的法律。澳大利亚地处南半球，四面环海，养殖业和渔业较为发达，通过贸易、旅游、运输等方式引进外来物种或生物威胁的可能性较大（翟欢，2020）。因此，澳大利亚制定了较为完备的生物安全法律体系。澳大利亚生物安全治理发展见表 2-5。

表 2-5　澳大利亚生物安全治理发展

发展阶段	发展成果
起步阶段	1908 年，实施《检疫法》
发展阶段	2008 年，发布 Beale 审查报告
	2012 年，参议院提交 "2012 生物安全法案" 和 "2012 生物安全条例草案"
	2013 年联邦选举，"2012 生物安全法案" 失败
	2014 年，时任政府再次向众议院提交 "2014 生物安全法案"
	2015 年，议会通过《2015 生物安全法案》
	2015 年，《生物安全法案》正式实施
	截至目前，《生物安全法案》共经历了八次修订

澳大利亚的生物安全治理体系主要包括 4 方面的内容：人类健康、货物、飞机和船只、压舱水和沉淀物（胡双红和邱波，2019）。在世界医疗卫生史上，涉及人类流行传染病的文书以及法律法规较多，澳大利亚针对人类的安全防范政策，主要集中在对入境人员的流行病学调查，防止流行病病菌被外来人员携带入境，并且对本国常住居民进行周期性的检测排查，防止本国暴发大规模的流行性疾病。

在货物生物防治方面，实施边检防疫政策，对出入国境的货物进行风

险评估，并根据评估结果决定货物的去留（李雪枫和姜卉，2021）。对飞机和船只的生物管控集中在航空港或货运码头，对入境的交通运输船只进行危险性风险评价，并且决定是否需要采取相关的生物安全措施来降低危险。同时，澳大利亚可以根据《国际卫生条例》，对出入境的轮船进行卫生方面的检查。船舶需要及时报告压舱水的预期和实际排放情况，因为很多病原体和入侵物种藏匿于海水中，有碍于防疫检疫工作的开展。为此澳大利亚同时实施了压舱水管理办法，记录保存义务和确认管理的权力。

三、英国生物安全治理发展与现状

除采取分立式立法模式的美国和采取统一式立法模式的澳大利亚之外，英国的生物安全治理经验同样具有借鉴意义。英国开始重视生物安全的时间比美国早，但发展缓慢，且英国生物安全防治技术政策深受美国相关政策的影响（车静，2016）。进入 21 世纪以来，英国发生了多次生物安全事件，造成了极其恶劣的社会影响，并且带来了巨大的人身伤亡和财产损失。英国因此制定并出台了多部法律法规，建立了生物安全治理体系，将突发公共卫生事件作为国家安全问题的优先事项，将埃博拉病毒、甲型 H1N1 等流感病毒作为最高风险事件加以管控。

英国生物安全治理体系主要目标分为四方面：识别生物风险、预防生物风险、检测生物风险、响应生物风险（周琪和彭耀进，2020）。

识别生物风险重在对生物安全信息的全面收集，同时保证政府各部门间的联合合作以及信息共享，从而快速应对新出现的流行病病原体监测和评估。在此基础上，英国内阁办公室发挥其主导作用，统筹协调政府内部和外部资源，以期实现对生物风险的高效识别。

预防生物风险在于协调动员国内的各种资源与力量，建立相关的法律法规，完善社会协调机制，加强与国际医疗卫生组织的合作，如与世界卫生组织、世界动物卫生组织进行合作交流，开展全民化的生物安全知识教育，提高公众对生物危害的认知程度，确保生物危害在发生的第一时间能够被感知，加强与学术界的交流合作，加大科研投入，生产预防各种可能发生的生物危害的疫苗。

检测生物风险的重点在于要有一套完整的生物检测体系，当生物危害无法避免发生时，要有迅速且自信的生物检测体系，将危害信息传送至相关行动部门进行反映，加大对人才的财政激励，为有关生物医学的人员提供强有力的信息支持，在检测领域，运用先进的技术算法，改进信息收集机制，努力开发出生物信息数据库，加强与联合国信息中心的交流合作，提高鉴别暴发根源的能力。

响应生物风险的核心在于制定完整可行的应急预案，以备生物危害发生时，能够迅速有效地采取行动，减少生物危害可能造成的损失。同时，提高生物风险应对能力，与同行业合作伙伴取得密切联系，积极响应国际物资储备协议及人员健康备案等政策。

四、我国生物安全治理发展与现状

近年来，我国经济迅猛发展，综合国力得到大幅度提升，但伴随而来的还有各种各样的生物危害和生物风险。为此，我国在以下四个方面采取了相关措施。

在法治建设方面，自 1978 年以来，我国颁布了多部法律，如《中华人民共和国急性传染病管理条例》《植物检疫条例》《中华人民共和国国境卫生检疫法》《中华人民共和国传染病防治法》《中华人民共和国传染病防治法实施办法》。回顾我国生物安全法治发展史，特别是传染病防治法治发展史，在传染病防治法治建设领域，我国具有独特的特色和优势（胡伟力，2020）。在生物安全法治建设方面，我国始终坚持以人民为中心，坚持国家统一领导，坚持预防为主的治理方针。近年来，新发突发传染病疫情频频出现，生物技术谬用现象也越发凸显，种种生物安全威胁因素对国家安全提出挑战。为此，在国际上我国积极加入并维护国际公约，包括《禁止生物武器公约》《生物多样性公约》等；在国内法律建设中，我国制定并出台了多部与生物安全有关的法律，为后续生物安全领域法律的出台提供坚实理论基础和法律依据。为维护国家安全，保障人民生命健康，防范和应对生物安全风险，保护生物资源和生态环境，促进生物技术健康发展，推动构建人类命运共同体，实现人与自然和谐共生，第十三届全国人民代表大会常务委员会第二十二次会议于 2020 年 10 月 17 日通过了《中华人民共和国生物安全法》，填补了我国国家法律体系的空缺，夯实了我国生物安全治理体系的基础。

生物安全治理体系建设方面，我国积极建立完整的生物安全战略，大力开展生物安全宣传教育活动，国民素质有了很大程度提高，营造出良好的社会风气。此外，随着国际交流的日益密切，我国为建立生物安全屏障，不断完善进出口管理体系建设，提高对海关和国境检疫的要求。改革开放以来，我国在医疗卫生领域取得了显著成就，建立了世界最大规模的基本医疗保障体系，覆盖城乡的医疗卫生服务体系基本形成，疾病防治能力不断增强，医疗保障覆盖人口逐步扩大，卫生科技水平迅速提高，人民群众健康水平得以显著提升，国民健康指标居发展中国家前列（李福松等，2020）。

在反应体制方面，我国是由中国共产党领导的社会主义国家，具有集中力量办大事的优良传统和体制机制优势（黄珍霞和周海燕，2020），特别是在生物安全这样涉及部门众多的领域中，举国体制的优势更为明显。为更好地进行管理，避免治理主体过多、权责划分不明确导致的管理漏洞现象出现，我国建立国家生物安全工作协调机制，形成一整套的部门协作机制，一旦出现生物威胁，将自上而下地采取相应的行动措施。近年来，我国生物安全体制建设取得了很大进步，2003年SARS疫情之后我国高度重视公共卫生治理体系建设，逐步建立国家卫生应急管理体系和应急预案体系，有效抵抗多次突发公共卫生事件，并为全世界应对重大公共卫生事件提供"中国经验"，取得良好国际声誉（黄珍霞和周海燕，2020）。

在科学研究方面，加大科研资金的投入，更加充分地认识各种生物风险的存在形式和存在状态。科学技术是抵抗生物安全风险的强有力工具，自2003年SARS疫情以来，我国构建了全国各级疾病预防控制中心网络，加大了生物安全领域的科技研发人力和物力投入，促进了先进医疗基础建设，并成立了许多国立科研机构，如军事医学科学院等，重点开展病原微生物发现与防御等科学研究，有效提高我国生物安全治理能力（司林波，2020；赵超等，2020）。近年来，我国高度重视生物安全领域科技创新，大幅提高了我国应对生物安全风险的能力，尤其是在抵抗重大疫情方面，取得了长足的进步。

第八节　新时期生物安全因素与形势分析

生物安全攸关民众健康、社会安定和国家安全。2018年美国发布《国家生物防御战略》，2021年4月我国正式施行《中华人民共和国生物安全法》。国际生物安全形势正处于动荡时期，生物安全治理体系建设正处在重要转折期。短期内，全球生物安全风险处于可防可控状态，但仍然面临新发突发传染病以及生物技术两用性问题等风险；长期来看，国际生物安全走向不容乐观，亟待从战略层面出发，引导和发展生物安全[1]。

---

[1]　王小理、周冬生：《面向2035年的国际生物安全形势》，《学习时报》，2019-12-20第2版.

一、国际生物安全威胁因素分析

分析 2003 年以来国际生物安全形势，生物安全威胁因素已从偶发威胁转向持久威胁，威胁来源也从单一来源转向多样化来源，威胁边界从局部区域向跨区域甚至全球化蔓延，突发生物安全事件影响范围从影响民众健康拓展至危及国家安全。传统生物安全威胁与非传统生物安全威胁相互交织，外来生物威胁与内部生物安全治理缺陷并存。

（一）传统生物威胁与非传统生物威胁相互交织

全球生物安全治理进程停滞不前，生物袭击的可能性未被彻底清除反有增强趋势。除此之外，新型生物恐怖形式不断涌现，生物威胁溯源挑战升级，生物恐怖袭击防控难度大幅增加（邵思等，2016）。

（二）新发突发传染病疫情接连发生

全球化进程不断推进，人口流动速度加快，导致新发突发传染病疫情传播速度更快，传播范围更广。例如，寨卡病毒自 2015 年伊始，短短一年时间内，就从巴西扩散至全球范围，病毒肆虐了 40 多个国家（赵小东等，2016）。

（三）生物技术双面性风险凸显

"基因驱动"是指通过一定基因技术，将特定基因有偏向性地遗传给下一代的一种自然现象，基因驱动系统使变异基因的遗传概率从 50% 提升至 99.5%，该项技术能用于清除特定生物物种。随着基因驱动技术的不断发展，基因武器风险越发凸显。相比于发达国家，发展中国家抵挡自身生物技术发展所带来的负面影响的能力不足，同时，在尖端生物科技发展方面有所欠缺，内忧外患共同作用，须及时做出战略性调整予以应对。

二、我国生物安全威胁因素分析

生物安全对于多数人来讲很陌生，甚至感觉与自己关系甚微，而事实并非如此，生物安全兼具传统安全与非传统安全特征，其本质较为特殊，与其他安全领域相比，生物安全风险种类更多，成因更为复杂，防控难度也更大，所造成的后果严重性也更大。随着科技的不断发展，生物安全风险的防范化解备受关注，同时也越来越具有挑战性。具体来看，我国目前面临的生物安全风险可大致分为国外的生物安全威胁因素和国内的生物安全威胁因素两类。

（一）国外的生物安全威胁因素

1）全球生物安全威胁形势不容乐观。随着现代化发展不断推进，互联网的普及，以及交通方式带来的出行便利让世界各国联系更为紧密。在这样的全球化背景下，来自国外的生物安全威胁因素日益增多，如传染病疫情、生物恐怖袭击、生物武器风险及生物技术误用和谬用等各个方面，这些都与人民的生活密切相关。生物安全的风险已打破原有局部传播形式，变为在世界范围内传播，迫使国防范围由海陆空拓展到囊括生物安全的范畴（温志强和高静，2019）。基因资源流失现象频发、生物战威胁仍然存在、新发突发公共卫生事件接踵而至，各类生物安全威胁因素交织，生物安全威胁复杂性和防控难度陡增，当前全球生物安全形势使我国面临的外部生物安全风险较以往大幅增加。

2）外部生物安全威胁形式多样化发展。我国面临多样化生物安全威胁。尽管联合国于2006年就通过了《联合国全球反恐战略》，但仍存在个别国家片面追求本国绝对安全，秘密开展生物武器研究，生物恐怖主义根源难以根除。运用生物技术实施生物恐怖袭击，抑或是利用病原体实行生物威胁活动，进而导致动植物疫病和重大传染病疫情等，造成社会性恐慌，威胁人民的生命健康，影响国家经济发展和社会稳定。此外，一些具有潜在风险的生物技术的研究和使用，如生物技术滥用（误用和谬用）、生物实验室泄漏事故，以及基因工程的潜在生物威胁等，都会给人类及人类赖以生存的生态环境带来恶劣影响，尤其是对生态环境平衡的破坏趋势不断加剧。

3）非传统生物安全威胁凸显。随着新一轮生物技术革命性发展的推进，非传统生物安全威胁逐渐显现，其社会属性、工科属性和科学属性将越发突出。新型生物安全威胁指在以往生物安全基础上，为了实现某种特殊政治、经济或军事目标，通过新型生物技术干预他国安全的一种威胁形式（温志强和高静，2019）。非传统生物安全威胁作为新科技革命的产物，具有形式新颖性、手段复杂性、后果严重性和影响深远性等特点。近年来出现的一些非传统生物安全威胁形式包括网络生物安全、生物经济安全、传染病疫情自然性与故意性难辨、新一代生物武器及基因驱动下的物种可控性引发的种族性生存风险等。

（二）国内的生物安全威胁因素

1）生物安全战略有待完善。生物安全关乎国家安全，是国家安全体系的重要组成部分。2003 年以来，SARS 疫情、H7N9 禽流感和新冠疫情等多起重大疫情相继暴发，危及我国国民生命健康安全、国家经济发展和社会稳定，引发对我国生物安全防御能力的反思。实际上，美国、英国和日本等国家已从战略层面高度关注生物安全问题，明确了生物安全战略规划。随着科技支撑能力的提高与生物安全法律保障的完善，我国生物安全治理体系和治理能力有望提高，须从战略高度层面不断完善我国生物安全治理体系。

2）生物安全治理能力建设须加强。近年来，我国经历多次重大传染病疫情，国家生物安全治理在疫情防控方面的能力相比以往有了很大提升，但从整体来看，我国生物安全综合治理能力仍存在很大进步空间（司林波，2020）。随着我国城市化进程推进及航空和铁路等交通网络的发达，人口聚集程度和人口流动速度攀升，而与之相匹配的国家生物安全治理能力建设进程滞后，无法满足国家发展的需求。此外，面对日益严峻的国际生物安全环境，须加快补齐现存短板，不断完善我国生物安全治理体系。考虑我国实际生物安全治理能力建设现状和具体需求，借鉴发达国家先进生物安全治理经验，分析我国生物安全治理能力方面所存在的问题，直面生物安全威胁挑战，积极应对，从而有效提升我国生物安全治理能力。

3）生物安全威胁认识欠缺。近年来，我国生物安全治理水平有了很大程度提升，但由于生物安全领域特殊性，全面系统地认识生物安全威胁存在一定难度。

三、未来影响国际生物安全走势的因素分析

生物安全关乎国家安全，与国家军事、科技和国防等密切相关，影响人民生命健康、国民经济和社会稳定，是国家主体和非国家行为体博弈的新兴领域[①]。认识和解决生物安全问题，须具有全局观，全面认识和解决生物安全问题主要包括三大方面内容。

---

① 王小理、周冬生：《面向 2035 年的国际生物安全形势》，《学习时报》，2019-12-20第 2 版．

（一）国家战略目标

生物安全、生物科技及生物科技所带来的经济利益，作为新科技革命的重要组成部分，已成为国际政治经济秩序调整期，西方发达国家重要竞争领域（王小理，2020）。除此之外，国家间尖端生物技术竞争，给国际公约守则的达成和实施带来挑战。2018 年，美国发布《国家生物防御战略》，提出坚持发展与安全并重，符合美国战略发展一贯作风；同年，英国发布《英国国家生物安全战略》，将生物安全纳入国家安全及其利益关注范畴，明确英国未来围绕生物安全应当开展的工作，以减轻生物风险对国家安全的影响。

（二）政策制定和治理建设因素

生物技术研发与应用的社会伦理法律和环境问题越发突出。国际经验表明，谁能率先在生物技术两用性治理方面形成典范，谁就能占据伦理制高点并立于不败之地（高璐，2020）。美国政府将生物安全视作国家安全重要组成部分，将生物技术发展视作强国之路，多年来一直位列国际生物安全政策制定和治理建设前茅，并不断完善其生物安全法律法规体系建设。2018 年以来，美国先后发布《国家生物防御战略》《美国生物安全国家行动计划》《国家卫生安全战略实施计划 2019—2022》，以更有效地防御生物安全威胁，致力于做好生物安全预防工作，力图保证生物科技研究良性发展。

（三）智库建设和话语权因素

智库建设在国家安全决策和实践中具有举足轻重的地位，把握生物技术对国家安全保障和经济利益的潜在影响，抢占国际生物科技制高点，对提高国际话语权具有重大意义。美国战略安全智囊团由美国国家情报委员会、国防科学委员会和兰德公司等政府力量和社会力量集合而成，影响着美国生物科技发展及其国家安全。此外，美国非常重视智库人才的吸收和培养，强调智库研究人员的合理配置，拥有严格的人才评价体系和晋升机制，鼓励利用外部资源开展联合研究。

四、生物安全形势演变趋势研判

就目前国际生物安全形势分析，预测未来国际生物安全格局将发生深刻变化，生物安全治理或将面临以下挑战。

1）大规模疫情暴发将日益频繁，突发公共卫生事件防控难度增加。随着国际交流密切程度和交通工具便利程度的不断提高，新发突发传染病传入我国的风险加大，生物安全威胁防控难度攀升。

2）随着国际政治形势和生物科技发展不断变化，合成、制造和施放新型病原体将更难防范，且其威胁目标将更多转向他国政府和社会，威胁范围将进一步扩大，所造成的后果的严重程度将加剧。

3）生物技术滥用（误用和谬用）威胁加剧。各类新型生物技术将进一步融合，人工合成病毒的传播性和致病性将得到大幅提升，易于传播且具有高致病性的生物因子显现，可能诱发超过目前防控水平的生物灾难。

4）人类遗传资源和生物资源被恶意盗取的风险加大，病原体监管难度显著增加，高等级生物实验室或将成为恐怖力量的攻击对象。

5）外来物种入侵打破生态系统平衡，危及我国农林牧渔业经济发展，甚至影响人类健康和社会稳定。

6）个别国家对生物技术的研究力度增加，表面上重视生物安全和发展，实际上轻视生物技术发展可能给人类造成的负面影响，秘密开发针对性基因武器等新型生物武器，外部生物攻击威胁将持续存在并越发严重。

当前，国际生物安全发展形势不容乐观，为保障国家生物安全，需进一步提升生物安全在国家安全战略中的地位。总体来看，国际生物安全形势处于可防可控状态，但实际潜在生物安全威胁四起：传染病疫情频发危及人类生命健康、生物入侵加剧生态恶化、生物恐怖组织和恐怖活动愈演愈烈。

面对如此复杂严峻的生物安全发展局面，世界各国应站在人类命运共同体的视角，共同谋求全人类安全。我国作为发展强国和新兴经济体，应在国家战略上高度重视生物安全，增加生物安全治理投入力度，重视综合型人才培养，发现存在于生物安全治理体制机制建设、法律规章制定及内政外交国防方面的薄弱环节，并尽快补齐生物安全治理体系存在的短板，有效提高我国生物安全治理能力，从而筑起抵御非传统生物安全威胁的保护屏障。此外，应重视对生物科技研发的人力、物力和资金投入，加强我国智库建设，坚持自主研发和学习强国经验相结合，抢占生物科学制高点，获得国际话语权。

第三章　生物安全情报的基本问题

※本章导读※

本章在第一章界定的生物安全情报概念基础上，从理论层面出发，全面解析和回答关于生物安全情报的若干关键基本问题，以期使读者对生物安全情报有一个全面而深刻的认识和理解。首先，分析生物安全情报的取向和基本要素。其次，分析生物安全情报的分类依据及其具体分类。在此基础上，讨论生物安全情报的特征。最后，分析生物安全情报在生物安全治理中的作用。

第一节　生物安全情报的取向

生物安全情报是面向生物安全治理的（Wang and Wu, 2019；王秉，2020a；陈超，2017）。第一章第二节中的生物安全情报的定义是从生物安全治理角度提出的，这表明生物安全情报是面向生物安全治理的。生物安全情报作为通过生物安全数据和信息处理获得的有用的、具有可操作性的生物安全治理信息，是生物安全治理工作的有机组成部分，对生物安全治理具有重要影响（Wang and Wu, 2019；王秉，2020a）。

生物安全情报的服务对象是生物安全治理工作，它的主体是生物安全治理者（一般是一个组织/部门/机构），它的目标是促进生物安全治理能力提升，主要包含两层目标：直接目标是为生物安全治理提供有效的情报支持和服务，旨在解决生物安全治理中的信息不完备问题；间接目标是提升生物安全治理水平和帮助实现生物安全治理目标（即维护生物安全）。生物安全情报工作是为了保障生物生存和发展不受侵害和威胁而实施的安全情报工作，包括与生物安全相关联的信息（包括数据和知识）的收集、分析与利用等活动，生物安全情报工作融入生物安全治理过程并发挥效用的手段是情报主导的生物安全风险管控（即运用生物安全情报统领和引导生物安全风险管控全局全过程）（王秉和吴超，2019d；王秉，2020a）。

生物安全治理要求生物安全治理者随着时间推移开展一组相互关联、连续的生物安全治理活动。从长远来看，生物安全治理者需要开展一些战略性的活动（如决定潜在的生物安全治理投入和生物安全治理战略、政策、体系及能力建设），以选择或适应最能实现治理目标的方法。从中期来看，生物安全治理者需要开展一些战术性的生物安全治理活动（如制定生物安全计划、程序、预防和控制措施以指导和优化生物安全风险防控）。但是，战术性的生物安全治理活动描述不足以触发日常的生物安全治理体系运行和活动开展，生物安全治理者需要采用具体的方法或措施来落实和执行战术性的生物安全治理要求或决策。也就是说，在短期内，生物安全治理者需要开展一些具体操作层面的生物安全治理事务，从而执行日常的生物安全治理操作指令。

　　基于此，可将生物安全治理划分为战略层、战术层与操作层三个层面。由于生物安全情报是面向生物安全治理的，且各层次的生物安全治理都需要相应的生物安全情报提供支持，故可将生物安全情报划分为三种不同类型，即战略层生物安全情报、战术层生物安全情报和操作层生物安全情报。综上所述，可构建面向生物安全治理的生物安全情报金字塔模型（图 3-1）。

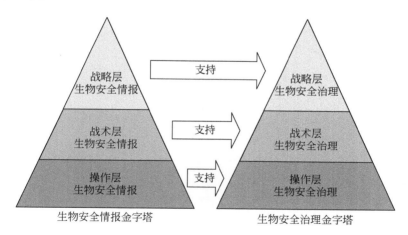

图 3-1　面向生物安全治理的生物安全情报金字塔模型

第二节　生物安全情报的基本要素

　　生物安全情报的基本要素是对的人（生物安全治理者）、对的信息（生物安全信息）、对的时间（生物安全治理时间段）、对的问题（生物安全问题），它们的基本含义如下（王秉，2020a）。

1）对的人是指应将生物安全情报提供给具有相应生物安全情报需求和生物安全情报素养的生物安全治理者，唯有这样，才能保证生物安全情报有效发挥效用。

2）对的信息指对的生物安全信息（包括数据），即高质量（准确、可靠、完整）的生物安全信息，它是生产生物安全情报的基础性资源。

3）对的时间主要指生物安全情报要供给得及时，以免随着生物安全风险的发展变化而导致获取的生物安全情报失效（如有些病毒的变异速度极快，原有的病毒相关安全情报极有可能很快就会失效）。

4）对的问题指对的生物安全问题，就生物安全治理者而言，生物安全情报是生物安全问题的"解决方案或策略库"，生物安全情报的作用在于帮助其解决某种生物安全问题。

上述四个因素相互依赖和联系，缺一不可，共同构成生物安全情报的内容组分和价值发挥条件。基于此，可构建生物安全情报基本要素的四面体模型（图3-2）。

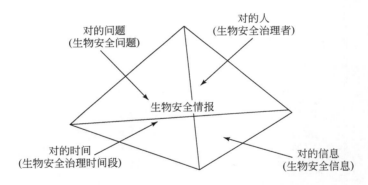

图 3-2　生物安全情报基本要素的四面体模型

第三节　生物安全情报的类型划分

根据不同的分类标准或依据，可将生物安全情报划分为不同类型。从生物安全情报的形态看，生物安全情报包括静态生物安全情报（如与地理区位相关的生物安全情报）和动态生物安全情报（如生物安全事件的演化轨迹、生物安全风险的发展变化、生物安全因素的相互关联关系与生物安全形势的变化趋势等）。

需要说明的是，生物安全情报的分类方式并非唯一的，随着生物安全治理和生物安全情报的研究与实践发展和需要变化，可能还会有其他分类方式产生，以满足不同的生物安全管理和生物安全情报工作需要。这里，主要讨论以下三种重要的生物安全情报的类型划分方式。

一、根据生物安全情报来源的生物安全情报类型划分

参考安全情报的基本来源（Wang and Wu, 2019），结合生物安全情报的自身特色，可将生物安全情报根据基本来源概括为三大类：风险类生物安全情报、策略类生物安全情报与科技类生物安全情报（图3-3）。

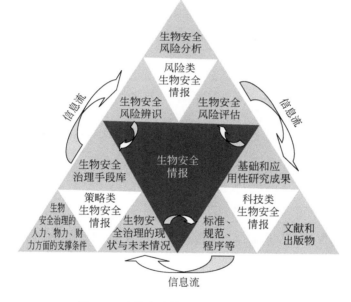

图 3-3　生物安全情报的基本来源构成

（一）风险类生物安全情报

风险类生物安全情报是指专门针对生物安全风险的情报，它的获取方式是生物安全风险辨识、生物安全风险分析与生物安全风险评估。风险类生物安全情报有助于组织识别和理解潜在的生物安全威胁，并为降低和防控生物安全风险提供强有力的支持。

（二）策略类生物安全情报

策略类生物安全情报是指关于生物安全治理策略的情报，包括生物安全治理手段库（如法治、科技等手段）、生物安全治理的现状与未来情况（包括优势、劣势、机遇和挑战），以及生物安全治理的人力、物力、财力方面的支撑条件。策略类生物安全情报有助于确定和了解生物安全治理方面的优势和劣势，预测未来的生物安全形势和变化趋势，以及发现可能有效改进生物安全治理和提升生物安全治理能力和体系的潜在机会。

（三）科技类生物安全情报

科技类生物安全情报是指生物安全治理的科技证据，包括生物安全方面的基础和应用性研究成果、文献和出版物，以及标准、规范、程序等。由于生物安全风险的高科技性，科技类生物安全情报对生物安全风险防控至关重要。科技类生物安全情报有助于收集和使用生物安全方面的科学研究证据，以评估当前和新的生物安全风险，以及相关生物安全治理方法和手段的成本/效益，并指导实际生物安全治理工作实践。科技类生物安全情报类似于循证管理中的研究证据，可以帮助获得更好的生物安全治理绩效。此外，科技类生物安全情报有助于弥补生物安全治理研究与生物安全治理实践间存在的鸿沟。

二、面向生物安全治理的生物安全情报类型分析

生物安全情报是用来支持和服务生物安全治理工作的。结合生物安全管理特色和实际，根据生物安全治理的环节、层次和内容范畴，可对生物安全情报进行如下具体分类。

（一）根据生物安全治理环节的生物安全情报分类

从生物安全情报所服务的具体生物安全治理环节看，生物安全治理包括常态生物安全治理（其侧重点是事前预防）与非常态生物安全治理（即生物安全事件应急，其侧重点是事后应急），因此将生物安全情报划分为常态生物安全情报（即一般生物安全情报）和非常态生物安全情报（即生物应急情报）。

（二）根据生物安全治理层次的生物安全情报分类

根据第三章第一节可知，生物安全治理包括战略层、战术层与操作层三个不同层面。由于各层次的生物安全治理都需要相应的生物安全情报提供支持，故可将生物安全情报划分为三种不同类型，即战略层生物安全情报、战术层生物安全情报和操作层生物安全情报。鉴于第三章第一节已具体解释，这里不再赘述。

（三）根据生物安全治理内容范畴的生物安全情报分类

从生物安全治理内容范畴看，可依次按照生物安全情报所涉及的生物安全治理外延和领域的不同对生物安全情报进行分类（表3-1）。

表3-1 根据生物安全治理内容范畴的生物安全情报分类

序号	分类依据	具体类型	具体解释或举例
1	按照外延划分	Biosafety 情报	与 Biosafety 治理相关的情报（如生物实验室安全事故情报），是服务于 Biosafety 治理的生物安全情报
		Biosecurity 情报	与 Biosecurity 治理相关的情报（如生物恐怖袭击情报），是服务于 Biosecurity 治理的生物安全情报
2	按照领域划分	传染病情报	与传染病防治相关的情报，包括传染病监测预警情报、新发突发传染病疫情情报、传染病防控措施情报和传染病防控状况情报等，是服务于传染病防治工作的情报
		动植物疫情情报	与动植物疫情防治相关的情报，包括动植物疫情监测预警情报和动植物疫情防控状况情报等，是服务于动植物疫情防治工作的情报
		生物技术滥用（误用和谬用）情报	与生物技术滥用（误用和谬用）相关的情报，包括国内外生物技术前沿情报（如基因驱动技术发展情报等）和生物技术使用情报等，是服务于防控生物技术滥用（误用和谬用）情况出现的情报
		生物恐怖袭击情报	与生物恐怖袭击相关的情报，包括国内外生物恐怖组织活动情报、生物研究人员管理情报，以及实验室生物制剂管控情报等，是服务于防范生物恐怖袭击的情报

序号	分类依据	具体类型	具体解释或举例
2	按照领域划分	生物武器威胁情报	与生物武器威胁相关的情报,包括生物武器技术发展情报及国外生物领域军事情报等,是服务于防控生物武器威胁的情报
		外来物种入侵情报	与外来物种入侵相关的情报,包括生态环境监测情报、新型外来物种入侵情报及现有外来物种入侵治理情报等,是服务于防控外来物种入侵的情报
		生物多样性情报	与生物多样性相关的情报,包括外来物种入侵情报、生物资源流失情报及生物多样性监测情报等,是用于保护生物多样性的情报
		生物实验室安全情报	与生物实验室安全相关的情报,包括生物实验室人员和生物制剂管理情报、生物实验室内外部安全监测情报等,是用于保障生物实验室安全的情报
		人类遗传资源与生物资源安全情报	与人类遗传资源与生物资源安全相关的情报,包括与人类遗传资源相关的所有情报(如人体细胞、组织和器官等的遗传信息)、与生物资源相关的所有情报,是用于保护人类遗传资源与生物资源安全的情报
		微生物耐药情报	与应对微生物耐药相关的情报,包括病原微生物耐药性研究情报、抗生素使用管制情报等,是用于遏制微生物耐药性的情报

三、总体国家安全观角度的生物安全情报分类

根据生物安全的内涵与属性(见第二章第二节和第四节)、总体国家安全观和《中华人民共和国生物安全法》,生物安全治理内容分布于七大国家安全领域:一是隶属于生态安全范畴的"防范外来物种入侵,保护生物多样性,防控动植物疫情";二是隶属于科技安全范畴的"保障生物技术与生物实验室安全,应对微生物耐药";三是隶属于资源安全范畴的"保障国家生物资源和人类遗传资源的安全";四是隶属于社会安全范畴的"防控重大新发突发传染病及生物性食品安全问题";五是隶属于军事安全范畴的"防范生物恐怖袭击,防御生物武器威胁";六是隶属于信息

安全范畴的"保障国家人类遗传基因数据安全";七是隶属于经济安全范畴的"保障农业生物安全,防范生物因子引发的粮食安全风险"。

生物安全情报的服务对象是生物安全治理,上述七方面生物安全治理的内容可视为生物安全情报的具体应用领域。基于此,可提出总体国家安全观指导下的生物安全情报分类(图3-4)。

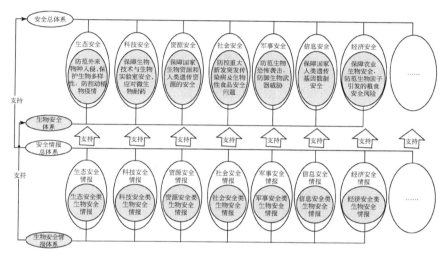

图 3-4　总体国家安全观指导下的生物安全情报分类

第四节　生物安全情报的特征

生物安全情报的特征有很多。例如,生物安全情报作为情报(安全情报)的一个子集,理应具备情报(安全情报)的一般特征,如知识性和传递性等。同时,生物安全情报还具有因生物安全治理活动而产生的一些特有特征。本节主要面向生物安全治理,参考借鉴文献(赵蓉英,2017;梁慧稳,2018;王哲和陈清华,2004;时艳琴等,2017;金声,1996;秦铁辉,1991;李霞等,2015),概括总结一些生物安全情报具有的主要特征,并结合生物安全治理,简要阐释这些生物安全情报的特征之于生物安全治理的独特而重要的意义。

一、知识性

知识作为人的主观世界对客观世界的概括和反映,是人类社会实践经验的总结。伴随着人类社会的前进,知识也日新月异,人们可以通过读书、看报、看电视、网上冲浪、参加社交活动等方式吸收到有用的知识。在生物安全领域，对生物安全风险防控和生物安全治理有用的相关生物安全知识，广义上就是人们所需要的生物安全情报。也就是说，生物安全情报是开展生物安全治理所需要的特定生物安全知识。由此可见，生物安全情报的核心内容就是生物安全知识，没有足够的生物安全知识内容，就无法形成生物安全情报，生物安全情报也就没有价值可言。因此，知识性是生物安全情报的主要属性之一。

生物安全情报所包含的生物安全知识内容正是生物安全情报的价值所在。生物安全情报所含的生物安全知识量决定了其本身价值的高低。而生物安全知识量又可以从以下两个方面来看。

（一）生物安全情报的生物安全知识面

生物安全知识面主要指生物安全情报内容所含生物安全知识范围的广度。生物安全知识面越宽，生物安全情报可应用的范围和领域就越广，得到利用的机会和可能就越大，其实现价值的条件就越充分，产生的效益预期就越大，潜在的生物安全治理价值就越高。

（二）生物安全情报的生物安全知识量

生物安全知识量主要指生物安全情报所含生物安全知识内容质量的高低。主要有三部分：一是生物安全情报所含的生物安全知识内容的先进性和新颖性；二是生物安全情报所含的生物安全知识内容的可靠性和适用性；三是生物安全情报所含的生物安全知识内容的详尽性。一般而言，生物安全情报价值与生物安全情报所含的生物安全知识内容的先进性、新颖性、可靠性、适用性和详尽性成正比关系。

二、传递性

要充分发挥生物安全情报的价值，就必须进行传递，若不进行传递交流，供生物安全治理者利用，就无法构成生物安全情报。生物安全情报传递的实质，是激活固化的生物安全信息（包括生物安全知识），以实现其潜在价值。从生物安全治理角度，只有将生物安全情报传递至生物安全治理人员或机构/部门，才能为实施情报主导的生物安全治理提供可能。可以说，传递性是生物安全情报的基本属性之一。

理论上讲，所谓生物安全情报传递，是指生物安全情报可在时间上或空间上从一点传递至另一点。生物安全情报可在时间上或空间上进行传递。在时间上的传递称为存储；在空间上的传递称为传播（交流）。由此可见，生物安全情报具有超越时空限制的传递特征。与此同时，现时传递生物安全情报具有低能耗性，现代信息通信技术及信息存储技术的发展使这一点尤为突出，比起物质产品传递所需要的能量（交通运输所消耗的能量），生物安全情报传递所需要的能量较少。一般来讲，生物安全情报传递的时机、速度与完整程度，对生物安全情报价值的高低起着决定性作用。换言之，生物安全情报具有时效性。

此外，生物安全情报的传递性表明生物安全情报具有共享性。理论上讲，生物安全情报可被多个认识主体（即生物安全情报用户）共享。生物安全情报在一定的时空范围内可同时被多个生物安全情报用户接收、感知和利用。但是，需要注意的是，有些生物安全情报（特别是 Biosecurity 情报）往往具有保密性和对抗性。因此，有些生物安全情报尽管理论上具有传递性和共享性，但实际上也是有限传递和共享的。

三、时效性

生物安全情报的时效性具体体现在以下三大方面。

1）生物安全情报传递的及时性。生物安全情报只有在生物安全情报用户最需要的时刻传递到生物安全情报用户手中，才能发挥最大效能。传递过早，生物安全情报用户吸收利用生物安全情报的条件还不成熟，不能最大限度地加以利用，必将影响生物安全情报的利用效果。而传递过晚，一切已成为过去，生物安全情报对其用户来说已没有任何意义。一般来讲，生物安全情报传递得越及时，生物安全情报的潜在价值就发挥得越充分。而随着生物安全情报传递时间的延误，其价值也将呈下降趋势。

2）生物安全情报传递的迅速性。生物安全情报从生物安全情报源到生物安全情报用户手中所用的时间越短，速度越快，则生物安全情报的先进性与新颖性反映得越充分，生物安全情报所产生的效益也就越大，生物安全情报的价值也就能够得以充分体现。

3）生物安全情报传递的完整性（系统性）。只有系统完整的生物安全情报，其效能才能充分发挥。分散、无序、残缺的生物安全情报势必给用户造成利用上的困难，其价值也会发生扭曲和变形。因此，所传递的生物安全情报越完整、越系统，其价值也将实现得越充分。

四、效用性（价值性）和实用性

生产、交流传递生物安全情报的目的是将其充分利用，并不断提高其效用性（价值性）和实用性。生物安全情报为生物安全情报用户提供服务，生物安全情报用户传递反馈生物安全情报，因而效用性（价值性）和实用性是衡量生物安全情报服务质量的重要标志。可以说，效用性（价值性）和实用性是生物安全情报最本质的属性，是区别于生物安全信息的本质特征。生物安全情报的实质是一种生物安全信息，但生物安全情报不同于生物安全信息，它是对生物安全治理具有价值与意义的生物安全信息，可以作用于生物安全治理。生物安全情报旨在服务生物安全治理，可有效支持、修正和优化生物安全治理者的生物安全治理活动。

从经济学层面看，生物安全情报是一种生物安全治理的宝贵资源，它具有效益价值。也就是说，生物安全情报是生物安全治理的基础资源，对生物安全治理至关重要，这也是生物安全情报研究的意义和价值所在，生物安全治理过程也就是生物安全情报效用的实现过程。总而言之，生物安全情报具有效用性（价值性）和实用性，就生物安全治理而言，其效用性（价值性）和实用性在于提升生物安全治理能力和水平。

生物安全情报价值只有通过生物安全情报用户吸收利用并付诸生物安全治理实践才能体现出来。因此，生物安全情报内容的适用范围与生物安全情报用户需求之间的吻合程度，就成为生物安全情报价值能否实现及实现程度的关键。它主要体现在以下两方面。

（一）生物安全情报的针对性

在生物安全情报传递中，所传递的生物安全情报一定要与生物安全情报用户的吸收能力相匹配，生物安全情报用户的吸收能力，一般是指其对生物安全情报进行识别、理解、消化、运用的能力。就生物安全治理者而言，生物安全治理者对生物安全情报的吸收能力主要取决于其生物安全治理能力、知识水平与情报素养。

（二）生物安全情报的有效性

在生物安全情报传递中，所传递的生物安全情报一定要填补生物安全情报用户的未解、未知。如果所传递的生物安全情报无法革新生物安全情报用户的知识结构，不能触发生物安全情报用户的创造性思维，生物安全情报自身的潜在价值就永远不会实现。因此，所传递的生物安全情报越能满足生物安全情报用户解决关键生物安全问题的需要，越能适用于生物安全情报用户的需求，其效用就越高，可能产生的经济效益和社会效益就越大，价值也就越高。

五、谋略性

生物安全情报的价值不在于简单的生物安全信息收集和加工，生物安全情报更注重对收集到的生物安全信息进行深入分析和研究，力求透过生物安全信息看清其背后隐藏的真实情况，以勾画出某一生物系统所处的安全环境的全面图景。在这一过程中，生物安全情报的分析研究工作成为生物安全情报工作过程的关键环节。

生物安全情报分析的对象是复杂的、不确定的生物安全问题和环境，因此生物安全情报分析人员没有现成的答案可以参照，也无法沿用传统的、常规的和重复的方法来分析生物安全问题。因而，在生物安全情报分析过程中，生物安全情报分析人员要进行较多的智力活动，包括分析推理、生物安全风险评估、创新性思维、生物安全预测等。从这个角度，也可以将生物安全情报称为"生物安全信息＋智力"的生物安全融智工程，即通过生物安全思维发现、创造新的生物安全知识，进而产生有利于生物安全治理的生物安全情报，并在生物安全治理中有效应用。

综上，生物安全情报活动是把分散的有关生物安全风险或生物安全治理的信息、资料转化为相互联系的、准确的、可以使用的生物安全信息的分析工程，这些经过分析处理的生物安全情报可让生物安全治理者清晰地认识和了解生物安全风险和生物安全治理现状，大大降低生物安全治理过程中的不确定性，提高生物安全治理的有效性。

可以说，生物安全情报概念的引入，使传统的生物安全治理（信息化）工作从"死"的生物安全资料管理拓展到围绕生物安全治理目标而进行的"活"的生物安全情报的收集分析，从一般性的日常生物安全数据信息管理系统拓展到突出"生物安全情报收集分析功能"的"智能性"生物安全情报系统，为生物安全治理提供更有价值的生物安全情报产品服务和支持。

六、预测性

生物安全情报可用来表征和反映生物安全状态及其变化方式。由此观之，生物安全情报可预测未来的生物安全状态及其变化趋势。因此，生物安全情报具有预测性。生物安全预测是生物安全治理的逻辑起点，是实现"事前预防"的核心手段，生物安全情报是实现精准生物安全预测的前提。也就是说，如果要保障生物安全，就需要及时、准确地收集生物安全情报为生物安全治理服务，生物安全情报必须具有预测性，滞后的生物安全情报没有任何实际意义。

对于生物安全治理而言，生物安全情报不仅需要解决现实的、已出现的生物安全问题，更需要面向长远的、潜在的生物安全问题和生物安全战略问题，即利用生物安全情报为生物安全治理服务，为把握生物安全治理未来服务。它要求广泛收集生物安全态势、生物安全风险等方面的信息，在进行深入研究的基础上，预测未来的生物安全形势，制定生物安全保障战略，以达到提升生物安全保障能力的目的。因此，生物安全情报具有较强的预测性。

七、目的性

生物安全情报活动具有非常明确的目的性、目标性和针对性。生物安全治理主体开展生物安全情报活动的基本目的就是要通过对各方面的生物安全情况、信息进行收集、分析与研究，为生物安全治理主体提供具有高度指向性的生物安全情报服务，协助生物安全治理主体制定有效的生物安全治理方案和策略，从而保障生物安全。

八、智能性

根据信息链理论，情报是封装的智能，智能是开放的情报。因此，从情报科学角度讲，安全智能源于安全情报。王飞跃（2015）指出，情报与智能化有着天然的内在联系。同理，生物安全情报和生物安全智能密切相关。生物安全智能是获取和应用生物安全信息（包括生物安全知识）的能力，而生物安全情报又是服务特定生物安全治理目标的生物安全信息，因此生物安全情报和生物安全智能是不可分割的一个整体。与此同时，从语义的角度来看，生物安全情报所对应的英文是"Bio-safety & security Intelligence"，而单词"Intelligence"兼有"情报"和"智能"之意，即"Intelligence"一词在某些情境下可被译为"智能"，如众所周知的"人工智能"（Artificial Intelligence）。这样看来，生物安全情报本身就具有智能性，尤其在大数据和智能化时代，这一特性将更加突出。同时，也能看出，生物安全情报可以作为实现智能（智慧）生物安全治理的基础。

此外，生物安全情报工作［即生物安全情报产品的生产、传递和评价］也充分体现了智能性的特点，即生物安全情报产品的生产是运用和产生生物安全智能的过程。对生物安全情报产品的传递则要顾及和反映生物安全智能，也就是要考虑生物安全情报产品的效用和实用要求。生物安全情报研究工作中的智能性还体现在凝练生物安全情报素材、对生物安全情报结论的谋略性要求，以及对生物安全情报传递方式与渠道的设计和管理等方面。

九、持续性

单一的生物安全情报往往具有片面性，只见树木不见森林，生物安全情报应该是一个系统的、连续的组合，是对生物安全风险的持续性观察和感知，是对生物安全风险及其治理的持续性调研，是对生物安全风险和环境的持续性监测。通常来说，生物安全情报的系统性和连续性越强，那么生物安全情报的准确性就越高，价值也就越高。因此，为有效服务和支撑生物安全治理工作，需要持续地开展生物安全情报工作。

十、对抗性与保密性

就生物安全情报而言，其一般具有强烈的对抗性和严格的保密性。

首先，对抗性是生物安全情报最重要的特性之一，从生物安全情报的产生过程来看，生物安全情报本身就是安全斗争（如生物恐怖袭击与生物战等）的产物，而安全斗争自始至终都具有非常强烈的对抗性。生物安全情报往往不是生物安全对手主动给予的，而是在生物安全对手不知道、不协助甚至反对的情况下进行的。在激烈的生物安全斗争中，生物安全情报用户不但要竭尽全力、采用各种方式有效地搜集生物安全情报，而且要采取多种措施保护自身的秘密生物安全信息，防止生物安全对手窃密。因此，生物安全情报具有强烈的对抗性。

其次，生物安全情报是决定生物安全情报用户能否在激烈的生物安全斗争中克敌制胜的关键因素，因此，生物安全情报的搜集、获取和分析需要在生物安全对手不知道、不协助甚至是反对的情况下开展，否则就很难成功。对于生物安全情报用户如何防止生物安全情报外泄而言，生物安全情报的保密性特点决定需对生物安全对手的生物安全情报行为进行有效防卫。

第五节　生物安全情报在生物安全治理中的作用

生物安全情报作为生物安全治理的"耳目、尖兵与参谋"，是生物安全治理工作的基础和前提。就生物安全治理而言，生物安全治理失败的根本原因是生物安全情报缺失，解决生物安全治理中有用的生物安全信息缺失的问题则是生物安全情报价值的体现。因此，生物安全治理急需生物安全情报的支撑和保障，生物安全情报工作是生物安全治理工作的生命线，生物安全情报工作能力是生物安全治理能力的核心，亟待将生物安全情报工作纳入国家生物安全情报体系建设，从而促进国家生物安全治理体系和能力现代化。

一、生物安全情报在生物安全风险防控中的价值

根据生物安全风险防控活动的类别［即生物安全预测（预警）活动、生物安全决策活动和生物安全执行活动］，可归纳出生物安全情报的三大基本功能。

（一）作为生物安全预测（预警）支持系统

"发现得了，发现得准，发现得早"是掌握生物安全风险防控主动权的前提条件，即成功的生物安全预测（预警），应当是在充分收集、了解与掌握各种生物安全信息基础上，通过分析获得有效的生物安全情报，进而做出及时、准确、科学的生物安全预测（预警）。也就是说，生物安全情报有助于发现生物安全威胁与提升生物安全风险防控能力的机会，进而通过缩短生物安全预警时间，增加供生物安全风险防控的反应时间，从而获得生物安全风险管控优势，做到防微杜渐。

（二）作为生物安全决策支持系统

"决定得好，决定得快，决定得省"是制定生物安全风险防控方案的基本要求，即成功的生物安全决策，应当是在综合研判众多生物安全预测情报条件下，以最佳生物安全情报为基础，迅速做出科学、有效、经济的生物安全决策。

（三）作为生物安全执行支持系统

"防控得早，防控得实，防控得住"是生物安全风险防控的终极目标，即成功的生物安全执行，应当是根据生物安全决策情报，通过及时、有效地实施生物安全决策方案（如各类生物安全风险防控措施，包括生物安全事件应急管理措施等），尽量避免各类生物安全事件发生，或通过有效的生物安全事件应急管理措施，使各类生物安全事件的后果和影响降到最低。

二、生物安全情报是生物安全治理不可或缺的维度

根据生物安全情报的含义，生物安全情报是开展生物安全治理工作的

关键和必备要件，它能够为生物安全治理提供有力支持，缺失生物安全情报支撑的生物安全治理就如同无本之木、无源之水。因此，生物安全治理工作离不开生物安全情报的支持，需要以生物安全情报工作为支撑和保障，生物安全情报体系是生物安全治理体系的重要子体系和分支支撑体系，有效的生物安全情报工作可增强生物安全治理能力。

从情报角度看，生物安全治理工作可理解为一类安全治理工作（生物安全治理工作是一种典型的安全治理活动）与一类安全情报工作的有机统一融合体。具体而言，生物安全治理工作以生物安全风险为治理对象，以防范和化解生物安全风险为出发点和任务重点，以各种生物安全信息（包括生物安全数据和知识）为基础资源，以挖掘和释放生物安全信息的生物安全治理价值为逻辑思路，运用各种手段和方法将生物安全信息经搜集、融合、加工、分析、挖掘和处理，转化为对生物安全治理有价值的生物安全情报，并用它来服务、支持和指导相关生物安全治理活动的开展。

基于此，可提出生物安全治理的"风险维–情报维–方法维"三维工作体系（图3-5）（王秉，2020a）。各维度的具体解释见表3-2。

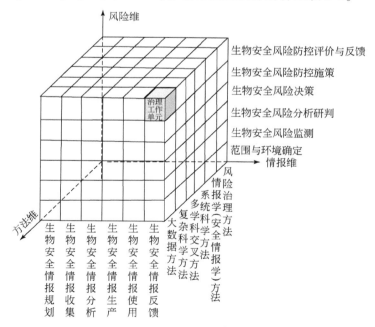

图3-5 生物安全治理的"风险维–情报维–方法维"三维工作体系

表 3-2　生物安全治理的"风险维–情报维–方法维"三维工作体系解释

序号	维度	具体解释
1	风险维	生物安全事件的出现、蔓延和发展过程,实质是安全风险的形成、传播和演化过程。因此,生物安全治理的重点是基于生物安全风险的治理。从一般安全风险治理角度看,生物安全治理工作包括三大关键环节〔即生物安全预测(预警)、生物安全决策与生物安全执行〕,又可细分为 6 个具体环节,即范围与环境确定、生物安全风险监测、生物安全风险分析研判、生物安全风险决策、生物安全风险防控施策,以及生物安全风险防控评价与反馈(王秉和吴超,2019d)
2	情报维	生物安全治理工作需要安全情报工作(即及时、准确、全面地收集、分析和运用生物安全情报)的支撑。借鉴安全情报工作循环模型,生物安全情报工作具体包括六大环节,即生物安全情报规划、生物安全情报收集、生物安全情报分析、生物安全情报生产、生物安全情报使用和生物安全情报反馈(王秉和吴超,2019d)
3	方法维	无论是生物安全治理工作还是生物安全情报工作,均需要一定的方法和手段提供支撑和指导。概括看,二者所需要的共性方法主要有风险治理方法、情报学(安全情报学)方法、系统科学方法、多学科交叉方法、复杂科学方法、大数据方法等

　　由图 3-5 和表 3-2 可知,风险维体现生物安全治理工作的对象、任务和目标;情报维体现生物安全治理工作的基础和支撑,用以支持风险维的生物安全治理工作;方法维体现生物安全治理工作的方法和工具,用以支撑和指导风险维的生物安全治理工作及情报维的生物安全情报工作。风险维、情报维和方法维彼此之间相互影响、支持和制约,共同组成一个全方位、立体化、系统化的生物安全治理工作体系。生物安全治理工作体系的三个维度相互交织就可确定一个具体的生物安全治理工作单元。

三、生物安全情报工作对生物安全治理能力提升的助推作用

　　作为生物安全治理的基础保障和主要体现,生物安全情报工作可以推动生物安全治理能力不断提升。具体而言,生物安全情报工作对生物安全治理能力提升的助推作用主要体现在以下五方面。

(一)推动生物安全风险预测(预警)工作及时化和准确化

　　准确、及时的生物安全风险预测(预警)是生物安全治理工作的重点,而实现有效的生物安全风险预测(预警)是生物安全情报的研究目的之一(张家年和马费成,2016)。生物安全风险预测(预警)是指通过

对生物安全情报研究对象的分析，明确生物安全现状，有效防范生物安全风险。同时，生物安全情报有助于实时监测、发现和预测各类生物安全风险因素的发展变化，增加生物安全风险防控的响应时间，从而获得生物安全风险防控优势，实现早发现、早预警、早防范，做到防患于未然。

也就是说，生物安全情报工作是实现生物安全治理"耳聪目明"的基础，快速准确掌握生物安全情报是获得生物安全治理工作主动权的关键。因此，准确、及时和高效的生物安全情报监测、收集和分析工作是准确、及时的生物安全风险预测（预警）的基础和关键。随着生物安全情报工作水平不断提升，做出生物安全风险预测（预警）时的"底气"越来越足，生物安全风险预测（预警）的准确性与及时性也将大幅提升。

（二）促进生物安全治理工作科学化

科学精准防控是生物安全治理的基本原则和要求之一。情报位于决策过程最前端，是决策的前提和根基（Simon，1959）。同样，科学正确的生物安全治理决策也离不开高质量的生物安全情报的支撑。实际上，生物安全治理的决策过程就是对生物安全情报进行收集、分析、处理和运用，消除生物安全风险认知和判断上的偏差甚至错误，把握合适时机，看清生物安全形势和突出问题，做出正确、科学、可靠的生物安全治理决策判断，进而制定生物安全治理战略和策略的过程。

生物安全情报不完备或失误是生物安全治理失败的主要原因，科学的生物安全治理离不开准确的生物安全情报支持。可见，生物安全情报工作有助于形成科学、正确的生物安全治理决策。

（三）推动生物安全治理工作精准化

精准治理是提升生物安全治理水平的一个重要范式。不同时间、不同领域、不同地区、不同环节的生物安全风险的种类、数量和严重程度等各异，生物安全治理工作的重点自然各不相同。同时，生物安全风险会随时间推移不断呈现新的特点和发展趋势，甚至衍生出新的生物安全风险，故生物安全治理工作应根据生物安全风险的实时变化而灵活调整。

由此可见，生物安全治理工作要对生物安全风险进行精准分析和研判，辨明主要矛盾和突出问题，根据不同情形分类施策，有针对性地管控各类生物安全风险和问题，进而实现生物安全精准治理。"摸清底数"是准确识别生物安全问题，进而实现精准生物安全治理的首要环节。只有"摸清底数"，才能在生物安全治理工作中准确识别重大生物安全风险，准确把握生物安全治理工作的方向和着力点，进而以问题和风险为导向，精准施策和治理。因此，在生物安全治理工作中，精准治理的关键在于利用生物安全情报工作"摸清底数"。

（四）助推生物安全治理工作协同化

作为一项复杂的系统工程，生物安全治理工作涉及多要素、多因素、多主体、多部门、多层级、多环节。这就决定了生物安全治理工作的实际执行与实施需要多部门、跨区域或跨层级的沟通、协作和联防联控。因此，在生物安全治理工作中，多方协同（包括联防联控）至关重要。由于情报信息是连接多主体协同的桥梁和纽带，所以生物安全情报协同应是生物安全治理协同的基础和支撑。只有生物安全情报顺利沟通和传递，才能高效助推生物安全治理工作协同化。

（五）助力生物安全治理工作智慧化

生物安全治理手段的智慧化是信息化、数字化、智能化时代生物安全治理工作转型升级的最直接要求，而生物安全治理工作智慧化就是要自觉顺应社会信息化、数字化、智能化的大趋势。根据信息链（事实→数据→信息→情报→智慧）理论（Liew，2013），情报理应是实现智慧化治理的前提和基础，以及实现智慧化治理的重点所在。同理，生物安全情报应是实现智慧生物安全治理的基础。将生物安全情报采集、分析、处理、应用和智能决策系统纳入生物安全治理工作体系，有助于智慧化生物安全治理工作体系的构建。

第四章　生物安全情报基本理论模型

※本章导读※

  一个领域的基本理论是开展这一领域相关研究和实践工作的理论依据和方法。理论模型是关于某一理论的基础模型，可表征某一理论的核心内容。本章主要介绍生物安全情报的一些基本理论模型，以期为生物安全情报研究和实践工作奠定基本的理论基础。首先，围绕生物安全情报工作，提出总体层面的生物安全情报工作模型。其次，针对生物安全情报感知、获取与分析工作，介绍生物安全情报感知模型及生物安全情报获取与分析模型。再次，在此基础上，针对生物安全情报协同共享和服务问题，提出生物安全情报协同共享模型、生物安全情报服务能力影响因素模型及生物安全情报服务体系模型。同时，提出生物安全情报产品质量评价模型。最后，针对生物安全情报工作的基础条件（即生物安全情报系统），提出大数据驱动的生物安全情报系统模型。

第一节　生物安全情报工作模型

  生物安全情报工作是生物安全情报的现实载体和实践活动，生物安全情报工作研究具有重要理论和现实意义。从现实来看，目前，生物安全情报工作存在主客体之间信息封闭和沟通不畅、数据来源不够丰富、情报鉴别不够准确、情报提取不够迅捷、情报分析研判不够深入全面、相关研究人员能力不足、研究力量分散等问题，这些问题的出现使生物安全情报工作难以有效进行。上述问题出现的原因之一是指导实际生物安全情报工作的生物安全情报工作理论缺乏。因此，亟须构建适应当前时代背景的生物安全情报工作模型。鉴于此，本节在明确生物安全情报工作基本内涵和特征的基础上，从宏观和微观两个维度提出生物安全情报工作模型，分析模型基本要素并解析模型内涵。

一、生物安全情报工作概述

（一）生物安全情报工作的内涵

生物安全情报工作并不是生物安全情报，二者有着本质性的区别。前者的属性是实践，而后者的属性为信息。无论是什么领域的情报工作，其任务都是一致的，情报工作就是 Information 的 Intelligence 化（邓要然和李少贞，2017）。生物安全情报工作是生物安全情报的现实载体，是产生并应用生物安全情报的一切"实践活动"，也可被表述为"流程"。

生物安全情报工作包括生物安全情报工作规划、生物安全情报需求识别、生物安全数据搜集、生物安全情报分析与处理，以及生物安全情报应用等多个环节，是对生物安全数据进行覆盖性筛选和针对性获取，对生物安全信息进行深度提炼加工和分析研究，使之有序化、浓缩化、增值化，成为支持各项生物安全决策的生物安全情报的过程。生物安全情报工作范畴包括生物安全情报搜集、整理、分析和应用、生物安全策略制定及生物安全科技研发等。

基于生物安全情报来源的生物安全情报类型（见第三章第三节），生物安全情报工作包括三大类型：一是风险类生物安全情报工作，指专门针对生物安全风险防控而开展的情报工作，为生物安全风险辨识、分析与评估提供情报支持；二是策略类生物安全情报工作，指关于生物安全治理策略制定的情报工作，辅助生物安全法律制定和生物安全发展态势分析等；三是科技类生物安全情报工作，指为生物安全治理提供科技依据而开展的情报工作，包括整理分析与生物安全相关的基础和应用性研究成果，包括文献、标准和规范等。

此外，需说明的是，生物安全是国家安全体系的重要组成部分，国家安全情报应包含国家间的生物安全战略竞争，除生物安全风险、策略和科技等方面的情报工作外，还应包括反情报工作。

（二）生物安全情报工作基本特征

生物安全情报工作是生物安全情报在实践论视域下的体现，它具有情报工作的基本特点，同时又在此基础上呈现出显著的差异，具有独特的综合性。生物安全情报工作有三大基本特征：广、快、联，具体解释如下。

1. 广：宽泛性

生物安全情报工作并非只涉及两个组织，而是多个组织的通力合作。

协同主体包括生物安全情报工作领导小组、相关部门以及社会力量等。《中华人民共和国生物安全法》规定，中央国家安全领导机构统一领导和指挥各部门的生物安全情报工作。地方各级人民政府对本行政区域内生物安全工作负责。县级以上地方人民政府有关部门负责生物安全相关工作。基层群众性自治组织应当协助地方人民政府及有关部门做好生物安全风险防控、应急处置和宣传教育等工作。

2. 快：时间性

生物安全情报工作特别重视时间性。当下生物安全形势严峻，各种生物安全问题层出不穷，如果不能及时地开展生物安全情报工作，就无法做出生物安全决策，就会导致公众对生物安全情报获取滞后，无法及时有效地进行生物安全应急响应，从而造成严重后果。因此，生物安全情报部门和相关人员必须要有强烈的时间观念，及时开展情报研究，及时进行情报工作，切实提高工作效率和工作质量。

3. 联：联系性

生物安全情报工作的实践性决定了其联系性。任何一个工作环节都不是孤立存在的，而是与其他环节紧密相连、环环相扣的。要想有效开展生物安全情报工作，就需要生物安全情报工作领导小组、相关部门及社会力量等主体上下联动、交流协作。联系性的强弱取决于生物安全情报的共享程度，决定了生物安全情报工作的效率，进而决定了生物安全治理效果。如果生物安全情报工作的各环节没有紧密联系，生物安全情报主体组分之间情报交流程度不高，就会阻滞有效信息流动，形成"生物安全情报孤岛"。

（三）生物安全情报工作的重要性和必要性

生物安全情报工作所解决的生物安全问题是一个涉及多学科、多领域的系统问题，生物安全情报工作是一项具有复杂性高、阶层性强、相关性明显、信息量大等特点的系统工程。近年来，生物安全问题越来越突出，生物安全形势愈加严峻，生物威胁已由偶发风险向持久威胁转变，威胁来源从单一化转向多样化，威胁边界从少数区域转向全球。此外，在"信息爆炸"的大数据时代，大数据一方面给生物安全研究带来海量信息，另一方面也极大地增加了生物安全治理的工作量和难度系数。传统生物安全情报工作已难以有效应对层出不穷、棘手复杂的生物安全问题。在系统论视域下，生物安全治理在多个方面对生物安全情报工作提出了现实要求，这种要求中蕴含着生物安全情报工作对于生物安全治理的重要性和必要性。

　　情报工作应该是而且永远是我们的第一道防线（龙小农，2005）。生物安全情报工作是保障生物安全的第一道防线，是进行生物安全治理的基础条件和有力支撑。因此，生物安全治理离不开生物安全情报工作。缺乏协同的生物安全情报工作无异于是在"坐而论道"，缺乏有效生物安全情报工作的生物安全治理无异于是在"纸上谈兵"。在合作过程中，多数协同问题的根源是"如何协同"的问题（Wang et al.，2018）。协同理论认为，通过协同作用，组织集成并不是组织要素的简单数量相加，而是通过人的主动集成行为，使组织系统的各要素之间及各子系统之间能够协同地工作，从而使组织要素彼此耦合，赢得全新的整体放大效应（毕建新等，2012）。相关人员的匹配情况、工作环节之间的耦合程度、协同方式的科学与否等因素直接决定了生物安全情报工作效率的高低和生物安全治理效果的好坏，决定了到底是"1+1≥2"还是"1+1≫2"。如果缺乏有效的生物安全情报工作，就会导致部门功能重叠、相关人员没有协调有序的配合和及时的信息交流，从而降低生物安全治理的效率和成效。

二、生物安全情报工作宏观模型构建与解析

　　为明确生物安全情报工作的运作流程，本节从宏观、微观这两个空间维度构建生物安全情报工作模型，并分别阐述其内涵和功能。

　　新冠疫情席卷全球，生物安全问题引起了国内外空前广泛的关注，公共卫生体系的"裂纹"从未像今天这样一览无余。后疫情时代，"如何使生物安全治理体系协调有序、更好地发挥作用"是各相关部门、学者乃至社会大众都应思考的问题。2017 年 2 月 17 日，中共中央总书记、国家主席、中央军委主席、中央国家安全委员会主席习近平在北京主持召开国家安全工作座谈会时强调，"认清国家安全形势，维护国家安全，要立足国际秩序大变局来把握规律，立足防范风险的大前提来统筹，立足我国发展重要战略机遇期大背景来谋划。"从宏观上看，生物安全治理的关键在于从顶层设计的角度切入进行统筹规划和全局谋略。从总体上看，生物安全情报工作在顶层设计方面还有欠缺，如对生物安全总体形势把握不够到位、对生物安全情报研究还不够透彻、未能明晰自身在国际生物安全治理体系中的地位、各组织之间的情报工作联系不够紧密、对情报互联互通的积极性还有待提高等。基于此，本节构建生物安全情报工作宏观模型，具体见图 4-1。

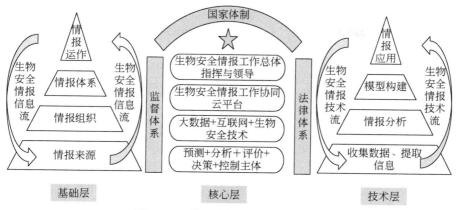

图 4-1　生物安全情报工作宏观模型

生物安全情报工作宏观模型共分为三层：基础层、核心层、技术层。

1. 基础层是保障生物安全情报工作有效开展的前提

基础层为生物安全情报工作提供了架构支持。情报来源主要有医学媒体、聚合媒体、政务媒体、专业新闻媒体等。情报组织包括国家卫生健康委员会、中国疾病预防控制中心，以及各级医院等。生物安全情报由情报来源、情报组织流出，向上经过情报体系、情报运作后再向下循环。

2. 核心层是实现生物安全情报工作顺利进行的关键

以系统理论中的"预测+分析+评价+决策+控制主体"为基础进行搭建。在互联网时代，信息的呈现方式有很多种，而情报就是从大量低价值密度的、结构化的和非结构化的数据中挖掘出的对用户有用的情报信息。怎样让大数据产生价值是"互联网+"的主题；怎样从大数据中筛选和挖掘出对用户有用的情报信息是情报的主题（刘如等，2015）。基于此，在大数据背景下，依托于监督体系和法律体系，借助生物安全技术和现代情报技术建立生物安全情报工作协同云平台，以响应国家总体指挥和号召。云平台可以利用云计算等新兴技术实现对数据更准确、更高效的情报信息挖掘，得出更加全面、更加有价值的情报信息，同时结合人工情报服务形成针对不同用户需求的情报服务和产品，以更有利于支持决策（俱晓芸，2013）。

3. 技术层为生物安全情报工作提供算力支持

生物安全情报算力主要集中在云端、边缘和终端。云端负责收集数据、提取信息。边缘负责深度挖掘分析云端处理后的情报以及情报共享，并将结果传送到终端。终端主要承担生物安全情报工作模型构建和应用，接收并应用来自边端的情报，实现生物安全情报的最终价值。生物安全情报技术流在技术层中循环流动，保障技术层中各部分、各人员的通力协作，形成"云边终"协同体。需要指出的是，协同中的个体之间不存在从属关系，而是作为一种社会分工的动态整合集体而存在（杨静和陈赟畅，2015）。

三、生物安全情报工作微观模型构建与解析

生物安全情报是情报的一种，遵循情报的一切基本原则和流程规则。关于情报流程环节的划分，出现了"四环节""五环节""六环节"等不同的观点，可予以规范表述为：以情报用户为核心、以情报规划、情报搜集、情报处理、情报分析、情报应用、情报反馈等为情报流程的基本环节（彭知辉，2016）。然而由前述可知，当前生物安全情报工作不同于传统生物安全情报工作，已不仅仅是指各环节内的通力协作，更是指各环节间的协调配合，通过综合效应，实现整体成效最大化和整体效果最优化。基于此，提出生物安全情报工作微观模型——生物安全情报工作"五环节"（图4-2）。

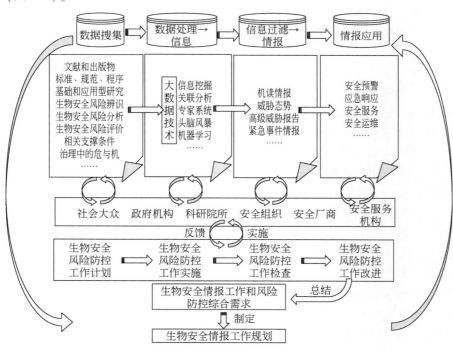

图 4-2　生物安全情报工作微观模型

1. 第一环节：生物安全情报工作规划

这一阶段的任务是总结及确定生物安全情报工作和风险防控综合需求，是指生物安全情报部门通过与相关组织沟通交流，识别生物安全情报工作和风险防控综合需求，分析生物安全情报工作主题和情境，明确生物安全情报工作任务，界定生物安全情报工作能够发挥作用的范围和领域；然后总结生物安全情报工作的具体内容，确定生物安全情报工作和风险防控综合需求。再按照需求的优先次序，明确工作方向，制定活动方案，最后向生物安全数据收集单位发出"开展数据收集"的指令。条理清晰、科学合理的生物安全情报工作规划有助于贯彻落实生物安全责任制，能够明确各部门的职责，使各部门能够横向到边、纵向到底地全方位推进生物安全情报工作，加快进行生物安全研究与治理。

2. 第二环节：生物安全数据搜集

数据搜集需要情报部门确定信息范围和类型，明确数据渠道和规模、制定科学可行的数据采集策略。它是指利用各种手段、从各个渠道获取情报资料。情报部门既可以直接搜集，即临时组织人员搜集情报，也可以间接搜集，即利用组织内部现有资源，从中挖掘所需情报资料。在大数据环境下，生物安全数据搜集工作需要各部门、各单位、各组织及社会大众上下联动，通过人工搜集和大数据采集技术等方式搜集与生物安全相关的文献和出版物、标准、规范、程序、技术情报，以及相关支撑条件。生物安全情报部门一般采用动态集成技术，对集成后的数据进行周期性刷新，这可以有效避免出现"情报孤岛"现象。

3. 第三环节：生物安全数据处理

这一环节就是对搜集的大量生物安全数据进行"一次过滤"、处理加工。在大数据时代，各类安全数据剧增，安全数据的大数据特征日益突出，从而形成了庞大而丰富的安全数据资源（王秉和吴超，2020a）。大数据在提供海量有用数据的同时，也带来了许多垃圾数据，增加了数据处理的工作量。这就需要各情报主体协同工作，借助大数据技术，采用信息挖掘、关联分析、专家系统、头脑风暴和机器学习等方法，对生物安全数据进行筛选。为了更好地进行协同，各情报主体在进行情报处理时，应当使用相同的数据存储结构（安璐和周亦文，2020）。此外，根据具体情况要选择不同的分析处理方法，采用数据滤重、去除噪声、查漏补缺、重名区分、别名识别、数据降维等方法对生物安全信息进行清洗加工，保真除伪，从而得到区别于原数据的生物安全信息。

4. 第四环节：生物安全信息过滤

信息过滤是大规模内容处理的另一种典型应用。它是对陆续到达的信息进行过滤操作，将无用信息过滤掉，将有价值的信息保留下来的过程。生物安全信息过滤，即对"一次过滤"后得到的生物安全信息进行"二次过滤"，对其进行人脑逻辑判断，从而得到影响安全管理的，尤其是影响安全决策的信息集合体——生物安全情报，由此实现信息增值的过程。这项工作的成功与否对生物安全情报工作的成败起着关键性作用。

5. 第五环节：生物安全情报应用

生物安全情报应用是利用生物安全情报产品辅助生物安全决策的过程。相关专家或学者通过生物安全情报分析、异常数据原因解读等工作发现生物安全的结果规律、变化趋势，撰写动态快报和领域快报，并做出加快完善实验室的生物安全、落实生物技术和生物产品的信息公开、建立有效的国家生物安全决策咨询体系和遗传资源的惠益共享制度等决策。

同时，生物安全情报工作还涉及生物安全情报反馈和协同两个辅助环节，具体解释如下。

生物安全情报反馈。情报反馈是指一个系统的输出情报反作用于输入情报，对情报的再输出产生影响，起控制与调节作用的过程。情报用户及情报活动的各个环节会不断产生各种反馈信息。这些反馈信息能反映情报活动的效果，为情报活动的调整和评估提供依据；同时，还可以形成新的情报需求，从而启动下一轮情报流程（王秉和吴超，2020a）。情报反馈需要相关人员及时、准确、灵敏地做出反应，通过情报工作建立起纵横交错的反馈网络。只有这样，才能随时发现问题，及时修改原决策或做出新决策；同时，也能为改进和完善生物安全情报体系的功能提供科学的依据。

生物安全情报协同。生物安全情报活动是一项工作量极大、极其复杂的系统工程，是一项覆盖范围广、涉及领域众多的集体活动。情报活动的各个环节既相互区别、又相互联系，既需要各司其职又需要通力协作。一项完成度高、成效显著的生物安全情报工作往往需要各个部门、各个岗位配合，这是实现生物安全情报效益最大化的关键所在。生物安全情报工作通过协同具有以下四个方面功能。

1）使各部门物质、信息、能量及时充分地进行交换，保障组织内各种情报资源的有效整合和高度共享，避免因情报获取滞后而导致情报分析片面。

2）加强各岗位之间的沟通交流，使纵向联系更紧密、横向交互更充分、交叉合作更密切。

3）避免出现"各自为政、互为壁垒"的不良情况，提高相关人员的合作素养和情报素养，形成"上下一条心、整体一盘棋"的格局，共同应对情报工作中的危机与挑战。

4）提高生物安全情报体系整体弹性水平，提高情报体系应对风险的能力，使其能够快速应对体系内部与外部环境的变化，及时采取积极的行动适应环境变化，保障生物安全情报工作的顺利进行。

需要注意的是，生物安全情报工作的宏观模型与微观模型是针对生物安全情报体系而言的，是相对的宏观与相对的微观。只有运用联系性、整体性、系统性、全局性的观点和方法，在更长的时间、更大的空间内，以国家的高度和视野去构建并应用生物安全情报工作模型，才能够形成"上下联动、左右衔接、统筹推进、齐抓共管"的生物安全情报工作模式，才能够真正提升生物安全治理能力，推动建设平安中国。

第二节 生物安全情报感知模型

《中华人民共和国生物安全法》表明：生物安全是指国家有效防范和应对危险生物因子及相关因素威胁，生物技术能够稳定健康发展，人民生命健康和生态系统相对处于没有危险和不受威胁的状态，生物领域具备维护国家安全和持续发展的能力。生物安全治理工作能力的核心是生物安全情报工作能力，随着近来国际局势的剧变，生物安全情报在国与国之间开始呈现出对抗性的特点，这就更加鞭策我们要尽快提高生物安全情报工作能力，以提高我国生物安全综合治理能力。鉴于上述情况，本节依据黄浪等（2016）提出的安全模型构建方法论，并参考王秉（2020a）所提出的生物安全情报三层次理论（生物安全情报的金字塔模型），尝试构建面向生物安全治理的生物安全情报感知模型，并对该模型的内涵进行解析。

一、生物安全情报感知模型构建

生物安全情报感知模型以生物安全治理为目的，以信息链理论（化柏林和郑彦宁，2012a）和生物安全治理方法为基础，以"情报—业务流"的双流路径为体系，以生物安全情报三层次理论为总体指导；感知主体由公众与社会、生物安全情报工作单位、政府部门、国家机构及生物安全情报部门组成，其中公众与社会和生物安全情报工作单位、生物安全情报工作单位和政府部门、政府部门和国家机构之间的生物安全情报活动（主要指感知活动、交流活动与处理活动等）及生物安全治理活动分别对应生物安全情报与治理工作的操作层、战术层、战略层；生物安全情报部门的设置便于各部门间的情报交流、融合，有利于工作组织扁平化、工作交流流畅化；环境因素与专家组织共同构成了感知主体的保护层，保护、支撑感知主体的情报与业务流顺利进行。面向生物安全治理的生物安全情报感知模型见图4-3。

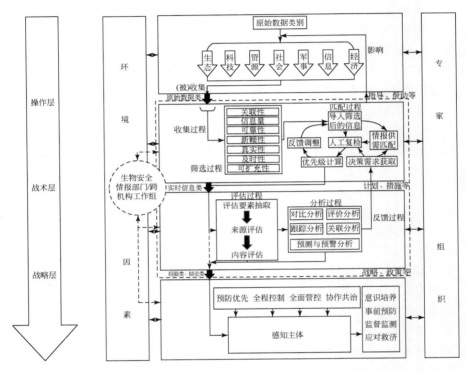

图 4-3　面向生物安全治理的生物安全情报感知模型

二、生物安全情报感知模型内涵解析

（一）感知主体

1. 公众与社会

公众与社会作为该模型的地基部分，其基础性地位主要体现在以下两点：一是，无论是公众社交过程中产生的庞大信息流量，还是生物安全情报工作人员主动或被动地对群众进行生物安全情报感知所得到的信息，社会公众内部庞大的信息流都是大部分生物安全情报原始数据的主要来源（杨谨铖等，2018）；二是，公众是政府进行生物安全治理工作所要保护的最主要对象，我国的一切治理都是以保障人民群众生命财产安全为首要目标的。从公众与社会获取的各类生物安全情报被生物安全情报工作人员收集、筛选，同时上层组织机构所发布的公告、公示的计划方法和颁布的政策战略等也会以类似反馈的形式，对公众与社会后续产生的生物安全情报产生影响，在公众与社会和生物安全情报工作人员之间形成产生→收集→反馈→再产生的过程。

2. 生物安全情报工作单位

生物安全情报工作单位在生物安全情报感知工作流程中主要负责对生物安全原始数据类情报进行收集、筛选和匹配，主要的机构有国家安全部门、海关口岸（收集和分析监控疫情传播情报与外来生物入侵安全情报，以及提防生物恐怖袭击等）、医院（监测疫情情况与检查微生物耐药性等）、生物安全实验室、各地方疾病预防控制中心、公安、媒体、居委会、互联网信息办公室、专家调查组，以及部分社会组织等。前线生物安全情报工作单位为生物安全情报感知收集第一手数据，是生物安全情报感知工作中的"耳目"与"尖兵"。

3. 政府部门

政府部门主要负责生物安全情报的分析、评估与反馈，政府部门对生物安全情报进行分析评估后，以提供计划、措施、办法和直接面向公众社会发布公告等方式来开展生物安全治理工作与生物安全突发事件应急响应工作，在绝大多数生物安全治理工作与生物安全突发事件应急响应工作中，政府部门都扮演着决策者和应急决策者的身份，对当地的生物安全治理工作担有最大最重要的责任。

4. 国家机构

国家机构主要包括国家安全部、国家卫生健康委员会、国务院、应急管理部、公安部、农业农村部、科技部、外交部等一切和生物安全有关的国家部门，国家部门是我国生物安全治理工作中战略层面的决策主体，为国家整体的生物安全治理工作指明战略方向，下达战略、决策和政策等战略层面的指导、意见和命令。

5. 生物安全情报部门

生物安全情报部门（生物安全跨机构工作组）的主要职责是协调各机构间的工作，促进各机构间的生物安全情报融合。典型的生物安全情报部门是美国国家生物技术信息中心（Bush，2008），该机构的成立加快了美国生物安全治理工作中生物安全情报的感知与融合，提高了对生物安全应急事件的反应速度。美国国家生物技术信息中心的建立对我国的生物安全治理有重要的参考意义：成立生物安全情报部门（生物安全跨机构工作组）有助于我国的生物安全治理统一化和集中化，对提高我国的生物安全治理能力具有重要意义。

（二）分阶段的模型内涵解析

1. 操作层生物安全情报感知工作内涵

操作层生物安全情报感知工作的主体为公众与社会和生物安全情报工作单位。在这部分工作中，生物安全情报的工作人员通过数据感知手段从公众与社会获取原始数据类生物安全情报，收集的来源有各生物安全情报工作单位采集到的一线数据（如医院检查病患时发现的异常病情数据、海关截获的外来物种资料、媒体搜集到的其他国家的生物安全情报等）以及群智生物安全大数据（陈桂菊，2021）。原始数据类生物安全情报可分为（王秉，2020a）面向防范外来物种入侵的生态生物安全情报，面向防止生物技术滥用、管理生物实验室安全和应对微生物耐药的科技生物安全情报，面向人类遗传资源和生物资源安全管理的资源生物安全情报，面向防控重大、突发传染病疫情的社会生物安全情报，面向防御生物武器、防范生物恐怖袭击的军事生物安全情报，面向保障国家遗传信息资源的信息生物安全情报以及面向农业生物安全保障的经济生物安全情报。

首先，对收集来的原始数据形式的生物安全情报进行筛选，生物安全情报筛选标准主要包括关联性、信息量、可靠性、新颖性、真实性、及时性和可扩充性。然后，将筛选后的生物安全情报与各政府部门之间进行匹配，匹配的流程为：将筛选后的信息导入计算机中（导入信息），人为依照上级部门的决策需求设计匹配算法（需求感知），应用机器进行生物安全情报的供需匹配（供需匹配），在这个过程中的每一步（导入信息、需求感知、供需匹配）都应经过人工的抽样复检或全面复检；复检后的生物安全情报再经优先级计算（魏巍，2009）后，产生实时信息类生物安全情报产品，按需求的导向和优先级的顺序分别向上级不同机构上报，也可通过公告的形式向大众公布；在优先级计算后仍需要对之前的工作流程进行反馈，以对之后的生物安全情报收集、筛选、匹配工作进行调整，以期获得生物安全情报收集、筛选和匹配的良性循环。

2. 战术层生物安全情报感知工作内涵

战术层生物安全情报感知工作的主体为生物安全情报工作单位和政府部门。这部分是生物安全情报感知模型中最重要、最核心的部分（在图4-3中以虚线框着重突出）。在这部分工作中，政府部门收到来自生物安全情报工作单位收集、筛选、匹配后的实时信息类生物安全情报产品，并将对这些情报进行评估与分析。生物安全情报的评估工作大体可以分成三部分：生物安全情报评估要素抽取、来源评估和内容评估。评估要素抽取的作用（李纲和李阳，2014）是提取出生物安全情报中的特征，它的目的是使实时生物安全情报不会被生物安全情报工作者的主观倾向影响，生物安全情报工作者不会将情报中难以觉察的信息忽略，能够站在客观立场进行评估；来源评估和内容评估的作用是防止低质量的生物安全情报（甚至错误的生物安全情报）流入分析阶段。生物安全情报分析（王静宜等，2020）的过程按照功能分类可以分为对比分析、评价分析、跟踪分析、关联分析、预测与预警分析，通过对实时信息类生物安全情报产品进行分析，战术层生物安全情报工作者可以充分了解研究对象或研究区域的生物安全基本情况、若干对象或区域间的生物安全共性与特性、对象的生物安全发展与变化情况、对象与其他调查对象或区域的生物安全相关性，并做出对研究对象生物安全未来发展变化趋势的预测，得出预警等级，做好生物安全治理与应急处理工作。

3. 战略层生物安全情报感知工作内涵

战略层生物安全情报感知工作的主体为政府部门和国家机构。在这部分工作中，无论是生物安全情报工作单位在生物安全情报收集、筛选与匹配过程中，还是战术层生物安全情报工作者在生物安全情报评估、分析与反馈过程中，都可以产生经验类、结论类的生物安全情报。战略层生物安全情报工作者、与生物安全相关的国家机构作为国家生物安全治理的战略决策主体，可利用经验类、结论类的生物安全情报下达生物安全治理战略、决策与政策等。与生物安全相关的国家机构在获得宝贵的生物安全治理经验与结论后，以预防优先原则、全程控制原则、全面管控原则和协作共治原则（秦天宝，2020）为指导，为培养生物安全风险防范意识、完善生物安全风险事件事前预防、加强社会生物安全风险监督监测和落实生物安全事件事后应对救济提供政策、战略与决策，从战略高度全面地提高我国生物安全情报工作能力和生物安全治理能力。

第三节　生物安全情报获取与分析模型

一、生物安全情报获取与分析的研究路径

"情报的本质属性是决策性，情报的最终目的是为政策服务"。生物安全情报面向生物安全治理，其目的是为生物安全治理提供情报支持。因此，作为生物安全情报工作的核心，生物安全情报的获取与分析应立足于生物安全治理的全过程，即服务于生物安全风险的事前预警、事中响应和事后评估。生物安全情报获取是利用各种技术和手段，在海量的生物安全信息中搜集、挖掘对生物安全治理工作有价值的生物安全情报，通过预处理筛选出有效的生物安全情报并进行存储。生物安全情报分析是根据生物安全治理工作需求，对已有生物安全情报进行分解、重组和综合，以形成结论或对未来趋势的预测。生物安全情报获取与分析的研究路径可以分为以下两条。

1）生物安全情报的获取与分析应围绕生物安全治理者的任务需求而进行，即采用任务驱动的生物安全情报获取与分析模式，是"主动出击"。首先，生物安全治理者界定生物安全风险和生物安全治理缺陷；然后，情报机构针对性地获取和分析生物安全情报，对生物安全治理者的决策需求进行响应。此外，随着大数据技术的广泛应用，情报任务日趋复杂，决策者对响应等待的容忍度越发降低，情报机构不能再止步于对特定任务的被动回应，而应充分发挥"情报先行"的作用（赵柯然和王延飞，2018）。因此，在明确的任务下达之前，情报工作者应识别治理者生物安全治理的情报需求，明确情报获取的策略和偏好，从而选择合适的情报来源和情报搜集技术。

2）生物安全情报的获取与分析应重点关注异常信号，即采用异常信号驱动的生物安全情报获取与分析模式，是"被动防守"。安全领域存在无症状的突发安全事件和有苗头却被忽略的风险事件，而治理者无法对这两类事件提出精准的安全管理请求，所以往往需要依靠对异常信号的监测与分析来预警风险（黄云芳和王秉，2020）。

二、生物安全情报获取与分析模型的构建

任务驱动和异常信号驱动的研究路径并非对立的，而是相互协调、相互依存的。基于这两条研究路径，可构建一个具备情报需求识别、风险和

治理缺陷识别、关键情报融合、风险预警和发展趋势预测、决策支持等功能的生物安全情报获取与分析模型。因此，生物安全情报获取与分析模型主要分为三个板块：生物安全情报需求识别板块、生物安全情报获取板块和生物安全情报分析板块。生物安全情报获取与分析模型见图4-4。

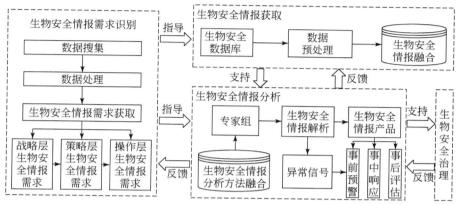

图4-4　生物安全情报获取与分析模型

其中，生物安全情报需求识别板块用于实现情报需求识别功能，旨在为生物安全情报的获取与分析指明方向、确定目标；生物安全情报获取板块是生物安全情报工作的基础，旨在搜集、处理、融合多源生物安全情报；生物安全情报分析板块承担模型的主要功能，旨在直接为生物安全治理提供情报支持以提升生物安全治理水平。

三、生物安全情报获取与分析子模型的构建

生物安全情报获取与分析模型具有生物安全情报需求识别、生物安全情报获取和生物安全情报分析三大板块，为进一步阐明三大板块的内在机理和运行流程，构建三个子模型进行解析。

（一）生物安全情报需求识别子模型

生物安全情报需求是生物安全情报工作的第一驱动力，而生物安全情报需求识别是生物安全情报工作最基本的环节。生物安全情报需求识别子模型见图4-5。

生物安全治理者对生物安全情报的需求分为显性需求和隐性需求。显性需求指的是生物安全治理者（主要是有关政府部门的领导和职员）主动反映的生物安全情报需求。隐性需求指的是异常信号引起生物安全治理

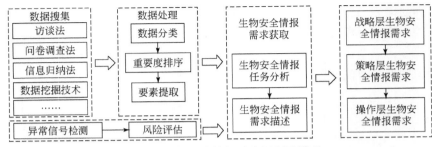

图 4-5　生物安全情报需求识别子模型

者关注潜在的生物安全问题所产生的生物安全情报需求。因此，生物安全情报需求识别分为以下两条路径。

1. 通过数据搜集和数据处理等技术手段识别生物安全情报需求

数据搜集方法既包括访谈法、问卷调查法、信息归纳法等传统方法，也包括数据挖掘技术等新兴技术。以有关政府部门的领导和职员为对象，以领导公开讲话、有关文件为数据源，协调运用多种搜集方法能获取更准确、更全面的数据，但也存在数据冗余问题。因此，需要进行数据处理以提高数据的凝练程度。数据处理（吕宏玉和杨建林，2019）包括：①数据分类，将数据依据其所属的安全领域进行分类；②重要度排序，综合考虑关键词的来源和出现频率进行重要度排序；③要素提取，提取重要的信息点并进行关联。根据生物安全情报需求要素，进一步分析满足生物安全治理工作需求的情报任务，明确任务主题和任务情境，再依据一定规范描述生物安全情报需求内容，即完成了生物安全情报显性需求的识别过程。

2. 通过对异常信号的监测和分析识别生物安全情报需求

现代情报分析的一项关键工作就是在不变中寻找变化，异常信号可能就是一种信号征候（甘翼等，2018）。在生物安全领域，异常信号的出现通常预示着不良后果，所以异常信号往往会引起生物安全治理者对潜在的生物安全风险和生物安全治理缺陷的关注，从而促使新的生物安全情报需求的产生。

根据生物安全治理的层次性，可将生物安全情报需求进一步划分为战略层生物安全情报需求、策略层生物安全情报需求和操作层生物安全情报需求，以更准确地指导生物安全情报产品的产出。

（二）生物安全情报获取子模型

生物安全情报获取是生物安全情报分析得以进行的基础，而获取生物安全情报的关键在于确定生物安全情报来源。Wang 和 Wu（2019）、王秉（2020a）参考安全情报的基本来源，结合生物安全情报的自身特色，将生物安全情报的基本来源概括为风险类生物安全情报源、策略类生物安全情报源和科技类生物安全情报源。基于此，构建生物安全情报获取子模型（图4-6）。

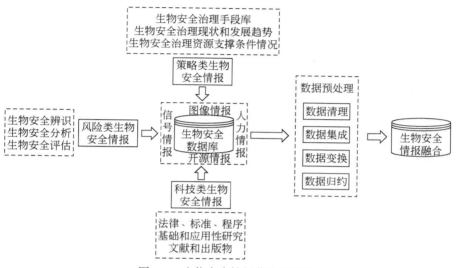

图 4-6　生物安全情报获取子模型

生物安全情报获取应围绕生物安全情报需求开展，依靠信号情报、图像情报、人力情报和开源情报等情报搜集技术，从风险类生物安全情报源、策略类生物安全情报源和科技类生物安全情报源中获取所需的生物安全情报，形成生物安全数据库。生物安全数据库内的生物安全信息存在冗余、缺失、不确定性和不一致性等复杂情况（唐晓波等，2019），必须进行数据预处理以提高情报的可信度。数据预处理过程包括（刘越江和黄今慧，2003；刘莉等，2003）：①数据清理，人机结合处理空缺数据、噪声数据和不一致数据；②数据集成，汇总来自多个数据源的数据形成一个统一的数据集；③数据变换，将数据进行转换或归并，构成适合数据处理的描述形式；④数据归约，在保持接近原数据完整性的前提下，通过维归约、数据压缩、数值压缩等方法减少数据量。整合预处理后的生物安全数据，打破不同来源、结构、层次、内容的数据之间的"壁垒"，以满足生物安全情报工作的融合需求。

（三）生物安全情报分析子模型

情报分析是专家行为，相较于新手，专家能看到问题背后更深层次的含义，能做出更准确的预测（曾忠禄，2016）。生物安全情报分析是对生物安全情报需求的解析，是生成情报产品以支持事前预警、事中响应和事后评估工作的核心环节，需要由安全专家、情报专家和特定领域专家等构成专家组作为支撑。生物安全情报分析子模型见图4-7。

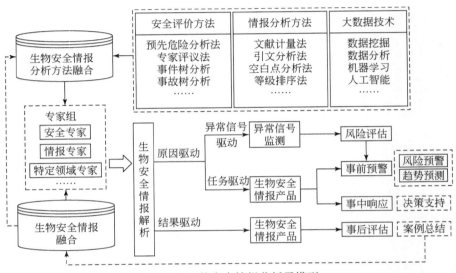

图 4-7 生物安全情报分析子模型

生物安全情报融合是生物安全情报分析的基础。一方面，单一领域的情报工作难以有效应对层出不穷的生物安全问题，生物安全治理对情报工作提出了融合需求（刘光宇等，2021a）；另一方面，大数据环境促进多维度生物安全情报融合（王秉和朱媛媛，2021）。生物安全情报的融合又促使着生物安全情报分析方法的融合，即对安全评价方法、情报分析方法和大数据技术的综合运用。专家组利用这些方法和技术，结合各自的学科背景，对生物安全情报进行解析，从而生成生物安全情报产品。

基于"由因推果"和"由果寻因"思维逻辑方式，生物安全情报解析分为原因驱动和结果驱动两条路径。①原因驱动路径是指生物安全事件尚未发生或正在发生时，以生物安全情报任务或异常信号为初始事件，再交替考虑事件成功与失败的两种可能后果，直至结果事件为止。任务驱动指的是专家组基于生物安全情报任务对情报进行解析，以生成生物安全情报产品支撑风险预警和趋势预测，或提供决策支持。异常信号驱动指的是通过对异常信号的监测，专家组对异常信号进行风险评估，判断是否存在生物安全风险或分析生物安全事件的发展趋势，为事前预警提供情报支持，同时也促使新的生物安全情报需求的产生。②结果驱动路径是指以已发生的生物安全事件为分析起点，将导致事件发生的原因事件按因果逻辑关系逐层列出，分析出生物安全事件发生的具体途径，总结成案例。案例作为新的情报又能融入生物安全情报库以供使用。

第四节 生物安全情报协同共享模型

由于生物安全问题的复杂性及涉及多学科领域的相关知识，生物安全情报协同共享机制需要在现存的共享机制基础上，以总体国家安全观为指导，结合系统论、信息论、协同论的相关观点及理念指导实践，坚持理论与实践结合，细化纵向跨层级生物安全情报共享及管理、反馈，强化横向跨领域的生物安全情报共享合作，引入生物安全情报重要度评级体系、贡献激励制度、生物安全情报保障制度，结合我国生物安全治理工作的实际情况及当下世界范围内复杂的生物安全时代条件，坚持可持续发展的理念，推动生物安全情报协同共享机制的建立及运行。因此，本节在生物安全及安全情报学的理论基础上，开展了生物安全情报协同共享机制研究，以期提高生物安全情报的利用效率，为生物安全情报的发展及协作提供一些思路及见解。

一、生物安全情报协同共享机制理论分析

研究生物安全情报协同共享机制，必须了解生物安全情报的构成、作用，理解情报协同共享的相关概念，分析生物安全情报在情报协同共享方面存在的问题（马海群和张铭志，2021）。情报共享有着多种定义，有学者定义其为为保证决策清晰连贯而在情报获取、分析、集成及应用过程中进行情报交换（Baldino，2018）。支凤稳等（2018）认为情报共享是情报所有者通过合作方式将独有的情报资源与其他具有独特情报的组织分享交换，从而达到资源互补，提高自身情报量及竞争实力的目的。生物安全情报协同共享可以理解为：在统一的生物安全情报管理平台上，将有利于维护国家生物安全、促进经济进步的生物安全情报资源、情报产品及相关服务在不同层级、不同领域的情报组织、机构进行协同交换，从而达到提高生物安全情报传播和使用效率的目的（马海群和张铭志，2021）。不同层

级、不同领域的生物安全情报组织及机构构成了生物安全情报协同共享的主体，生物安全情报是协同共享过程中的客体，维护国家生物安全是生物安全情报协同共享的终极目标。

根据生物安全情报的特点及我国生物安全工作的现状，构建生物安全情报协同共享机制需要解决以下几方面的问题。

1. 生物情报的特殊性决定情报协同共享要建立可靠的分级共享体制

生物安全情报根据来源可以分为风险类生物安全情报、策略类生物安全情报及科技类生物安全情报（王秉，2020a），许多生物安全情报的获取依靠各类特殊的技术手段，具有极强的保密性和重要性，如生物武器情报，受制于国际公约，各生物科技发达国家和军事强国对自身信息实行了高度保密，个别国家甚至长期阻拦核查协定书的谈判。要合理推动生物安全情报协同共享机制建设，既要推动情报的高效共享，使各级生物安全工作机构及时获得开展工作所需的情报，提高工作效率和工作质量，又要根据情报重要性和保密程度进行分级，合理控制情报知情范围和保密性，防止重要、敏感生物安全情报的泄露及滥用对国家内外部生物安全及环境造成重大威胁。基于此点考虑，可设计纵向管理反馈、横向协同的多级生物安全情报协同共享机制。

2. 情报工作在生物安全工作中的定位模糊

国家生物安全治理对生物安全情报融合提出了明确的需求。生物安全问题种类繁多，需要多领域知识综合解决，仅靠单一领域的情报工作难以支撑，生物武器治理、生物安全实验室治理、传染病疫情防控等方面都需要情报协同共享。我国生物安全涉及多领域的不同机构，包括卫生健康、海关、农业等多个行政系统，还涉及机场、货运公司、船运公司等主体，同时相比英国、美国等发达国家，我国生物安全方面的专门战略规划有所欠缺，情报工作定位不清导致各机构对生物安全情报的重视程度不同，缺乏具体的规划和行动路线，各自为政的情况较多，缺乏统一的管理平台，无法就生物安全情报进行有清晰规划的协同共享（刘光宇等，2021a）。

3. 生物安全情报协同共享机制要解决所需技术问题

许多发达国家建立了遍布全球的生物实验室，生物实验室背后隶属主体错综复杂，项目及经费来源广泛，同时应用了多类型的仪器及设备，以我国目前生物安全情报工作的能力很难全面检测。同时，缺乏统一的技术平台，基础建设进度落后，信息化水平不足，"数据孤岛"与"标准分立"问题导致生物安全数据库整合度不高（刘光宇等，2021a）。生物安全业务单位往往面临着地理位置分布分散，而技术层面采用了不同种类的应用软件和数据库的现状，加大了数据协同共享的难度，而重新建立一个统一的基础环境的造价过高，不切实际。在差异化的基础上建立一个可行的协同共享机制，在保护各单位基础建设投资得到良好应用的同时提高情报整合能力成了协同共享的重要问题（吴向志等，2015）。

二、生物安全情报协同共享模型构建

生物安全情报协同共享模型分为国家级生物安全情报协同共享平台、部级生物安全情报协同共享平台、厅级生物安全情报协同共享平台、局级生物安全情报协同共享平台（图4-8）。国家级生物安全情报协同共享平台可依据相关法律法规的规定，在中央国家安全委员会之下组织专门的生物安全情报协同机构，统筹开展我国生物安全情报工作并负责整个共享机制的运行管理。部级生物安全情报协同共享平台包括国家安全部、应急管理部、国家卫生健康委员会、农业农村部、自然资源部、海关总署及其他相关的部级机构，负责部级机构之间的生物安全情报协同共享及各自下属单位的管理。国家级生物安全情报协同共享平台和部级生物安全情报协同共享平台要对生物安全长期战略、政策、体系构建进行整体决策。厅级生物安全情报协同共享平台包括各省、自治区、直辖市及新疆生产建设兵团卫生健康委员会、应急管理厅等机构，负责各省、自治区、直辖市及新疆生产建设兵团内部相关机构及单位生物安全情报协同共享和基层业务单位的管理。局级生物安全情报协同共享平台则为具体的执行层，负责履行管理层的相关要求及基层生物安全情报的收集、协同、分享。

生物安全情报协同共享机制包含国家级生物安全情报协同共享平台、部级生物安全情报协同共享平台、厅级生物安全情报协同共享平台和局级生物安全情报协同共享平台4个生物安全情报协同共享小体系，部级、厅级、局级生物安全情报协同共享平台在机制中属于管理及合作的复杂关系。一个组织庞大、结构复杂的机制想要高速运转并形成良性反馈，需要在大局上科学妥善管理并充分发挥协同共享机制的作用，无论是同级平台内部横向的情报交流共享还是纵向的各平台间的由上至下的管理和逆向的反馈，都需要充分的协同合作来达成（吴向志等，2015）。

在生物安全情报协同共享机制中，国家级生物安全情报协同共享平台是整个机制的核心，在总体上起着统筹协调的重要作用，主要包括以下五方面。

一是在充分发挥各部门能力的基础上，对情报共享过程中存在的争议、矛盾，以及各部门间需要协调的问题进行沟通协调，保障整体机制顺

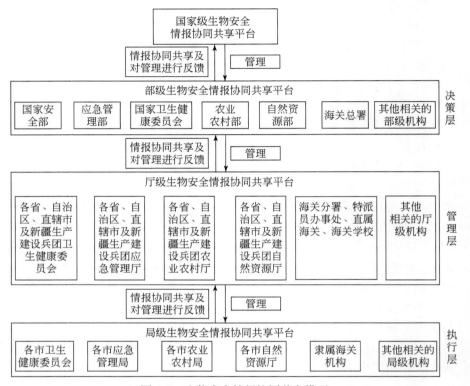

图4-8 生物安全情报协同共享模型

利运行。生物安全情报涉及多部门、军用情报及民用情报，来源错综复杂，涉及许多机密技术的应用，各部门间整合难度大，同时各部门为获得情报及协作主导权难免发生争议和矛盾，国家级生物安全情报协同共享平台作为生物安全情报协同共享机制最高层次的决策者要起到决策及协调作用，采取各类预防措施解决部门间可能发生的矛盾，从根源上协调各部门关系，促进情报协同共享。

二是负责生物安全情报共享工作的重大决议，研究制定并指导各部门开展生物安全情报工作和相关重大方针决策，监督各部门职责的履行状况，对情报共享工作的效率和进程进行管理，推进生物安全情报工作，为维护我国生物安全提供重要保障。

三是适应当下复杂的国际生物安全环境，进行国际合作，为和世界各国一起应对生物威胁做准备。我国已加入《生物多样性公约》《国际植物保护公约》等涉及生物安全的公约，国家级生物安全情报协同共享平台为我国生物安全情报工作的核心，也是掌握最综合的生物安全情报的机构。进行国际合作有利于防范生物威胁，为世界和平稳定做出贡献。

四是信息发布。生物安全领域的知情权对保障人民生命健康起着极为重要的作用（孙佑海，2020）。我国生物安全法明确规定了有关重大生物安全事件、风险等安全信息的发布机制，而国家级生物安全情报协同共享平台在保护国家机密、进行情报分级的基础上，对涉及社会稳定的生物安全情报应根据职责权限发布，同时也要承担对虚假的生物安全情报进行打击的任务。

五是反情报工作。反情报工作是情报工作的重要组成部分，主要是为防止反对势力、组织等的攻击及破坏，确保情报安全和情报工作可靠性所实施的情报活动。主要包括两个方面：①防御性，包括保护国家机密和维护关键设施安全等方面；②进攻性，即利用反制手段利己排他的反情报活动（倪薇，2007）。一些国外生物制药企业以实验名义对我国的人类基因信息进行收集，用于各类开发活动以牟取暴利，同时还存在着以战略性生物资源、人类材料和生物信息为目标的生物资源非法交易、传递，甚至还存在掠夺行为（王小理，2020）。反情报活动要根据我国各类生物安全活动的情报需求，对竞争对手及自身存在的弱点进行评估，在评估的基础上做决策，然后根据决策进行分析，调整情报工作安排和规划，同时确定新的情报需求，如此循环往复。提高对公开源生物安全情报的重视程度和情报剽窃的防范程度、重视各类生物安全问题，以提升自身核心竞争力为目标保护我国生物安全。

此外，生物安全情报需要多学科的专业知识，因此需要成立涉及多学科领域的专家委员会，为国家级生物安全情报协同共享平台长期战略制定、情报工作统筹安排及实施提供咨询、论证，为生物安全情报协同共享机制的顺利运行提供技术支撑。生物安全情报协同共享机制中的国家安全部、国家卫生健康委员会、应急管理部、农业农村部、自然资源部、海关总署及其他相关的部级机构负责各部职责范围内的生物安全情报（图4-9）。

三、生物安全情报协同共享促进策略

（一）提高科技含量

传统数据分析工具在当下已经难以支撑情报工作的顺利进行，大规模数据的分析和管理需要技术方面及硬件方面的双重支持及保障。信息及情报具有实时性、变化性，可能有多种存在形式并且不断变化，这对生物安

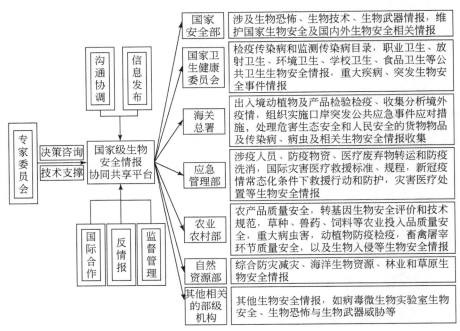

图 4-9　生物安全协同共享机制职能图

全情报工作提出了更高的要求（马海群和张铭志，2021）。围绕生物安全情报协同共享机制的科技需求，顺应科技变革大趋势，在协同共享机制中引入大数据、云计算、人工智能等当下炙手可热的新兴技术进行集成应用，提高情报共享、管理的效率，着手生物安全情报协同共享数据库的研发，针对生物安全情报的海量数据，运用云储存、深度学习、数据过滤、区块链等技术，按生物安全情报的种类、保密等级等有规划地建设各类数据库，如重大新发突发传染病、动植物疫情情报数据库，病原微生物实验室情报数据库，以及人类遗传资源与生物资源情报数据库等。同时，针对生物安全领域的海量信息，可以应用人工智能技术对生物安全情报进行分析总结，提高生物安全情报协同共享机制的科技含量。在统一的国家级生物安全情报协同共享平台领导下，实现生物安全情报协同共享的智能化及现代化。平台的功能将不断拓展，它能够支撑各级平台、各部门组织间的实时沟通联络、交流协作，达到生物安全情报的实时共享及各部门间的专家资源共享，提高协同共享的效率和能力，提高整个机制的联通能力。

（二）扩大机制涉及的主体范围及代表性

为涉及生物安全情报的各领域创造一个良好的对话环境和平台，不能局限于国家机关，还要加强与学术界、产业界等群体的各种生物安全利益相关者的互动，支持生物安全情报领域进行跨学科、跨领域合作，如社会科学及自然科学间协作，提高技术融合对生物安全情报协同共享的影响及相关认识（王小理，2020）。加大和各类民间团体的协作力度，许多生物安全情报的主要来源正是一些相关民间组织。

（三）引入更多有效的治理工具

引入更多有效的治理工具，如在生物安全情报协同共享机制中引入生物安全风险评估制度、生物安全监测预警制度、生物安全情报信用管理制度、生物安全应急演练救援制度、生物安全情报标准制度、生物安全情报保密等级制度、生物安全情报国家报告制度等。以生物安全情报为根基，依托生物安全情报协同共享机制，稳定拓展机制的作用范围，充分发挥机制的相关能力，为国家生物安全建设提供助力。

（四）充分发挥市场的作用

市场经济以其竞争性、有效性等特征配置社会资源，以供需关系来调整市场中资源价格，充分发挥能动性，使资源价格有规律变动，最终刺激消费市场（李晓华，2017）。生物安全情报协同共享可以在不同领域、不同层级的情报机构部门间进行，可以涉及多个组织及个体，在共享过程中，参与共享的组织和个体应处在平等的地位通过生物安全情报协同共享平台开展对话，从而进行具体的情报任务及服务。生物安全信息及情报具有特定的价值，不同的需求会产生不同的情报价值回馈，且需要考虑到共享过程中竞争的存在，情报价值会根据情报共享的不断进行、具体任务需求及时效性不断波动。因此，在生物安全情报协同共享机制大框架稳定运行的基础上，应鼓励情报共享的自发性，在一定限度内可以开放情报资源及情报获取服务作为商品，情报共享作为交易过程，发挥市场经济的特性来提高资源提供者的积极性及上级平台对信息情报的获取及整合效率，提高机制的活力，优化生物安全情报协同共享的运行体系，而不仅仅局限于行政部门的命令形式。

（五）军民情报融合共享

生物科技是后核武器时代军事革命发展历程的重要变量，若某国或某方实力率先取得决定性突破，将很大程度上打破当下战略平衡。维护生物安全需要外部的国家安全和内部的发展安全共同作用，生物安全情报也是军用情报和民用情报的作用层面。我国目前的情报体制中，军用情报和民用情报联系程度不足，军用情报往往更具有深度，但覆盖性难以扩展到整个社会；民用情报的广泛性能很好地弥补这个缺点，但民用情报由于技术、权限的限制往往在专业领域中有所欠缺（马海群和张铭志，2021），而军用情报可以补足，即两者可以互为支撑。军民生物安全情报共享，即在现有情报共享基础上，以军民融合为战略方针，以总体国家安全观为指导进行跨领域的情报共享，实现军用生物安全情报及民用生物安全情报的合作，同时以系统论和协同论为理论基础，扩展生物安全情报协同共享机制，使情报工作不仅仅局限于专门的部门和机构；同时，充分发挥人民群众的力量，充分发挥人民群众的广泛性、强渗透性的特点，走群众路线，结合我国高度普及的移动设备和5G网络，强化情报机构和人民群众的交流，达到快速高效地获取社会生物安全情报的目标。

第五节　生物安全情报服务能力影响因素模型

在大数据时代背景下，生物安全信息数据的数量急速增加并且逐渐泛化，生物安全治理的需求也日益精细，情报主导的生物安全治理模式逐渐受到认可。为进一步完善生物安全情报服务体系，学界亟须对生物安全情报服务能力的影响因素展开探索，以提高生物安全情报服务水平。鉴于此，本节立足理论层面，以生物安全情报服务能力为研究对象，通过文献分析和对比研究等方法，详细阐述生物安全情报服务的定义及内涵，并结合生物安全与安全情报的知识，构建并解析生物安全情报服务能力影响因素模型。同时，在此基础上，本节还提出生物安全情报服务能力建设的部分工作建议，以期促进生物安全情报服务领域的健康发展，提高我国情报主导的生物安全治理的水平和能力。

一、生物安全情报服务定义及内涵

生物安全情报服务是指以生物安全相关的生物安全情报来源、生物安全情报技术、生物安全情报人员和资金为基本元素，为生物安全情报用户提供面向生物安全治理的生物安全情报综合服务，最大限度满足用户需求，创造生物安全情报价值的活动。生物安全情报服务的内涵主要包括以下四点（图4-10）。

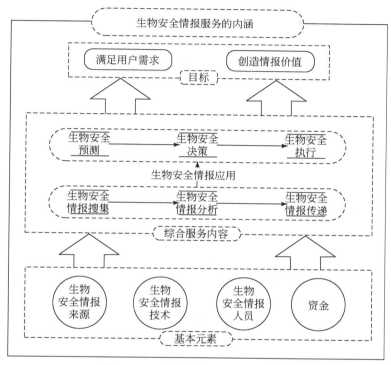

图4-10　生物安全情报服务的内涵

（一）生物安全情报服务具有四个基本元素

生物安全情报来源、生物安全情报技术、生物安全情报人员和资金四个基本元素对生物安全情报服务水平具有重要影响作用。生物安全情报来源包括各类生物实验室、生物安全监测技术、动植物疫情、国家生物资源、生物武器与恐怖袭击、人类遗传基因、农业生物安全事件、生物性公共卫生安全事件、生物安全法律法规和生物安全研究成果等（王秉，2020a）；生物安全情报人员包括生物安全情报搜集、分析、生产和应用人员；生物安全情报技术包括数据处理、量化分析和模型构建等以生物安全情报获取和分析为核心的情报技术；资金则是生物安全情报服务的基本物质保障。

（二）生物安全情报服务面向生物安全治理

生物安全情报服务作为生物安全治理的重要维度，可以推动生物安全治理能力的提升，主要包括生物安全治理工作的科学化、精准化、协同化和智慧化（王秉，2020a）。同时，生物安全情报服务的最终目标是做好生物安全治理，当生物安全情报应用于生物安全治理（即提供相关决策）后，生物安全情报服务的流程才会结束；反之，生物安全治理也对生物安全情报服务起到导向作用，为更好地完成生物安全治理工作，生物安全情报服务也须不断改进完善。

（三）生物安全情报服务是一种综合服务

基于情报主导的生物安全治理模式（王秉和吴超，2019a），生物安全情报服务可看作是生物安全情报工作（具体包括生物安全情报的搜集、分析和传递等情报服务）与生物安全治理工作（应用生物安全情报进行生物安全预测、生物安全决策和生物安全执行等应用服务）的有机融合（图 4-10），前者是后者的辅助与支撑，二者并非各自独立。换言之，生物安全情报服务包含上述两大过程，生物安全情报可作为生物安全情报服务的核心，科学而客观地指导生物安全治理。

（四）生物安全情报服务的目的是满足用户需求并创造情报价值

用户主要包括政府决策者、组织机构、企业、智库及社会公众等群体（如国家卫生健康委员会、中国生物技术发展中心和生物制药相关企业等），他们愿意接受情报研究和解读等服务（Bertelli and Wenger，2009）。用户需求是生物安全情报服务的首要动力（陈峰，2016），因用户需求差异，生物安全情报具备面向不同用户的独特性和专一性。此外，在整个工作过程中，生物安全情报服务承载了生物安全情报人员的智慧和生物安全情报技术与资金等基础资源，具备重要价值。生物安全情报服务满足用户需求，便是其价值的体现，情报产品对用户的作用力和影响力决定了其价值的大小。

二、生物安全情报服务能力影响因素模型的提出

本节以生物安全情报服务的定义及内涵为理论依据，以科学性原则、参照性原则、独立性原则和影响力原则为前提（表 4-1），构建生物安全情报服务能力影响因素模型（图 4-11）。模型主要包括四个一级影响因素和 14 个二级影响因素。具体解释如下。

表 4-1 生物安全情报服务能力影响因素模型构建原则

序号	原则名称	原则的内涵解释
1	科学性原则	归纳生物安全情报服务能力影响因素时要遵循科学理论，参考正确的科学思想与方法，如分析相关调查报告、人员访谈记录和学术论文等文献并进行归纳总结
2	参照性原则	在构建生物安全情报服务能力影响因素模型时，需要参考其他情报服务领域影响因素的研究，同时也需要具备生物安全方面的创新
3	独立性原则	在所建立的生物安全情报服务能力影响因素模型中，所有影响因素需要满足相互独立的要求，彼此间不存在相互影响、互有交叉甚至相互包含的情况
4	影响力原则	在所建立的生物安全情报服务能力影响因素模型中，所有影响因素需直接或间接影响生物安全情报服务能力，对影响可以忽略或本身过于复杂的能力指标应适当放弃

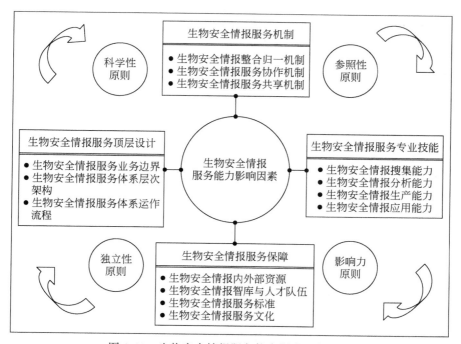

图 4-11 生物安全情报服务能力影响因素模型

①生物安全情报服务顶层设计是指从生物安全情报服务全局角度出发，研究生物安全情报服务制度和服务模式等宏观层次时的考量设计，可细分为生物安全情报服务业务边界、生物安全情报服务体系层次架构和生物安全情报服务体系运作流程三个二级影响因素。②生物安全情报服务机制是开展面向生物安全治理的生物安全情报服务工作的重要支撑，对生物安全情报服务的系统管理具有重要影响。它可细分为生物安全情报整合归一机制、生物安全情报服务协作机制和生物安全情报服务共享机制三个二级影响因素。③生物安全情报服务专业技能是生物安全情报服务的基本要素，很大程度上会对服务能力产生影响，可细分为生物安全情报搜集能力、生物安全情报分析能力、生物安全情报生产能力和生物安全情报应用能力四个二级影响因素。④生物安全情报服务保障是面向生物安全治理的生物安全情报服务工作的前提和基础，主要表现在生物安全情报资源是否充足、人才与设施的建设供给是否到位和相关服务标准是否明确三个方面。它可细分为生物安全情报内外部资源、生物安全情报智库与人才队伍、生物安全情报服务标准和生物安全情报服务文化四个二级影响因素。

三、生物安全情报服务能力影响因素模型内涵分析

（一）生物安全情报服务顶层设计

1. 生物安全情报服务业务边界

在开展生物安全情报服务研究时，第一要素是明确划清生物安全情报服务业务边界。目前，生物安全情报服务并没有明确的服务业务边界（如生物情报与医学情报的边界处较为模糊），大量工作在"做与不做"之间难以界定，工作责任划分也不够明确，这会导致工作任务分配不够合理或部分工作因无法确定归属而无人完成，进而造成不必要的损失，对生物安全情报服务能力产生不良影响。

2. 生物安全情报服务体系层次架构

生物安全情报服务体系层次架构一般包括生物安全情报用户层（如国家卫生健康委员会、中国生物技术发展中心和生物制药相关企业等）、生物安全情报服务层（如将生物安全情报应用于传染病应急管理和生物武器威胁排查等）、生物安全情报资源层（如生物安全事件报告等文件型静态资源和生物安全状态实时监测信息等通信系统在线产生的动态资源）和生物安全情报服务支撑层（如大数据技术、云计算、宽带网络和无线网络等）（王秉和陈超群，2021）。生物安全情报服务体系层次架构使得生物安全情报服

务工作可以具体落实，对生物安全情报服务能力具有重要影响。

3. 生物安全情报服务体系运作流程

在生物安全情报服务体系运作流程的所有阶段，生物安全情报都可能发生情报失误。生物安全情报失误是指在生物安全治理的全过程中，未能做到全面准确地收集、严谨科学地分析、稳定精准地传达、及时果断地应用生物安全情报（应用主要体现生物安全预测、生物安全决策和生物安全执行），导致生物安全治理失败（如发生生物安全事件）（王秉和王渊洁，2021a，2021b）。可见，这一现象会对生物安全情报服务能力产生不良影响。

（二）生物安全情报服务机制

1. 生物安全情报整合归一机制

生物安全情报整合归一机制是指上层生物安全情报服务机构将下层生物安全情报服务机构所收集和分析的不同种类与不同领域的生物安全情报进行统一的归纳与整合的机制（如传染病等疫情情报上报机制等）。生物安全情报整合归一机制可保障与生物安全治理相关的各种情报综合集成在一起，有助于形成高质量的生物安全情报产品，进而影响生物安全情报服务能力。

2. 生物安全情报服务协作机制

生物安全情报服务机构面对专业领域交叉等复杂情报服务工作时，需要跨部门开展合作。例如，生物恐怖与公共安全必然有所关联、无法分割，生物安全情报部门需要与公安部门进行协作。因此，各部门间的协作对情报服务工作效率的提升具有重要作用，进而也会影响生物安全情报服务能力。在当下智能时代，应运用信息技术平台完善生物安全情报部门间的协作机制并形成规范，避免部门间相互协作时因信息沟通不畅而降低情报服务能力。

3. 生物安全情报服务共享机制

由于生物安全情报的特殊属性，不同情报机构间会形成一定的信息壁垒，以提高生物安全情报的保密性。然而，这同时会阻碍生物安全情报的共享，阻止情报机构间的沟通交流，降低生物安全情报服务能力。因此，在不违反保密原则的前提下，在进行生物安全事件防控过程中应尽可能倡导多部门和多领域的生物安全情报资源交换与共享，搭建高效而完整的生物安全情报整合与分享平台，促进各领域专家学者的合作研究。

(三) 生物安全情报服务专业技能

1. 生物安全情报搜集能力

生物安全情报搜集是通过各种方法渠道获取原始生物安全信息数据，是专业技能中的基础能力之一。在搜集过程中，未加工的生物安全信息数据难以避免会掺杂部分外界噪声（如防疫过程中的虚假信息和生物恐怖袭击的虚假信息等），形成有误的生物安全信息数据，这会导致产生的生物安全情报发生失真现象。此外，在生物安全治理中，生物安全情报人员在收集情报过程中必然要面对瞒报、谎报等隐瞒欺骗行为（王秉和王渊洁，2021a，2021b），这会降低生物安全情报的可信度与可靠性。此外，从生物安全情报失误角度来看，生物安全情报的滞后性与文化差异性同样会挑战生物安全情报搜集能力（王秉和王渊洁，2021a，2021b），进而影响生物安全情报服务能力。

2. 生物安全情报分析能力

在获得大量生物安全信息数据后，生物安全情报机构运用量化分析手段对接收的生物安全信息数据进行归纳整合，构建相关生物安全模型并形成定量生物安全信息。在这个过程中，需要利用数据清洗、数据挖掘和模型构建等专业技术，生物安全情报部门的分析能力受到极大考验。高水平的生物安全情报分析能力会使生物安全情报的质量得到保障，进而提升生物安全情报服务能力。因此，加强生物安全情报分析能力是生物安全情报服务专业技能提升的重中之重。

3. 生物安全情报生产能力

生物安全情报生产是将量化分析的结果与专家系统（专家系统包括生态学、生物医药、临床医学、公共卫生、安全科学、管理学、社会学、军事学等众多自然科学和社会科学的学科专家）结合，各领域专家进一步对量化结果进行人工审核（如将对生物安全信息的量化分析结果与建立的生物安全模型进行评估对比），最终得到成熟的生物安全情报产品，进而投入应用。专家系统的功能性会影响生物安全情报生产能力，进而影响整体的生物安全情报服务能力。

4. 生物安全情报应用能力

生物安全情报应用是将生物安全情报应用于生物安全治理中的生物安全预测、生物安全决策及生物安全执行（如情报支持下的外来物种入侵提前预警、做出决断及行动落实），为生物安全风险的发现、生物安全决策的支持以及生物安全事件的防控提供重要支撑。生物安全情报应用能力更多取决于生物安全治理部门对所提供的生物安全情报的应用水平，能否合理高效地应用生物安全情报也在整体上影响了生物安全情报服务能力。

（四）生物安全情报服务保障

1. 生物安全情报内外部资源

生物安全情报内部资源整合是指生物安全情报服务机构依托实际工作环境，结合相关技术，对已获取的生物安全信息数据进行分析整合，最终得到生物安全情报产品的过程。生物安全情报外部资源拓展包括对公安情报资源（如从公安部获取国内外公共卫生事件信息）、军事情报资源（如从国防部获取国内外生物恐怖袭击与生物武器信息）和网络情报资源（如从工业和信息化部获取公民健康数据库信息）等其他领域的资源进行拓展（王秉和朱媛媛，2021）。推动生物安全情报资源整合与拓展，是实现生物安全情报服务能力提高的重点工作内容之一。

2. 生物安全情报智库与人才队伍

生物安全情报智库主要由相关领域的专家学者组成，他们将专业领域的研究成果与生物安全情报服务结合，有助于生物安全情报服务能力的进一步提升（李纲和李阳，2016a）。同时，生物安全情报服务机构的人才队伍建设对生物安全情报服务能力具有重要影响，实现生物安全情报服务人才梯队的层次化，可为生物安全情报服务提供人力资源的保障，进而提升生物安全情报服务能力。

3. 生物安全情报服务标准

生物安全情报服务的服务目标、服务内容、服务方法、服务设施及服务原则等内容的有序化、规范化、程序化和标准化，有助于生物安全情报服务的工作推广和高质量的生物安全情报服务产品的获取，并影响生物安全情报服务能力。

4. 生物安全情报服务文化

生物安全情报服务文化指生物安全情报服务机构在面向用户开展情报服务的过程中，所包含的生物安全情报服务理念和服务宗旨等行为方式与价值准则。良好的情报服务文化能够帮助生物安全情报机构更好地开展情报服务工作，生产更符合生物安全治理需求的情报产品，有利于生物安全情报服务能力的提高。

四、生物安全情报服务能力建设工作建议

基于以上论述，本节从国家生物安全治理的角度出发，提出面向生物

安全治理的生物安全情报服务能力建设工作建议，以期健全生物安全情报服务体系，全面提升国家生物安全治理水平与能力。具体建议如下。

（一）提升生物安全的认知格局

各级生物安全治理部门首先要具有"生物安全是国家安全的重要保障"的高水平认知，要从保护人民健康、保障国家安全和维护国家长治久安的高度，将生物安全提升至国家安全层面，要具备"系统规划国家生物安全风险防控和治理体系建设，全面提高国家生物安全治理能力"的大格局①。生物安全情报作为生物安全治理的重要支撑与基础，更是具有服务国家安全的战略意义。生物安全情报机构要深层次理解生物安全情报对生物安全治理与国家竞争力提升的重要作用，大力提升生物安全情报服务能力，积极推动生物安全情报主导的生物安全治理模式，提高生物安全情报对国家安全的战略价值。

（二）加强生物安全情报服务资源的整合与发掘

生物安全情报服务资源包括与生物安全情报相关的人才、研究成果、技术设备与资金投入等，生物安全治理部门要在整合利用现有资源的基础上，充分发掘新的资源。人才方面，要注重发挥生物安全情报人才在生物安全治理中的作用，加快培养高水平生物安全情报人才队伍（如留住本土人才，引进外来人才），提升其搜集、分析和应用生物安全情报的能力，调动其创新积极性。研究方面，应加大对生物安全情报的科研投入，在不断创新科研理论与实践方法的同时，将相关理论应用于实际问题，切实解决生物安全治理中的难题，尤其是运用人工智能技术使情报服务自动化与智能化（Yeh，2015）。技术设备方面，应充分利用大数据、人工智能、区块链等高新技术，建立统一管理的生物安全情报系统（马德辉，2015），打造完整的生物安全情报生产链条，以获取更优质的生物安全情报服务，推进依托生物安全情报系统的生物安全治理新模式。

（三）升级改进生物安全情报服务内容

生物安全情报服务内容应上升至国家安全战略高度。

首先，应面向重大生物安全事件风险防范化解，充分发挥各生物安全

---

① 程宇、陈晓芳：《新知新觉：提高国家生物安全治理能力》，《人民日报》2020-04-07 第13版.

情报部门职能，使生物安全情报产品主动服务于具有重大风险的生物安全事件，建立重大生物安全事件风险预防机制。

其次，应对重点领域生物安全情报进行专题调研。生物安全情报机构应围绕转基因生物安全、动植物疫情、生物恐怖等重点领域，主动对其可能发生的生物安全事件进行监察、分析和管控，着重开展重点领域的专项生物安全情报服务调研，发现重点领域生物安全事件发生的规律特点并制定相应的解决方案。

最后，应增加生物安全情报 24 小时服务。针对基层生物安全情报服务与生物安全治理中经常面临的"生物安全情报缺失、受限和采集难度大"等诸多难点，生物安全情报机构可根据各部门现有的设施、方法和平台积极建设 24 小时生物安全情报服务模式与服务中心，为生物安全治理人员提供便捷的生物安全情报服务。

（四）完善和健全生物安全情报服务相关制度

首先，要进一步加强生物安全情报的法律制度建设，加强对生物安全情报的保密管理（如规范或限制企业、高校和相关组织生物方面的对外学术交流、科研成果发表和科技项目展示等，强化事关国家安全或重大利益的生物领域的保密审查等），防止生物安全情报泄露，营造好的情报生态系统。

其次，要统一生物安全情报管理的各种机制，包括其共享机制、传递机制、监督机制和责任机制等，使生物安全情报机构间的联动长期稳定有效，保障生物安全服务工作具有一体化的规划与管理。

最后，要健全生物安全情报服务的支撑系统，包括生物安全情报知识库、生物安全情报分析方法库和生物安全情报分析工具库等，及时生产所需的高价值生物安全情报，并借助其监测国内外生物科技的发展趋势，总结国内外生物安全状况，以加强生物安全风险管控。

（五）加强国际生物安全情报合作，提高整体生物安全服务能力

当下，生物安全已成为全球性的非传统安全问题，面对生物安全领域的共同敌人（如全球性疫情、生物武器威胁、生物恐怖袭击和生物战争等），一国力量难以有效抵抗。因此，应树立共享与共赢关系意识（王延飞等，2018），加强生物安全情报的国际合作，促进国与国之间的生物安全情报畅通交流，为各国生物安全治理提供不竭动力，提高整体生物安全情报服务能力，共同抵御世界生物安全风险。

第六节　生物安全情报服务体系模型

安全情报服务体系历来是安全情报研究的重要内容之一，目前，军事安全（王明程等，2021）和科技安全（刘光宇等，2021a）等领域相应的情报服务体系已有研究和实践探索。但是，由于生物安全是国家安全的新领域，生物安全情报研究目前尚处于起步阶段，尚无专门的生物安全情报服务体系研究。在我国，自 2019 年底新冠肺炎疫情暴发后，生物安全情报研究才得到学界专门关注。目前，学界已开展生物安全情报基本问题（王秉，2020a）、大数据环境下的生物安全情报工作与系统建设（李顺求等，2021；王秉和朱媛媛，2021），以及面向生物安全治理（生物安全风险防控）的情报路径、工作与机制（刘光宇等，2021b；李燕飞和王鹏，2021；王萍，2021；罗立群和李广建，2019）等研究。在当今大数据时代，大数据技术为生物安全情报服务工作提供了海量数据资源，同时，现代信息技术为生物安全情报服务提供了坚实技术保障（Kozminski，2015），为生物安全情报服务模式的创新提供了可能（裴雷等，2015）。随着移动互联技术不断发展，生物安全情报需求者获取信息的渠道增多，情报服务不再具有不可替代性，需提升情报服务速度和质量，面向生物安全情报需求者制定个性化情报服务（李家清，2004），有效提升生物安全情报服务的针对性和专业性，这样才能实现生物安全情报服务的价值和意义。此外，海量生物安全数据也使得生物安全情报服务工作的复杂程度大幅提升，给生物安全情报服务工作带来诸多挑战（刘小琳和曾祥效，2016；吴晨生等，2015）。综上可知，就目前国内外生物安全形势来看，现代生物安全情报服务除面临更加严峻的生物安全形势外，还需应对更加复杂的数据网络、更加先进的数据处理技术以及更高的生物安全情报需求。因此，面向生物安全领域，探寻现代信息技术背景下的生物安全情报服务体系尤为重要。

鉴于此，本节面向生物安全风险防控，考虑生物安全情报工作特点，从理论层面出发，开展生物安全情报服务体系研究，以期为生物安全情报服务体系建设提供基本理论依据和方法指导，从而促进生物安全情报服务的智慧化、现代化和平台化发展。

一、生物安全情报服务需求分析

生物安全情报服务最终是面向生物安全情报需求主体的。因此，生物安全情报需求分析是实现精准生物安全情报服务的前提。生物安全情报服务应具有差异性和层次性,考虑生物安全领域特殊性。概括而言,生物安全情报需求主体大致包括政府、媒体和社会公众三大主体(杨小雨和曾庆香,2022)。根据需求主体的不同,进行生物安全情报需求分析,具体如下。

1)政府层的生物安全情报服务需求。政府层,也可看作宏观战略层。作为数据资源的拥有者和生物安全治理的决策者,政府在生物安全管理工作中占有关键地位。政府层对生物安全情报服务的需求具体体现在生物安全相关政策的制定和传达、生物安全事件态势分析和决策辅助支持等方面。作为生物安全治理的重要领导力量,政府部门根据国家生物安全宏观战略计划和各地区事实数据(人口密集程度和经济发展情况数据等)所制定的相关生物安全规划、生物安全管理政策及政府部门所拥有的生物安全数据资源等,须及时传达给媒体层和社会公众层,并实现政府部门内部循环。同时,媒体层和社会公众层的反馈信息也须及时且准确地传达至政府层,形成数据信息闭环结构,从而实现政府与其他层级间的无障碍沟通。此外,政府部门要从海量生物安全数据中获取有用的生物安全情报,以帮助预测突发生物安全事件的可能性、时间和地点等信息,须充分发挥生物安全情报服务的前瞻预测和决策辅助功能(王秉和吴超,2018b),为生物安全情报需求人员提供情报支撑。

2)媒体层的生物安全情报服务需求。媒体层,也可理解为媒介层。所有生物安全情报的流通都将通过媒体层完成从政府层到社会公众层的情报传达和情报反馈。从信息的可信度和权威性角度看,媒体层可分为官方媒体(医院、科研机构和其他官方认证信息平台)和非官方媒体(微信、微博和其他信息平台)。媒体层更像是情报服务的窗口,拓展了情报的作用范围,同时,媒体层也可作为生物安全情报的数据来源。以非官方媒体为例,微信和微博等媒体平台实现了公众与政府的"对话",社会公众层的关注热点和舆论发展趋势等通过媒体层反映给政府层。作为情报传达和反馈的中间媒介,媒体层是情报活动不可缺少的组成部分,是连接社会公众层和政府层的纽带。媒体对事实的把握,一定程度上影响事件走向,若情报传达出现偏差且偏差过大,将干扰生物安全管理者的分析判断,同时也有碍社会公众对生物安全情报的正确解读。因此,媒体层对生物安全情报完整性和可信度等提出更高要求,需要科学高效的生物安全情报服务体系予以支撑,从而为媒体层提供快速且准确的生物安全情报。

3)社会公众层的生物安全情报服务需求。社会公众层包括普通民众、高校、企业、医疗机构和科研机构等,作为生物安全情报信息的提供者和需求者，社会公众层面的生物安全情报需求表现出较大差异，因此，面向社会公众层的生物安全情报服务应强调服务差异性，主要体现在生物安全情报需求方向、获取权限和分析深度等方面。具体表现为，普通民众对生物安全情报的获取权限和分析深度的要求较高校、企业、医疗机构和科研机构低，且更偏向于结论性和引导性情报获取，而相关高校和科研机构对生物安全情报的需求更偏向于生物安全领域新兴技术和理论情报。以突发公共卫生事件为例，普通民众更期望获得应对方法和具体措施等情报支持，高校、企业、医疗机构和科研机构则更重视病毒致病机理和疫苗研制方案等情报获取。此外，高校、企业、医疗机构和科研机构之间也需要建立情报交流机制，从而实现生物安全情报共享，这有利于高校更新人才培养方案，以及医疗机构和科研机构和企业拓宽情报获取渠道。

4）此外，随着 Web 4.0 时代的到来，以大数据、云计算、虚拟现实仿真和智能情景感知等为代表的新兴信息技术不断涌现，生物安全情报需求主体的情报需求也在不断发生变化，主要体现在三方面。一是，生物安全情报需求主体的情报需求不再局限于生物安全数据信息的整序获取，而更倾向于片段生物安全数据信息的获取，并以结论性生物安全数据信息为主。因此，除现有通用和基础数据外，应在已有数据资源基础上，搜集并整合生物安全领域特有数据资源，同时融合专家智慧，以提高生物安全情报的实用性和可读性。二是，大数据环境下，生物安全资源得以极大丰富，海量生物安全数据信息为生物安全情报需求者带来情报获取便利的同时，也给生物安全情报需求者甄别情报需求匹配度和情报可信度带来阻碍。因此，须建立权威官方的生物安全情报服务平台，为生物安全情报需求者提供高效可靠的情报服务。三是，移动互联网时代，生物安全情报需求者对情报的需求的特性存在较大差异，须综合考虑生物安全情报需求者的情报目标、研究领域、从事行业和习惯行为等差异，建立生物安全情报需求者标签集并进行需求者画像，为生物安全情报需求者提供精准化和个性化的情报服务。

二、生物安全情报服务体系的理论框架构建与解析

生物安全情报服务体系构建的目的在于运用现代信息技术，实现对生物安全威胁的感知和预警，在现有经验和专家智慧的共同作用下，面向生物安全风险防控工作，提供全面、高效和精准的情报支撑。大数据环境下的生物安全情报服务工作需要以情报研究为主导，以现代信息技术为基础，以智库建设为手段，建立生物安全数据监测平台、生物安全数据资源

体系、生物安全数据分析体系和生物安全情报服务平台等子体系，共同构成生物安全情报服务体系，实现事实数据、专用工具和专家智慧三元合一，为政府层、媒体层和社会公众层生物安全情报需求者提供高效、专业和智能的情报服务（图4-12）。

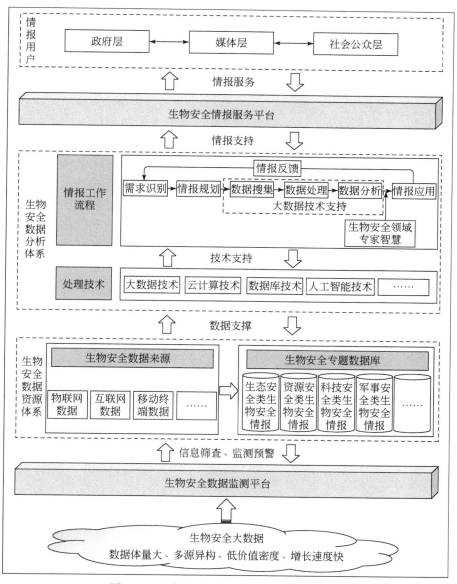

图 4-12　生物安全情报服务体系的理论框架

（一）生物安全数据监测平台

生物安全情报工作涉及情报监测、分析以及辅助决策等环节，其中监测环节直接关系到后续决策行为，需要在生物安全事件发生前利用技术手段监测到事件征兆，并对其进行分析解读，发出预警信号，从而为制定生物安全事件防范对策提供依据。生物安全大数据具有大数据普遍特征：数据体量大、多源异构、低价值密度和增长速度快，相较于以往规范的学术资源和各类数据库资源，生物安全大数据更零散和复杂，表现出明显的碎片化特征。因此，须建立生物安全数据监测平台，优化数据获取渠道和数据内容的质量，进行全源数据监测，构建数据质量评价指标体系，对初始生物安全数据信息进行筛查和排序，从而增加数据资源的可信度和有序性，以便后续情报工作的开展。生物安全数据监测平台依托大数据时代背景，结合现代信息技术，实现对生物安全威胁信息的感知和预警，为生物安全风险防控人员提供初始研判依据（图4-13）。其预测依据大致分为连续性信息和非连续性信息两类（李品等，2020）。连续性信息指基于时间或空间延续性数据的发展预测（如流感预测），对所截取的数据信息进行数据归纳和演绎推理，这种预测相对容易，且相较于非连续性信息，连续性信息更易发现数据规律和暗含关系。而非连续性信息存在较多变数

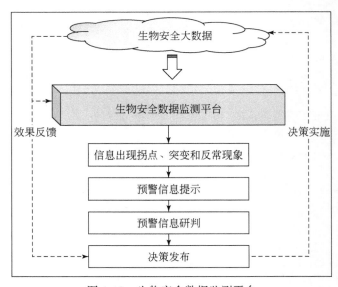

图 4-13　生物安全数据监测平台

（如生物恐怖袭击），包括系统内部原有影响因素的变化和系统外部未知影响因素的加入。就生物安全而言，受自然和人为等多因素叠加效应影响，其所包含的非连续信息不可忽视。因此，生物安全数据监测平台在对连续性生物安全信息进行监测的同时，须重视对非连续性信息的捕捉，特别在信息出现拐点、突变和反常现象时，应迅速进行预警信息发布，帮助开展决策工作。

（二）生物安全数据资源体系

上文提到，生物安全是涉及生态安全和资源安全等国家安全领域的交叉综合型安全问题。因此，可从生物安全涉及领域进行生物安全数据资源体系建设，落实各领域管理部门，明确各领域与生物安全有关的情报信息，从而建立生物安全专题数据库，包括生态安全类生物安全情报、资源安全类生物安全情报、科技安全类生物安全情报、军事安全类生物安全情报、网络安全类生物安全情报、经济安全类生物安全情报和社会安全类生物安全情报。专题数据库包括各领域历史数据资源，并通过监测录入实时数据，不断更新已有数据库资源，各领域数据库相互补足，囊括生物安全领域相关的全源数据信息，从而满足决策主体的各项情报需求。

生物安全大数据的来源主要包括三个方面。以突发公共卫生事件为例，一是物联网数据，如门禁体温数据，多由传感器采集获取，经过筛选分析，反馈并储存在信息系统中；二是互联网数据，包括生物安全情报需求者足迹和点击数据等，通过网络爬虫等大数据技术抓取分析；三是移动终端设备，如行动轨迹数据，信息系统通过移动终端设备获取生物安全情报需求者行为信息和地理位置等数据。这些数据表现出明显的多源异构特征，有碍生物安全情报工作开展，因此需建立多元化和全面化的生物安全数据资源体系，实现多源数据有序处理和深度融合，保障生物安全情报服务的客观性和精准性，有利于发挥专家智慧和开展进一步情报工作。

（三）生物安全数据分析体系

生物安全数据分析体系以数据为驱动，将数据搜集、数据处理和数据分析交由数据科学，整合形成可用情报报告，发挥生物安全领域专家智慧，进行评价筛选，最终服务于生物安全风险防控工作者做出研判和决策。生物安全数据分析体系是情报智慧的重要体现，也是数据挖掘、数据分析、感知判断、预测预警和事件追踪等功能实现的基础。如何将海量非结构化数据转变为计算机可理解和推理的语言，并与深度学习等智能算法相结合，最终形成生物安全情报服务可用的情报产品，是生物安全数据分析体系的核心任务。

生物安全数据分析体系是生物安全情报服务体系的基础，也是提高生物安全情报服务水平的关键。生物安全数据分析体系包含情报工作流程和处理技术两部分（图4-12）。其中，情报工作流程包括需求识别、情报规划、数据搜集、数据处理、数据分析、情报应用和情报反馈七个步骤，实现从生物安全数据到生物安全情报的转变，为生物安全领域专家提供决策研判依据。生物安全数据分析体系的功能得以发挥离不开处理技术的支撑，包括硬件支撑和软件技术支撑。其中，硬件支撑是指网络设施、海量数据存储设备以及高性能计算设备等；软件技术支撑包括大数据技术、云计算技术、数据库技术以及人工智能技术等现代信息技术。此外，上文提到生物安全数据资源体系主要包括生态安全领域等七大领域生物安全情报，涉及数据形态多样，除现有结构化数据库资源外，多为动态事实型数据，如通过社交媒体搜索数据预测流感暴发等，多涉及文本、图片、音频、视频和地理信息等非结构化数据，具有数据体量大、多源异构等大数据特征。因此，除传统文本分析技术、图像分析技术和数据挖掘技术外，应重点关注多源异构数据融合技术、可视化技术、情报用户画像技术及各类数据分析模型、算法和工具等大数据技术的开发和使用，为提高生物安全情报服务水平提供技术支撑。

（四）生物安全情报服务平台

生物安全情报服务平台是一个以生物安全情报需求者（决策者）的需求为中心，具有"平行预测"能力的数字化服务平台（图4-14），是事实数据、专用工具和专家智慧的集中体现（李阳和李纲，2016）。面对当前生物安全新形势，为实现生物安全情报服务，应当建立起专业的生物安全情报服务平台，以解决生物安全情报服务效率低和情报质量难以把控等问题，从而满足生物安全情报需求者的实际需求，提高生物安全情报服务质量。生物安全情报服务平台是集合生物安全领域资源共享、科学研究和决策咨询等多功能的情报服务平台，其建设目的是为政府、媒体和社会公众提供生物安全情报获取、共享和交流的平台，打破原有因管理制度等不同而形成的"硬屏障"，建立信息技术上的"软关联"，从而实现跨越不同领域、系统以及机构的信息交流和资源整合，为生物安全情报需求者提供全面智能的生物安全情报服务。生物安全情报服务平台可实现以下三项功能。

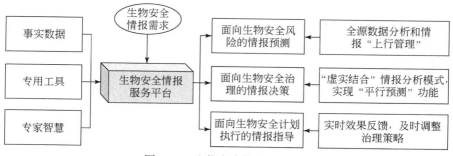

图 4-14　生物安全情报服务平台

1）面向生物安全风险的情报预测，强调全源数据分析和情报"上行管理"。以往情报服务模式更多是情报服从于现实需求，根据具体情报需求开展相应情报工作，情报服务处于相对被动位置，而生物安全情报服务根据生物安全领域特性，强调生物安全情报主动推送，平台通过对生物安全领域全源数据进行分析处理，由生物安全情报服务平台主动为生物安全情报需求者提供前瞻性和预测性的情报服务，以指导生物安全治理工作的开展，从而实现情报"上行管理"。

2）面向生物安全治理的情报决策，采用"虚实结合"情报分析模式，以实现"平行预测"功能。生物安全事件具有显著突发性，生物安全治理人员难以快速提出系统科学的解决方案，须发挥情报决策功能，为生物安全治理人员提供治理方案。生物安全情报服务平台基于现有历史数据进行数字建模，开展情报仿真推演，对事件进行模拟分析，以实现对现实生物安全事件演变趋势的预测，同时也可产出不同决策行为影响下的事件发展结果，从而为生物安全治理者提供更加科学可靠的决策方案。

3）面向生物安全计划执行的情报指导，强调实时效果反馈，以便及时调整治理策略。除突发性外，生物安全事件还具有持久性和复杂性，生物安全事件从发生到最终得到控制，一般需要经历漫长的发展周期（如突发公共卫生事件需要经历潜伏期、暴发期和恢复期），因此生物安全情报工作须根据实际效果反馈，不断调整情报搜集方向和情报工作思路，从而提出新的应对措施。

（五）生物安全情报服务体系的服务模式

生物安全情报服务体系的服务模式可分为情报需求者主动型和情报主动型两类。其中，情报需求者主动型是指生物安全情报需求者根据实际需要，通过生物安全情报服务平台，运用大数据检索技术，从生物安全情报资源中检索出所需要的生物安全情报，从而实现生物安全风险防控。情报主动型是指平台根据采集到的生物安全数据通过分析处理形成生物安全情报，最终通过生物安全情报服务平台主动传送给生物安全情报需求者，传送内容包括预警信息和解决方案等。生物安全情报服务体系通过对实时生物安全数据的监测，进行全面的生物安全风险监控与感知，从而及时有效地捕捉到生物安全事件的征兆和发展动态，并依据实时情报的特征参数检索与之匹配的历史数据，同时结合专家智慧，为情报需求人员提供生物安全风险防控方案，以便情报需求者在充分了解实际情况的状态下做出更为周全的行动决策。生物安全情报服务体系在进行生物安全风险防控服务过程中，依托事实数据、专用工具和专家智慧，快速形成生物安全风险防控方案，大幅提高生物安全风险防控的速度和防控成效，能够有效阻止事态发展，缩短防控周期，降低生物安全事件可能带来的后果的严重性。

第七节　生物安全情报产品质量评价理论

当下，生物安全治理难度持续增加，涉及范围逐步扩大，并且受到前所未有的挑战。生物安全情报产品作为情报流程获取的最终成果，对生物安全治理具有不可或缺的支撑作用，是生物安全治理的基础与保障。高质量的生物安全情报产品是生物安全治理部门有效把握生物安全形势，进行生物安全预测、生物安全决策与生物安全执行的关键前提。可见，生物安全情报产品质量的优劣会对生物安全治理工作产生重要影响。因此，研究并构建符合当下国家生物安全治理现状的生物安全情报产品质量评价指标体系正当时。鉴于此，本节以安全情报与生物安全的现有理论为基础，结合情报产品质量评价相关研究，界定生物安全情报产品等学术概念，深入剖析影响生物安全情报产品质量的因素，并依据相关原则构建一个具备普适性的多层次生物安全情报产品质量评价指标体系，使得生物安全情报产品的质量评价更加科学高效，以期提升我国情报主导的生物安全治理能力与水平。

一、生物安全情报产品的概念及特征

从情报学角度来看，情报产品指的是出于满足情报用户需求的目的，根据一定的主题，由情报机构生产并提供给情报用户用于管理和决策的知识产品（顾立平等，2020）。从生物安全情报的理论看，生物安全情报是指影响了生物安全治理的一切安全信息（王秉，2020a）。结合二者，可给出生物安全情报产品的概念：生物安全情报产品是生物安全情报机构为满足用户生物安全治理需求，通过收集生物安全数据信息等资源并按照生物安全情报流程对其进行处理加工，最终应用于支撑生物安全治理的应用型成果产品。

　　生物安全情报产品由生物安全、安全情报和情报产品三个概念组成。因此，生物安全情报产品的特征具有一般情报产品特性与生物安全特性，主要包括五个特征（图4-15），具体分析如下。

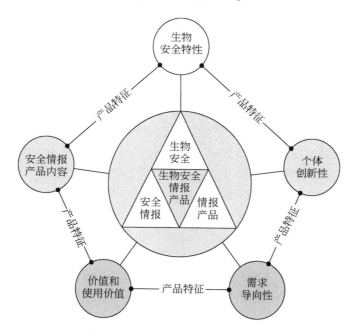

图4-15　生物安全情报产品特征图

　　1. 生物安全情报产品具有生物安全特性

　　生物安全特性是生物安全产品特有的属性，主要包括深度融合、深度隐蔽及深度前沿。

　　1）生物安全是一个多领域交叉综合型安全问题[①]，生物安全情报产品的生产必然与其他安全领域（如生态安全、资源安全与社会安全等）

---

　　① 刘跃进：《生物安全在国家安全体系中的地位》，https：//baijiahao. baidu. com/s? id = 1658746702070605199&wfr = spider&for = pc（2020-02-17）［2021-06-01］.

相互渗透，呈现出明显的融合性。同时，生物安全情报产品在应用中同样会对各安全系统产生重要影响。可见，生物安全情报产品本身的"来路"与"去向"都具备深度融合特征。

2）生物安全问题在初期一般不易被察觉，具有较长潜伏期（如生物疫情、生物入侵的发展和转基因食品的未知危害等）。因此，生物安全情报人员须针对生物安全问题深度隐蔽的特点，利用高新技术（大数据技术、云计算技术与人工智能技术等）充分挖掘生物安全信息数据中的价值资源，以此获取生物安全情报产品，应对潜在的生物安全风险。

3）生物科技的发展具备前沿性，因此其带来的生物安全问题（如基因编辑、器官移植和基因武器等）一般会突破当下已有认知体系。生物安全情报产品须覆盖生物安全领域（包括科技与人文）最前沿、最尖端的内容，以化解由科技突破带来的全新的生物安全风险。

2. 生物安全情报产品的核心是生物安全情报产品内容

情报产品主要包含两部分内容：产品内容和产品载体。生物安全情报产品内容（如各国生物武器发展形势、生物技术滥用问题和生物疫情流行趋势等情报）是生物安全情报人员消耗大量复杂的脑力劳动而产生的，本身无形且无法独立存在，是生物安全情报产品真正的价值体现（彭知辉，2013）。这一生产过程属于精神生产。生物安全情报产品载体是承载生物安全情报产品内容的具体工具（如纸张、磁带和硬盘等载体）。这一生产过程属于物质生产，付出的是生物安全情报人员的一些简单的体力劳动及原始的物质材料。可见，在生物安全情报产品中，真正发挥产品功能的是生物安全情报产品内容，用户可通过吸收有价值的内容而做出相应判断。因此，生物安全情报产品内容独立于并优先于生物安全情报产品载体。

3. 生物安全情报产品具有价值和使用价值

首先，与其他情报产品（彭知辉，2013）一样，生物安全情报产品凝结着生物安全情报人员的劳动（如搜集、分析和整合生物安全数据信息等），是他们智慧的结晶。可见，生物安全情报产品具有价值，价值是生物安全情报产品的社会属性。

其次，生物安全情报产品具有使用价值，使用价值是价值的主要承担者，体现在生物安全情报产品可满足生物安全治理的情报支撑需求（如通过特定生物安全情报产品对外来物种入侵进行预警和检测）。

因此，生物安全情报产品的价值必须通过生物安全治理部门的使用才能够实现，实现程度取决于生物安全治理部门对生物安全情报产品的需求程度（韩立栋等，2002）。生物安全情报产品的价值会以抽象的形式表现（如提高生物安全治理的工作效率等），帮助化解重大生物安全风险，并产生较大的社会效益。

4. 生物安全情报产品具有需求导向性

生物安全情报产品的需求导向性是指特定的生物安全情报产品只满足特定的生物安全治理需求，生物安全情报产品会随用户需求变化，不同的生物安全情报产品具有一定差异。例如，医疗卫生部门需要关于微生物耐药性的生物安全情报产品，而国防部门则更加关注生物恐怖与生物武器威胁方面的生物安全情报产品，二者的需求差异会对生物安全情报产品产生导向作用。

5. 生物安全情报产品具有个体创新性

生物安全情报产品的个体创新性（也可称为个体差异性）是指生物安全情报产品是生物安全情报人员的创造性劳动成果，是基于他们不同的思维方式、专业背景和方法手段而形成的，具有不同个体所产生的独特产品内涵。例如，转基因专业背景与生物多样性专业背景的生物安全情报人员在分析整合同一生物安全信息资源时，会因个人因素加入不同的创新性元素，使得从相同情报源获得的生物安全情报具备个体创新性。

二、生物安全情报产品质量的影响因素

生物安全情报产品的质量通常受到来自多个方面的影响。基于一般情报产品质量的影响因素，结合生物安全的特点，本节通过分析得出影响生物安全情报产品质量的 4 个一级影响因素：生物安全治理需求、生物安全情报获取、生物安全情报机构与生物安全情报素养（图 4-16）。根据图 4-16，每个一级因素包含多个二级影响因素，具体分析如下。

（一）生物安全治理需求

1）生物安全治理部门对生物安全治理需求的表达笼统、宽泛且无法正确描述，如需求中会涉及生物方面的含义相近或易产生歧义的专业术语（昌增益，2020），导致生物安全情报机构无法准确针对相关需求开展情报工作。

2）生物安全情报机构一般以技术为主流，往往与生物安全治理部门缺乏必要的沟通和交流，导致生物安全治理部门提出的各种显性或隐性的需求易被忽略。

3）生物安全治理需求会因生物安全情景或状况变化等原因（如外来

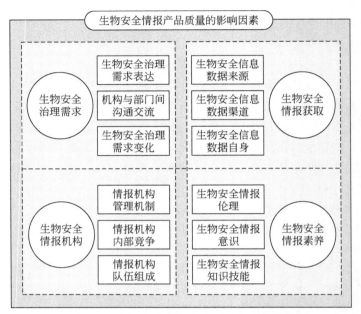

图 4-16　生物安全情报产品质量的影响因素

生物对入侵地生态系统的改变）而变化，因此原先符合要求的生物安全情报产品在应用中可能难以发挥其应有作用，需要进行更新或替换。

（二）　生物安全情报获取

1）生物安全信息数据一般涉及各类生物实验室、生物安全监测技术、动植物疫情、国家生物资源、人类遗传基因、生物安全事件、生物武器、生物恐怖和生物安全法律法规等涵盖不同领域、层次、群体及场所的内容，生物安全情报的获取来源是否完整和全面会对生物安全情报质量产生影响。

2）生物安全信息数据一般通过特定的人或机构经由一定的渠道进行传递，环境的变化及传递人员的失误都会导致生物安全情报在获取中出现遗漏、扭曲和篡改（王秉和王渊洁，2021a）。

3）生物安全信息数据本身是否真实、准确和可靠同样影响生物安全情报产品的最终质量，这需要生物安全情报人员依据个人经验与能力进行评价与判断。

（三）生物安全情报机构

1）生物安全情报机构的管理机制主要包括责任机制、评估机制、监督机制、协调机制、培训机制、反馈机制和沟通机制等，不健全的管理机制会造成生物安全情报机构各环节工作失衡，不利于生物安全情报工作的协调和促进。

2）生物安全情报机构或人员为取得或迎合生物安全治理部门的信任，容易引发内部不良竞争，降低生物安全情报产品的独立性与客观性，导致生物安全情报产品质量下降（王秉和王渊洁，2021a）。

3）生物安全情报机构的人员队伍是否由不同年龄层次、不同性格特点和专业背景（尤其是生物背景的人员）的队伍组成，队伍内部是否具有民主宽容的工作氛围及畅所欲言的情报分析机制，都会影响生物安全情报的质量。

（四）生物安全情报素养

生物安全情报素养主要包括三类要素：生物安全情报伦理、生物安全情报意识和生物安全情报知识技能。

1）生物安全情报伦理包括生物安全情报工作全过程的合理合法性、生物安全情报及其传递过程中的私密性和安全性等（章雅蕾等，2019）。

2）生物安全情报意识主要包括生物安全状态感知力、生物安全情报注意力、生物安全情报觉察力和生物安全情报洞察力（章雅蕾等，2019），它可通过影响生物安全情报人员的主观能动性，进而影响生物安全情报产品的质量。

3）生物安全情报知识技能是生物安全情报产品质量的基础支撑，具体包括生物安全情报的概念、内涵、基础理论、主要内容、框架结构，以及生物安全情报搜集能力、生物安全情报分析能力、生物安全情报整编能力和生物安全情报技术能力（王秉和吴超，2019a）。

三、生物安全情报产品质量评价模型

生物安全情报产品质量是生物安全情报产品的生命，是生物安全情报产品对生物安全治理发挥支撑和导向作用的基本前提。然而，生物安全情报产品从生物安全情报需求分析到生物安全情报产品供给，需要经过多名人员与多个环节的加工，难免会出现虚假、错误或价值不高等质量问题。当生物安全情报产品质量没有达到预期的质量目标时，会对生物安全治理部门的判断和决定产生不良影响，从而导致生物安全治理（尤其是决策）的失败。

因此，需要对生物安全情报产品进行质量评价，将存在质量问题的生物安全情报产品识别出来，进而去除或改进，以获得真实、可靠且适用的生物安全情报产品，为实施科学精准的生物安全治理提供依据。基于上述认识，本节结合生物安全情报产品的理论基础，提出生物安全情报质量评价指标的选取原则，构建并解析生物安全情报产品质量评价模型。

（一）生物安全情报产品质量评价指标的选取原则

生物安全情报产品质量评价指标的选取应当遵循生物安全适用性、系统全面性、科学可行性、目的导向性、能力匹配性、相对独立性、类型多样性和定性定量相结合八个基本原则，具体内涵解释如下。

1. 生物安全适用性

不同于其他情报产品，生物安全情报产品是一类特殊的情报产品，生物安全情报产品与生物安全紧密相关，它的涉及范围广，包含内容多，产品的影响力大，重要程度可上升至国家安全甚至世界安全的高度。缺失生物安全专业知识的评价指标必然难以达到生物安全情报产品质量的标准和要求，易导致评价结果的偏差或错误。因此，评价指标的选择务必结合生物安全专业领域内容，遵循生物安全适用性原则。

2. 系统全面性

生物专业涉及领域广泛，覆盖自然界（如动植物疫情）、人类社会（如人类遗传资源）、科学技术（如生物实验室）等多方面的生物安全。因此，生物安全情报产品质量评价指标应保证全面、完整和合理，不仅能从不同领域真实客观地展示生物安全情报产品的整体质量现状，而且能全面综合地反映生物安全情报产品质量的各级影响因素及各影响因素间的相互关系与作用。

3. 科学可行性

科学可行性原则可最大限度降低生物安全情报产品质量评价的复杂性、失真性和主观性，评价指标应保证易获得、可测和最简的科学可行性要求。具体为：第一，评价指标的生物安全信息数据要易于采集获取，来源渠道务必可靠，尽量避免无法获取生物安全信息数据的评价指标；第二，评价指标的生物安全信息数据要便于处理，尽量选择易控制、可精准确定和定量计算的评价指标；第三，评价指标要相对简约，在满足生物安全情报产品质量目标的前提下，适当考量评价指标所起作用的大小，尽量选取发挥决定作用的关键指标。

4. 目的导向性

生物科技（如转基因技术和病原微生物等）的发展速度十分迅猛，因此生物安全情报产品质量评价的目的不仅是得到评价结果（如排位名次和优劣程度等），更重要的是在一定程度上反映生物安全情报产品质量的发展方向，引导并鼓励生物安全情报产品向正确的质量目标发展。因此，评价指标必须具备先进的导向性，紧紧围绕推进生物安全情报产品质量的提升，总体上要与生物安全情报产品质量目标保持一致。

5. 能力匹配性

生物安全情报产品的质量在很大程度上受到生物安全情报机构和生物安全情报人员的影响（王秉和王渊洁，2021a，2021b），脱离生物安全情报机构和生物安全情报人员的能力评估直接进行评价得到的生物安全情报产品，其应用情况必然无法达到预期效果，会导致产品质量下降。因此，在评价指标的选择上也须充分考虑生物安全情报机构和生物安全情报人员的能力。

6. 相对独立性

对生物安全情报产品进行评价，评价指标须从生物安全情报产品的各方面特征（如生物安全特性、个体创新性和需求导向性等）进行考量，须根据特征设计或选取一个或多个评价指标进行表征，不能偏重或遗漏某一方面，指标须各自独立，不能互相存在因果关系，指标之间也不能存在重叠区域，要把指标的相关性降到最低限度（李淑华和李越，2012；周永生，2005）。

7. 类型多样性

生物安全情报产品的类型多种多样，片面的评价指标无法覆盖生物安全情报产品的全部类型，也无法对每一种生物安全情报产品进行客观全面的质量评价（黄进平，2018）。因此，进行生物安全情报产品质量评价时，须充分考虑该类生物安全情报产品的分类标准，根据不同分类标准，结合实际情景和生物安全治理需求，对不同类型的生物安全情报产品选择评价合适的评价指标，避免指标单一化。

8. 定性定量相结合

生物安全情报中包括大量自然科学数据与社会科学数据（如生物医学数据和生物疫情数据等），生物安全情报产品质量评价指标要求做到定性与定量相结合，兼具客观性和主观性特征。单纯的定性指标或者定量指标无法较好地反映生物安全情报产品的关键属性，只有定性指标与定量指标的结合运用，才能保证生物安全情报产品质量评价的系统、客观和全面（李淑华和李越，2012）。

（二）生物安全情报产品质量评价模型构建

根据评价指标的选取原则，在各类生物安全情报产品的共性基础上，覆盖各类生物安全情报产品需要考虑的条件和因素，选取普遍适用、灵敏度高、代表性好和容易获取的评价指标，并将生物安全情报产品质量评价指标分为三个主指标和 28 个子指标，据此建立生物安全情报产品质量评价模型（图 4-17）。

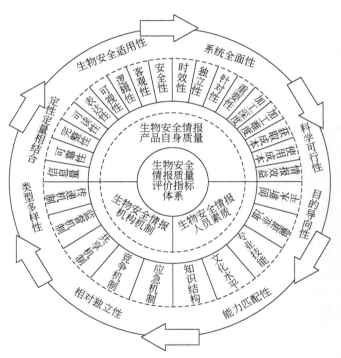

图 4-17　生物安全情报产品质量评价模型

四、生物安全情报产品质量评价指标含义

根据图 4-17，生物安全情报产品质量评价指标体系基于选取原则，采用两层分级且逐层细化的圆环型结构，选取原则把控指标选取标准，将一系列评价指标归纳整合在一起，主指标之间相互联系、相互影响且相互制约，子指标在主指标的基础上对要素进行更进一步的细化分解，可由具

体参数进行量化考核，最终形成多级指标的生物安全情报产品质量评价指标体系。生物安全情报产品质量评价指标的具体含义见表4-2。

表4-2　生物安全情报产品质量评价指标含义

主指标	子指标	指标含义
生物安全情报产品自身质量	信息量	信息量表征生物安全情报产品包含生物安全情报的多少的量度
	可靠性	可靠性表征生物安全情报产品的可信程度，它依赖于生物安全情报来源与生物安全情报渠道的可信度等
	完整性	完整性表征生物安全情报产品的关键要素的齐全程度，关键要素分为内容要素和结构要素（李淑华和李越，2012；谢晓专，2019）
	可读性	可读性表征生物安全情报产品以一定的门类和格式呈现，能被生物安全治理部门及时理解的程度
	表达性	表达性表征生物安全情报产品语言表达的简洁程度和清晰程度，其要求生物安全情报产品以精练的语言和清晰的思路向生物安全治理部门传达价值信息
	可视性	可视性表征生物安全情报产品的可视化程度，必要的可视性可使得生物安全情报产品更易被理解
	逻辑性	逻辑性表征生物安全情报产品逻辑的严密程度
	客观性	客观性表征生物安全情报产品反映生物安全治理客观事实的真实程度，客观性要求生物安全情报内容保持公正客观，不能夹杂个人意见和主观判断
	安全性	安全性表征生物安全情报产品在生产传递过程中的稳定性和保密性（李淑华和李越，2012），安全性一般与情报的搜集、传递和供给网络、产品使用范围及情报人员的情报素养密切相关
	时效性	时效性表征生物安全情报产品反映内容的实时程度
	独立性	独立性表征安全情报机构生产生物安全情报产品时，受自身因素、环境因素和其他因素的影响程度（王秉和王渊洁，2021a），独立性要求生物安全情报产品生产在紧贴生物安全治理需求的同时，须保持一定的独立自主性，防止生物安全情报产品迎合和屈从生物安全治理需求
	针对性	针对性表征生物安全情报产品与生物安全治理需求和实际生物安全情景的紧密程度、符合程度、准确程度及相关程度
	重要性	重要性表征生物安全情报产品对生物安全治理发挥作用的大小，主要体现在对生物安全治理部门原有行为的改变及对决策的影响上
	加工深度	加工深度表征生物安全情报产品对安全情报的深入挖掘和分析加工的深刻细致程度（林岳峥等，2012）

主指标	子指标	指标含义
生物安全情报产品自身质量	加工难度	加工难度表征生产生物安全情报产品的加工难易程度（李淑华和李越，2012）
	获取成本	获取成本表征获取生物安全情报产品所需的成本（包括人力、物力、财力和时间）
	使用成本	使用成本表征使用生物安全情报产品所需的成本（包括人力、物力、财力和时间）
	情报效益	情报效益表征生物安全情报产品应用于生物安全治理后，给经济及社会等带来的良性影响和效果
生物安全情报机构机制	传递机制	传递机制反映生物安全情报产品在规定时间内提供给生物安全治理部门的情况，一般要求以最短的时间和最快的速度将生物安全情报产品进行传递
	监督机制	监督机制反映生物安全情报部门接受监督的情况，一般由政府、媒体及公众等进行监督
	共享机制	共享机制反映生物安全情报产品的共享情况，主要包括共享内容、共享范围和共享时限等
	竞争机制	竞争机制反映部门内部在生产生物安全情报产品过程中的竞争情况，良好的竞争有利于部门的发展和情报产品质量的提高
	应急机制	应急机制反映生物安全情报部门对生物安全情报产品的应急处理机制
生物安全情报人员素质	知识结构	知识结构表征生物安全情报人员各个领域的知识储备量
	文化水平	文化水平表征生物安全情报人员的文化素养。主要应对跨文化的生物安全情报（如全球性疫情）
	专业技能	专业技能表征生物安全情报人员基本专业技能（如获取、分析和应用情报的能力）的水平
	职业道德	职业道德表征生物安全情报人员是否具有严谨的工作态度和团队精神等
	创新水平	创新水平表征生物安全情报人员在生物安全情报产品的生产过程中的创新能力

第八节　大数据驱动的生物安全情报系统模型

在实际生物安全治理中，生物安全情报的综合集成是一项繁杂重复的任务，生物安全情报人员很难高效地将生物安全数据分辨、提取并转化为生物安全情报，承担繁重具体事务的部门也缺乏得心应手的信息化工具，往往会出现人力不足与大量事务依赖人力的问题，相关决策者也缺少一个能够综合各种专家意见并获取生物安全情报的平台。因此，大数据背景下的生物安全情报系统建设研究意义重大。在当今大数据时代，亟须在情报系统设计与研究的一定基础上开展大数据驱动的生物安全情报系统建设研究。鉴于此，本节从理论层面出发，借鉴已有的相关情报系统（如公安情报系统）研究成果，面向生物安全治理，构建大数据驱动的生物安全情报系统模型框架，以期为搭建生物安全情报系统提供一定的理论依据与方法指导，进而推进大数据环境下情报主导的生物安全治理工作，提升国家生物安全治理的能力与水平。同时，本节研究对其他领域的大数据驱动的情报系统建设也有一定借鉴意义。

一、相关基本概念

（一）生物安全大数据

生物安全大数据是指与生物安全相关的所有数据，具有大数据的一般特征（Huang et al., 2018）。工作人员可通过相关工具和技术收集、分析和整合生物安全大数据，对生物安全状态进行科学描述。根据图 4-18，生物安全大

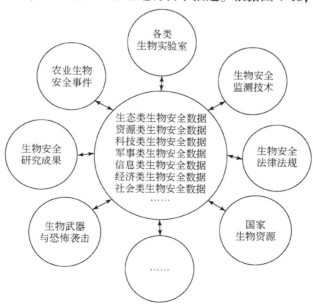

图 4-18　生物安全大数据及其来源

数据来源一般包括各类生物实验室、生物安全监测技术、动植物疫情、国家生物资源、生物武器与恐怖袭击、人类遗传基因、农业生物安全事件、生物性公共卫生安全事件、生物安全法律法规和生物安全研究成果等。生物安全大数据主要涉及生态类生物安全数据、资源类生物安全数据、科技类生物安全数据、军事类生物安全数据、信息类生物安全数据、经济类生物安全数据、社会类生物安全数据与其他生物安全数据（王秉，2020a）。

（二）生物安全情报系统

生物安全情报是指在大量生物安全信息（包括生物安全大数据）中经分析和提炼出的直接面向和服务于生物安全治理的一切生物安全信息，对生物安全治理具有重要价值和影响作用（王秉，2020a）。生物安全情报系统可将分散的生物安全大数据进行充分整合，生产出成熟的生物安全情报并投入应用，以满足安全情报部门在大量生物安全信息（包括生物安全大数据）中进行精细化比对分析的需求，有助于决策者对生物安全局势进行研判。可见，生物安全情报系统本质是大数据驱动的一套安全情报分析系统。一般而言，生物安全情报系统需要满足七个设计原则，分别为战略性、安全保密、知识融合、稳定可靠、贡献量化、对象匹配和可升级改进，具体内涵见表4-3。

表4-3 生物安全情报系统的设计原则及内涵

序号	设计原则	内涵
1	战略性	生物安全涉及的范围较广（往往与国家安全甚至世界安全相关联）、危害程度较大（涉及流行病、基因安全与生态环境安全等），因此生物安全情报系统要服务于国家安全发展的目标[1]，应为国家生物安全提供长期情报支持，具有一定的国家战略意义
2	安全保密	建立生物安全情报系统首先必须满足情报的安全保密性，须通过多种途径[如设置多道软硬件防火墙和严格缜密、难以攻破的身份查验机制，以及严格的信息登记管理机制等（林挺，2017）]来降低甚至杜绝生物安全情报被泄露或窃取的可能性
3	知识融合	生物安全情报系统需要在情报系统中融入生物科学[如生物威胁（Walsh，2018）]与安全科学[如情报主导的安全管理模型（王秉和吴超，2019d）]的相关知识与方法，使得系统更加匹配应用环境，能够应对与生物安全方面相关的专业问题
4	稳定可靠	生物安全情报工作极其注重时效性，系统是否稳定可靠直接关系到生物安全情报能否顺利转化为安全效益，因此必须保证生物安全情报系统具备高度稳定性，在关键时刻仍可保持正常运行
5	贡献量化	生物安全情报系统需要具备一套严密的评估系统来对各个部门的贡献进行衡量并量化分析，这有助于提高各部门的积极性，为系统运转提供动力

序号	设计原则	内涵
6	对象匹配	生物安全情报系统可根据不同的服务对象选择不同的服务内容，服务对象一般包括生物安全情报搜集人员、生物安全情报分析人员、生物安全情报生产人员及生物安全情报应用人员
7	可升级改进	在生物安全治理工作中，生物安全情报系统会与其他数据系统产生交集，内容繁杂，因此生物安全情报系统必须具备强大的兼容性与扩展性，易于系统升级改进

①周叶中：《统筹好发展和安全两件大事（新论）》，《人民日报》2020-11-20 第 5 版.

二、大数据驱动的生物安全情报系统模型构建框架

（一）大数据驱动的生物安全情报系统的特点

生物安全情报系统的设计与研究应当紧跟科学技术发展的步伐，随着大数据技术的不断发展，大数据应作为生物安全情报系统的底层驱动力。本节结合前人研究（苏新宁，2010；欧阳秋梅和吴超，2016a，2016b；时高山等，2020），总结出大数据驱动的生物安全情报系统的特点（尤其是数据层）（表4-4）。由表4-4可知，大数据驱动的生物安全情报系统的主要优势体现在三大方面：第一，系统的数据情报更加丰富和多样化；第二，系统对数据的处理模式更加先进和全面；第三，系统的规模更加庞大，应用的领域更加广泛，融合程度更高。

表4-4　大数据驱动的生物安全情报系统的特点

内容	具体项目	特点
系统获取的生物安全数据情况	数据结构	面向主题
	数据类型	半结构化数据与非结构化数据
	数据来源	拓展的数据资源以及生物安全专题数据库等
	数据状态	动态数据
	数据维数	多维
	数据关系	相关关系
	数据收集重点	场景化数据
	数据使用方式	预测性
	数据样本容量	所有样本

内容	具体项目	特点
系统对生物安全数据的处理模式	处理对象	与生物安全相关的全体数据
	处理思路	先关系后假设
	结果要求	近似求解
	处理途径	相关关系分析
	处理特点	化繁为简
	处理难点	如何选择有用的生物安全数据
	处理方法	Bloom Filter、Hashing、索引法、Trie 树、并行计算等
	处理场景	全样本特征
	数据记录	机器实时记录
系统在大数据驱动下的整体优势	作用价值	发现并解决生物安全问题
	服务目标	数据量大，范围广，可服务高层次的战略目标
	规模大小	规模较大（如区域生物安全情报系统、国家安全情报系统等）
	应用范围	数据来源广泛，使得生物安全情报系统的应用方向更加宽泛，可根据需要筛选适用于某一方向的安全数据（如生物实验室安全、生物入侵等）
	融合程度	实现大数据技术与情报系统的融合（包括一定范围内现有的生物安全数据本身、数据处理技术等）

（二）大数据驱动的生物安全情报系统模型构建

生物安全情报系统作为整个生物安全体系的重要组成，其构建思路是以生物安全大数据为基础，以生物安全情报生命周期为运行路线，以展现层、应用层与数据层三个层面为框架。该系统主要目标是运用大数据挖掘技术与方法，使生物安全情报的获取与应用更加智能化与精准化，使生物安全情报的业务流程更加顺畅，进而使得生物安全决策及应急指挥更为有效。基于上述认识，构建大数据驱动的生物安全情报系统模型（图4-19）。

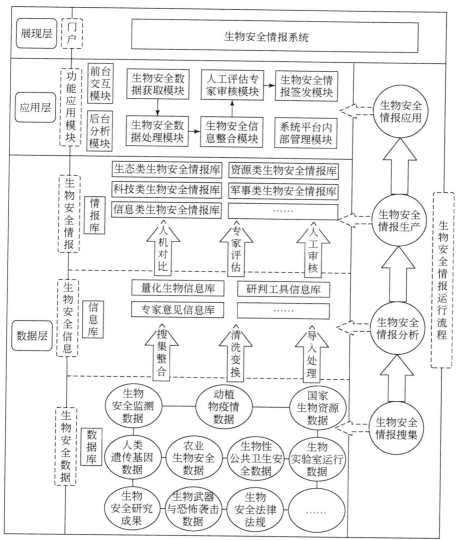

图 4-19　大数据驱动的生物安全情报系统模型

三、大数据驱动的生物安全情报系统模型解析

(一) 展现层

展现层主要面向前台用户,在生物安全情报系统中作为"桥梁"连接各类用户与系统中各类生物安全资源和应用功能。用户通过"生物安

全情报系统门户"进入系统进行访问操作。展现层可保障该人机交互界面（系统门户）具有友好、美观、方便快捷、便于操作和易于学习等特点，为用户提供最高效的服务。根据表4-5，展现层所面向的用户种类包括生物安全情报搜集人员、生物安全情报分析人员、生物安全情报生产人员及生物安全情报应用人员，展现层可对不同的用户提供对应的服务界面，完成相应的流程。

表4-5　展现层所面向的用户种类及相应流程

序号	用户种类	内涵解释	相应流程
1	生物安全情报搜集人员	生物安全情报搜集人员主要来自各生物安全治理部门的基层一线，主要充当"生物安全情报系统金字塔"中最基层的生物安全数据积累的角色，为系统的数据库提供最基础与最庞大的原始生物安全数据	生物安全情报搜集人员利用多种方法获取所需的生物安全数据，之后将可信度与可靠性较高的生物安全数据提交给生物安全情报分析部门
2	生物安全情报分析人员	生物安全情报分析人员具备情报分析能力，同时能运用量化分析手段对接收的生物安全数据进行归纳整合，构建相关生物安全模型并形成定量生物安全信息，为生物安全情报生产提供参考	生物安全情报分析人员对接收的生物安全大数据进行加工处理，同时对其进行量化分析，形成生物安全信息，给出定量判断与建议
3	生物安全情报生产人员	生物安全情报生产人员主要由生物安全治理者和各领域安全专家组成，须对生物安全信息的量化分析结果与建立的生物安全模型进行评估对比，进一步对定量结果进行人工审核，最终得到成熟的生物安全情报产品，进而投入应用	生物安全情报生产人员将量化分析的结果与专家系统结合，各领域专家对量化结果进行审核，得出可信度较高的生物安全情报产品，使其具备生物安全情报的价值与意义
4	生物安全情报应用人员	生物安全情报应用人员主要由各自安全部门的中高层管理人员构成，他们在获取生物安全情报产品后，通过生物安全情报支持来进行生物安全局势研判，做出相应的决策并下达相关批示，以指导生物安全治理	生物安全情报应用人员将生物安全情报应用于生物安全治理中的生物安全预测、生物安全决策及生物安全执行，为生物安全风险的发现、生物安全决策的支持以及生物安全事件的防控提供重要支撑

（二）应用层

应用层主要面向逻辑关系，是围绕生物安全情报系统的应用功能来进行构建的，主要以数据层为基础，服务于展现层，是二者之间的一个过渡层级。应用层分为前台交互模块和后台分析模块（图4-19），并分别完成各自不同的任务需求。前台交互模块应用主要包括"生物安全数据获取模块""人工评估专家审核模块""生物安全情报签发模块"；后台分析模块应用主要包括"生物安全数据处理模块""生物安全信息整合模块""系统平台内部管理模块"，两个功能应用模块既相对独立又密不可分，同时兼顾系统的高效实用性与安全科学性。生物安全情报系统功能应用模块的具体功能见图4-20。

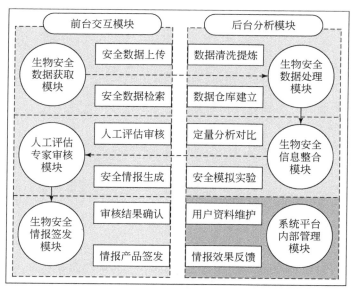

图4-20　生物安全情报系统功能应用模块的具体功能

根据图4-20，生物安全情报系统两个功能应用模块主要由6个模块组成，每个模块的具体内涵及功能如下所述。

1. 生物安全数据获取模块

该模块主要用于对各领域生物安全数据进行上传（可通过其他平台导入或人工录入），并对其进行分类统计。同时，可利用模块内置搜索引擎对生物安全历史数据进行检索，以便随时查询各类所需的生物安全数据。

2. 生物安全数据处理模块

该模块是将从各生物机构系统平台、生物研究单位及其他途径搜集的原始安全数据通过抽取和导入等方式完成数据清洗与转化，使之成为符合生物安全情报分析需要的标准化数据（林挺，2017）。此外，在得到标准化数据的同时，也可为建立数据仓库提供重要基础。

3. 生物安全信息整合模块

该模块根据不同的应用需求选择相应的算法，通过量化手段进行数据挖掘和安全模拟实验，将各类生物安全信息的语义描述与数值演化模型等作为特征，融合安全知识获得生物安全信息片段（Wei et al.，2013），并对预处理完毕的标准化数据进行分析研判，给出量化结果的诊断与描述，形成定量生物安全信息。

4. 人工评估专家审核模块

该模块主要是生物安全专家对定量生物安全信息进行评估审核，最终通过审核的内容（即生成的生物安全情报产品）可进行下一步签发工作，等待生物安全情报责任人对生物安全情报进行认领。若审核没有通过，则该分析结果将会被退回上一步的生物安全信息整合模块，重新进行修改验证，反复多次，直至通过评估审核。

5. 生物安全情报签发模块

安全情报责任人通过该模块完成对生物安全情报的审核确认工作，确认审核无误后，将该生物安全情报产品认领。此后，生物安全情报产品将被呈递给相关安全决策者，安全决策者可根据生物安全情报产品中的建议做出决断，进而指导生物安全治理的具体工作。

6. 系统平台内部管理模块

此模块主要由生物安全情报系统的技术人员进行管理维护。该模块对系统用户进行资料维护与权限管理等操作，具备接收情报效果反馈等功能，同时可对系统生成的数据信息进行统计查询，实现对系统运行情况的实时掌握，确保系统安全规范地运行和使用（林挺，2017）。

（三）数据层

数据层面向数据支撑，生物安全数据在生物安全情报系统中主要用于为生物安全决策制定过程提供所有类型数据的支持。在生物安全数据积累过程中，生物世界与人类社会之间具有复合性与交织性的特点（余潇枫，2020），因此从场域安全理论（场域安全是指与安全关联，具有特定活动性质且没有危险或威胁的关系状态）（余潇枫，2014）看，生物安全数据同样需要根据不同场域类型存储在相对应模块中，便于进行下一步的数据处理工作。因此，在生物安全情报系统构建中，后台技术人员需要根据实际情况设计不同生物安全数据存储模型。基于生物安全的场域类型划分（余潇枫，2020），构建生物安全数据存储模型（图4-21）。

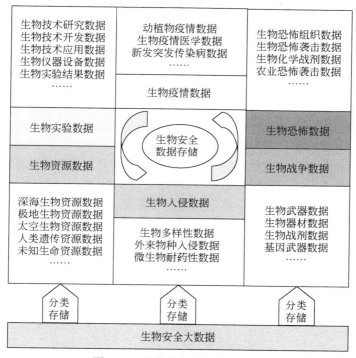

图4-21 生物安全数据存储模型

此外，数据层主要是由生物安全数据库群、生物安全信息库群和生物安全情报库群组成，依据"数据—信息—情报"三角转化模式（刘莉等，2015），可得到三者之间的关系：情报＝信息＋人工加工（王秉和王渊洁，2021a，2021b），信息＝数据＋技术加工（王秉，2020a）。因此，数据层中包括以下两个转化过程。

1. 生物安全数据到生物安全信息的转化

生物安全数据库群主要来源于庞大的生物安全数据资源，如生物安全监测数据、动植物疫情数据、国家生物资源数据、生物武器与恐怖袭击数据、人类遗传基因数据、农业生物安全数据、生物性公共卫生安全数据、生物实验室运行数据、生物安全法律法规和生物安全研究成果等。系统对上述各生物安全业务系统的数据资源进行搜集整合，之后再对其进行清洗变换，最终将其导入各生物安全信息库群，完成由生物安全数据到生物安全信息的转化。生物安全信息库群主要包括量化生物信息库、研判工具信息库及专家意见信息库等。量化生物信息库是各安全部门对生物安全数据的量化信息整合，可提供生物安全信息的内容共享；研判工具信息库是生物安全信息研判所需的数学工具或物理模型，由安全技术信息整合而成；专家意见信息库主要是社会各领域的专家学者对生物安全问题提出的各种建议、意见及经验性判断等，对生物安全信息定量分析具有参考价值（图4-19）。生物安全信息库群最终目的是为生物安全情报提供整合资源。

2. 生物安全信息到生物安全情报的转化

生物安全信息通过各领域生物安全专家评估审核并生成审核报告，最终转化为成熟的生物安全情报，被储存在对应的情报库中，可随时提取使用。生物安全情报库群包括生态类生物安全情报库、资源类生物安全情报库、科技类生物安全情报库、军事类生物安全情报库、信息类生物安全情报库、经济类生物安全情报库、社会类生物安全情报库等（图4-19）。生态类生物安全情报库包括外来物种情报、生物多样性情报及动植物疫情情报等；资源类生物安全情报库包括国家生物资源情报与人类遗传资源情报等；科技类生物安全情报库包括生物技术情报、生物实验室情报与生物监测网情报等；军事类生物安全情报库包括生物恐怖袭击情报与生物武器情报等；信息类生物安全情报库包括国家公民健康情报、人群异常疾病情报与联网生物医疗设备情报等；经济类生物安全情报库包括转基因农作物情报与疫苗研发情报等；社会类生物安全情报库包括生物性公共卫生情报与生物性食品安全情报等。生物安全情报库群的最终作用是为决策者提供生物安全的决策支持。

第五章　生物安全情报体系建设理论

※本章导读※

　　生物安全情报体系建设是保障生物安全情报工作和情报视域下的生物安全工作有效开展的基础。因此，生物安全情报体系建设理论研究非常重要。基于第四章生物安全情报基本理论模型，本章从理论层面出发，研究生物安全情报体系建设理论，以期为生物安全情报体系建设提供基本思路、理论与方法指导。在论述情报体系建设基本理论的基础上，分别研究大数据环境下的国家生物安全情报体系、生物反恐情报体系、生物武器威胁情报体系，以及疫情防控情报体系的建设理论。

第一节　相关理论基础概述

一、情报体系建设基本理论

　　情报体系属情报学的研究范畴，是以情报（学）为核心的研究体系与应用体系的结合（李纲和李阳，2016b）。情报体系建设过程中需要注重三个要素：情报组织、情报流程和软件系统（李纲和李阳，2016b）。

　　1）情报组织需要设计与其相匹配的框架模式。对情报体系所面临的对象进行目标原因等全过程分析，根据分析结果挑选设计合适的最高效率的框架模式组织，以保证不同时期不同地点情报的不同需求能够及时畅通地被满足。

　　2）情报流程需要涉及给不同角色的主体承接、处理和传递情报。对于复杂庞大的情报体系，主体多元，功能多元，每个层级涉密的权限亦不同，这导致了流程的复杂性，因此为防止流程复杂造成流程紊乱，导致在层层传递过程中出现偏差，多重的监督核查和直通渠道必不可少。

　　3）如今情报体系需要处理海量的信息，由于对象的特殊性，往往要求高速率、高准确度地传达，因此辅助软件系统对情报体系而言必不可少。软件系统需综合考虑情报的采集、处理、存储、分析、服务及后续更新等多重功能及技术支撑平台的建设。

对于生物安全而言，需获取及处理的情报繁杂且多元。因此，生物安全情报体系建设需要进行生物安全情报的统筹联合，要求情报体系在建设过程中注重多方面的转变。情报生产过程需根据情报特征实现情报资源的协同处理，服务对象则需明确情报体系所需实现的目标从而调整并发挥情报服务在体系中的作用，服务内容需全面应对各类情报内容，服务方式需考虑情报时效性需求。

同时，情报体系离不开高新技术的支撑，智能化、物联网、大数据、云计算等前沿技术重构着情报体系的不同方面。智能化技术在情报体系建设中的应用可以实现 4A（Anywhere，Anytime，Anyone，Anything）化通信及各种网络业务资源的整合；物联网技术则为情报体系源源不断汲取着全面多样的信息数据以实现各个层级的连接；大数据技术所包含的挖掘、存储、分析等内容为情报体系打造网状式技术平台提供支撑；云计算技术则通过各种业态整合和优化情报体系中所需的各种资源以实现一体化建设。

二、情报工程基本理论

随着科技、经济、社会环境的发展，传统的作坊式情报研究模式难以应对海量的数据。在这种背景下，2009 年中国科学技术信息研究所（简称中信所）研究团队提出了一种科技情报研究新思路，即兼容事实数据、工具方法及专家智慧（魏瑞斌和杨阳，2017）。而到了 2014 年，中信所则提出了情报工程这一新兴理念。

一般认为，情报工程经历四个阶段：第一阶段，重点是对海量的信息进行获取并加以管理；第二阶段，采用分析的手段在正规化的组织网络架构上面向客户提供相应的情报产品；第三阶段，构建成熟的工作机制和成熟的情报网络；第四阶段，建立一个情报工作流系统，使情报网络覆盖全球，从而提高情报产品的质量。情报工程呈现出信息来源大数据化、信息处理自动化、工具方法集成化与流程运作协同化等主要特征（鲍芳芳，2019）。

情报工程作为新兴领域，其理论内涵随着研究的深入不断丰富，其在应用领域也呈现出融合的趋势，多元层次化需求及复杂任务等功能的要求，都急需标准化情报工程的支持。

三、情报管理基本理论

情报管理重视智能资源和工具的使用，对工作过程进行结构化的规划、控制和协调，以适应科学技术、经济和社会发展的需要。情报管理内容见图5-1。

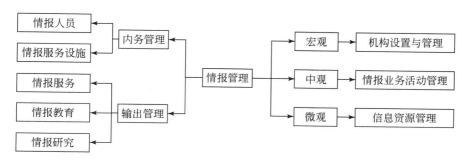

图 5-1　情报管理内容

情报管理与情报工程存在差异，具体见表5-1。

表 5-1　情报管理与情报工程差异

差异	情报工程	情报管理
范畴	更注重技术手段	更凸显人的重要性，强调组织管理的作用
功能模块	主要包括情报的获取、分析及决策三大模块	主要包括针对情报的咨询交流及信息的有序化排列
角度	在系统学与工程学的指导下，立足逻辑角度进行研究	立足管理角度，重视人、机构等要素

四、生物安全情报体系建设的基本原则

就生物安全情报体系建设而言，应遵循以下四大基本原则。

1. 坚持常态运行与应急响应兼容的原则

根据生物安全事件的演化进程，生物安全情报体系建设基本原则有两点要求。一是在生物安全事件暴发期要求快速响应。考虑到生物安全事件的演化情况及后果，决策者需要在短时间内制定策略，所以生物安全情报体系需要在短时间内对数据进行采集、处理、存储、分析及相应服务，提供生物安全事件的各种信息，保障决策的科学合理性。二是在生物安全事件潜伏期和恢复期要求常态运行。各种生物安全风险要素的日常监测使整个生物安全情报体系关口前移，同时由于当生物安全事件暴发时需要大量

的存储信息库进行支撑，因此应当重视存储信息库的数据更新，以及过往情报的评估入库，从而保证突发生物安全事件时生物安全情报体系运行流畅。

2. 坚持以信息内容建设为核心的原则

如今是信息外溢化严重的时代，海量数据虽为生物安全情报提供了更丰富的资源，但同时也对生物安全情报体系提出了新的挑战。海量数据资源不断更新充实生物安全事件风险信息库、模型库、应对策略库和案例知识库，与此同时，生物安全信息的搜集、分析、储存和发布流程等步骤应有序、规范进行，以保证生物安全情报体系的核心——生物安全信息的准确与畅通。

3. 坚持统筹联动的原则

生物安全情报体系作为一个内容复杂且涵盖范围广的情报系统，涉及多主体，包括政府部门、企业及社会公众等；同时也包含多方面内容，包括相应生物安全法律规章、相应生物安全知识等。因此，应统筹联动多个主体，调动多领域内容，做到资源共享、机制健全，以便整个生物安全情报体系的运行有条不紊、分工明确。

4. 坚持以科技为支撑的原则

生物安全情报体系需要采集、处理、存储、分析及服务海量情报数据，而21世纪传统的情报技术已无法满足生物安全情报体系的多元需求。先进的科学技术，如数据处理技术、人工智能技术等新兴科学技术，可保障信息采集速度及准确度，是提高情报质量及决策质量的最佳手段。

第二节　大数据环境下的国家生物安全情报体系

随着大数据时代的到来，国家生物安全数据呈几何级增长，给生物安全情报研究提供了丰富的数据资源，但仅拥有大量的数据资源仍无法为国家生物安全治理提供高质量的生物安全情报，如何实现生物安全大数据的快速搜集、处理和分析，将其转化为对维护国家生物安全有用的情报，是当下国家生物安全情报研究的核心工作。本节在明确相关基本概念的基础上，基于大数据环境，构建了囊括国家生物安全情报组织结构、国家生物安全情报工作流程及国家生物安全情报服务平台的国家生物安全情报体系，并就目前发展形势，提出体系构建建议，以期实现对国家生物安全大数据的有效利用和对国家生物安全情报的高效管理。

一、大数据环境给国家生物安全情报工作带来的影响与挑战

（一）大数据环境影响下的国家生物安全情报工作

随着现代信息化技术的不断发展，大数据已成为科学研究所必须面临的最大变革因素之一，科学研究主导范式从实验驱动研究范式、逻辑驱动研究范式逐渐变为数据驱动研究范式，作为以数据驱动为主的典型学科——情报学，大数据环境为情报学研究提供了崭新的发展空间（夏立新和陈燕方，2016）。大数据环境是国家生物安全情报研究面临的客观环境，国家生物安全大数据是国家生物安全情报的最原始状态，大数据环境下的国家生物安全情报工作是从海量低价值密度的大数据中发现、处理、储存、利用生物安全相关信息进行情报服务，具体来看，大数据环境给国家生物安全情报工作带来的影响主要体现在方法与技术、实践与应用方面。

1. 方法与技术方面

就大数据发展趋势来看，国家生物安全情报研究所缺乏的并非生物安全大数据本身，而是发现数据间微弱联系和规律的方法与技术，当传统情报方法与技术面临无法解决的数据难题时，相应的数据处理技术革新需求也就随之产生，主要包括海量数据处理、数据清洗加工、多源异构数据处理和用户亲和度四方面。

1）大数据环境要求情报学研究方法与技术具备海量数据处理能力。人们在网络上留下的数字足迹形成生物安全大数据，记录任意时间、地点（包括生物实验室数据、医疗数据、出入境数据等）的生物安全相关数据，这需要情报学研究方法与技术摆脱传统抽样研究，不拘泥于对有限范围的生物安全数据的分析加工，需充分运用技术和经验从公开渠道中获取有用的开源生物安全情报，开展全源生物安全数据研究，提高海量生物安全数据处理能力，从中获取高质量国家生物安全情报。

2）大数据环境要求情报学研究方法与技术提升数据清洗加工能力。大数据的三大特征在于数据体量大、增长速度快、多源异构，面对如此庞大的数据集合，提高数据清洗加工能力，能够有效提升生物安全数据的质量，进而提高生物安全情报工作效率。

3）大数据环境要求情报学研究方法与技术兼具多源异构数据处理能力。传统的生物安全情报研究多围绕结构化数据库中的数据开展，而大数据时代，从国家生物安全数据发展与增长情况来看，非结构化数据的增长

速度远超结构化数据，要求生物安全情报学研究方法与技术区别于传统情报学，具备处理多源异构数据的能力。

4）国家生物安全情报领域区别于其他情报研究领域，除考虑专业人员外还需要考虑社会民众的参与，因而也对用户亲和度提出了更高要求。生物安全大数据在经过处理加工之后需要进一步完成情报服务以达成情报活动的最终目的，因此可视化、人工智能等提高用户亲和度的技术的开发和利用显得尤为重要。

2. 实践与应用方面

大数据时代给生物安全情报实践与应用带来的影响主要体现在有效消除情报工作主体间的信息交流屏障、促进多维度情报融合和增强情报风险预测能力三方面。

1）大数据环境有效消除情报工作主体间的信息交流屏障。国家生物安全情报工作涉及多个部门主体，在传统情报工作中，各情报主体间存在信息交流屏障，部门间的"信息孤岛"导致数据共享与融合应用受阻。大数据参与的国家生物安全情报工作很好地解决了这一问题，在存在部门硬隔离的情况下，充分利用现代信息技术实现软关联，逐渐消除情报主体间的信息交流屏障，各部门工作目标统一、分工明确，部门协作能力得以提升。

2）大数据环境促进多维度情报融合。数据是情报工作得以开展的基础要素，为实现情报工作的最终目的，顺利完成情报服务，需要分析处理多方面的数据信息。传统情报多关注单一领域的数据获取和分析，对情报工作效率和情报质量产生不利影响。相比传统情报，大数据环境下的生物安全情报拓展了相关数据获取分析的深度和广度，对生物安全大数据的获取是动态的、全方位的，促使生物安全情报实践智慧化发展，这将有利于国家生物安全情报工作的开展和情报质量的提升。

3）大数据环境增强情报风险预测能力。虽然生物安全事件的发生往往具有不可预测性，但相比于传统情报实践，大数据环境下的生物安全情报实践具有更强的风险预测功能。传统的情报研究局限于固定模式，关注情报本身而忽视外部环境变化，情报工作受制于经验思想，不利于风险预测，情报实践的全面性、准确性难以保障。大数据参与的生物安全情报实践在数据搜集、处理及情报分析模式方面得到空前发展，风险预测速度和预测准确度大幅提高。

（二）大数据环境下国家生物安全情报工作面临的挑战

在大数据时代，大数据技术为生物安全情报提供了海量数据资源，涉及多领域、多部门，大数据环境在影响传统生物安全情报思维和技术方法的同时，也给生物安全情报工作的开展带来诸多挑战，主要体现在以下四方面。

1）我国目前尚未从国家战略层面提出类似英国、美国的国家生物安全专门战略规划，对相关生物安全情报工作的具体定位未明确，导致国家生物安全治理各相关部门对生物安全情报工作的重视程度不统一，给后续生物安全治理工作开展带来阻碍（刘光宇等，2021a）。

2）立法是国家生物安全情报工作顺利开展的重要依据和支持，我国生物安全领域法制体系建设起步较晚，《中华人民共和国生物安全法》于2021年4月15日正式施行，此法的颁布虽一定程度上弥补了以往我国生物安全法律治理体系在全面性、系统性、协调性和科学性等方面的不足（王康，2020），但未明确生物安全情报的法律定位，且在国家生物安全协调机制的建立等重要法律改革方面还有待改善，须着眼于全球生物安全新形势，为生物安全情报工作提供法律支撑，开展全面化和系统化的生物安全治理。

3）生物安全情报在国家生物安全治理中的行政定位模糊，生物安全治理涉及多部门和多系统，生物安全情报分散在生态环境部、自然资源部和科技部等多个部门中，与应急管理、医疗卫生、农业和科技等多个社会系统相关，缺乏明确且统一的生物安全情报工作机制，导致各主体间情报流通受阻，影响生物安全治理工作效率。

4）国家生物安全情报和反情报能力不足。全球化浪潮促使国际合作在推动社会经济发展的同时，也给国家生物安全带来了诸多威胁，如生物疫情传播、生物武器威胁、生物信息安全及生物技术垄断等。生物安全作为国家安全的重要组成部分，在国家非传统安全中占重要地位。国家安全情报包含国家间生物安全战略的竞争，即生物安全情报客体中应该有国家主体，同时还应该包括反情报工作。因此，应从系统内部和系统外部两方面综合考虑国家生物安全所面临的威胁及情报介入方式。对内，开展生物安全全源数据搜集，对影响生物安全的情报信息进行动态监测，并及时发布预警，从而保证系统内部生物安全。对外，应重视生物安全情报逆向思考，从对立角度出发，开展反情报工作，监测并分析其目的、计划和措施等，以期做到防御上的主动，达到维护国家生物安全的目的（胡雅萍和李骁, 2014)。

二、国家生物安全情报体系要素分析

根据图 5-2, 以情报视角研究国家生物安全情报体系, 基于系统科学领域的物理–事理–人理 (Wuli-Shili-Renli System Approach, WSR) 系统方法论, 提炼出情报要素和技术要素作为物理, 组织要素作为事理, 人员要素作为人理。国家生物安全情报体系是组织要素、情报要素、技术要素与人员要素共同构成的有机整体, 它以提高国家生物安全治理能力和水平为最终目标, 以大数据为背景, 从情报角度出发, 以国家生物安全情报应用平台为载体。

图 5-2 国家生物安全情报体系要素构成

构建国家生物安全情报体系, 首要问题就是明确体系中组织要素、情报要素、技术要素、人员要素的内涵, 从而更好地厘清国家生物安全情报体系中所涉及的物理–事理–人理之间的关系, 为维护国家生物安全提供系统、科学的情报支撑 (表 5-2)。

三、大数据环境下国家生物安全情报体系构建

根据图 5-3, 所谓国家生物安全情报体系, 即以维护国家生物安全为目标, 避免潜在生物安全危害因素危及国家安全, 保证国家生物安全维持在相对稳定可控状态, 而构建的情报知识、组织和流程体系。大数据环境

表 5-2 大数据环境下的国家生物安全情报体系要素内涵

要素名称	要素属性	要素概述
组织要素	行动指南	组织要素是国家生物安全情报体系的行动指南，一个权威高效的组织结构能够打破目前条块分割的生物安全管理局面。目前，我国生物安全管理处于起步阶段，考虑国家生物安全情报的复杂性，需要一个能够统一领导、统一指挥的组织结构，同时，应尽可能减少情报传递层次，提高生物安全治理的灵活度。可借鉴他国经验，发挥我国制度优势，建立符合我国国情和需要的国家生物安全情报组织
情报要素	联络纽带	情报要素作为国家生物安全情报体系的核心要素，是联络体系其他组成部分的中间纽带。国家生物安全情报源于国家生物安全保障数据和其他运作数据（包括生物安全风险评估数据、医疗情报监测数据、有毒污染物水平数据等），这些数据来源于不同渠道和部门，汇聚形成生物安全大数据。在大数据技术和方法支撑下，生物安全情报部门完成数据搜集、处理、分析等步骤，最终通过国家生物安全情报服务平台提供给情报需求人员
技术要素	实现手段	技术要素作为情报体系功能的实现手段，是国家生物安全情报体系子系统之间联合协作的技术载体，包括数据搜集技术、数据分析技术、情报联络共享技术与数据库技术等。在大数据时代推动下，数据搜集路径由传统人工采集处理转变成网络数据自动监测分析，改善了传统方法的滞后性，释放了数据本身蕴藏的情报价值。将大数据技术融入传统数据分析过程中，能有效提高数据分析效率和结果准确性。在大数据环境支持下，搭建科学高效的国家生物安全情报应用平台，能有效解决信息系统间的连通性和兼容性问题
人员要素	实践动力	人员要素指国家生物安全情报体系所涉及的人员，是情报工作和情报研究的实践动力，除专业情报人员外，还包括生物技术研究人员、传染病防控人员、计算机技术人员，以及生物安全领域有关部门人员等。大数据时代促使情报研究技术和研究方法革新，情报人员的角色发生转变，由对知识本体的研究逐渐转变为对情报工具和方法的研究（秦利华等，2020）。因此，相关高校培养目标应紧跟社会实际，在人才培养方面注重综合型人才培养，使其兼具情报分析、技术应用、领导决策等能力，同时，现有情报人员也应注重自身能力的提高，加强对新技术和新理念的学习

下的国家生物安全数据具有数据体量大、多源异构特点，必然需要一个职责划分明确、相互协同合作的国家生物安全情报组织，共同解决情报活动中的问题，以实现组织内各部门资源的有效整合，并在大数据技术支持下，建立数据共享机制，打破以往部门间形成"数据孤岛"的局面。在此基础上，梳理各部门所需生物安全情报内容，优化情报流程，搭建国家

生物安全情报服务平台，为保障国家生物安全提供全方位的外部环境保障和情报数据支持，同时，国家生物安全得以保障，也将为其他领域安全提供稳定的生物安全环境。

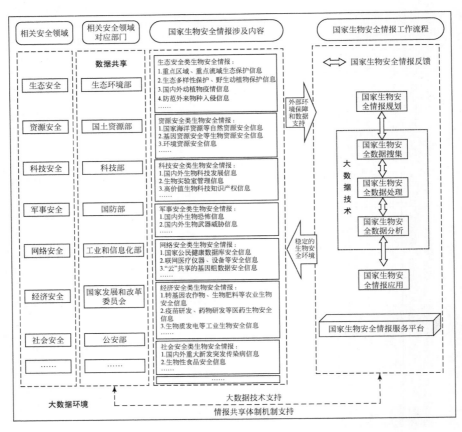

图 5-3　大数据环境下国家生物安全情报体系

（一）国家生物安全情报工作流程

国家生物安全情报工作流程参考一般情报工作流程分为六个环节，包括国家生物安全情报规划、国家生物安全数据搜集、国家生物安全数据处理、国家生物安全数据分析、国家生物安全情报应用、国家生物安全情报反馈。具体解释如下。

1）国家生物安全情报规划的关键在于明确情报需求，在开展某项具体情报工作前，根据情报工作具体需求，为情报工作全流程拟定目标和方向，并不断优化情报工作体系，提高情报质量，从而为决策者提供高质量的情报。

2）国家生物安全数据搜集、国家生物安全数据处理和国家生物安全数据分析三个环节的关键在于运用大数据技术和方法，广泛搜集生物安全数据，并将所搜集的数据清洗加工，在此基础上对其进行分析和评估，最终形成各类生物安全情报产品。与一般情报流程不同的是，大数据环境下，各类开放式情报源内容丰富且数量庞大，一般情报流程中各环节相互依赖关系已弱化，且各个环节之间的界限逐渐模糊（彭知辉，2016）。因此，充分发挥大数据的赋能作用，将生物安全数据搜集、处理、分析工作分配给数据科学，提高情报信息加工整合能力，从根本上改变传统依靠人的经验和智慧进行情报分析的决策模式，从而减轻情报分析人员的工作负担，有效提高生物安全情报工作效率和生物安全情报决策水平。

3）国家生物安全情报应用指将经过数据搜集、处理和分析得到的生物安全情报产品用于国家生物安全治理工作，发挥生物安全情报辅助决策的功能，从而体现生物安全情报的价值和意义，同时检验生物安全情报工作的有效性。

4）国家生物安全情报反馈贯穿国家生物安全情报工作全过程，当任意环节反馈与原定目标出现较大偏差，且偏差超过设定阈值，则重新进行该环节工作。单次情报循环完成后根据反馈结果与规划目标进行比对，根据比对结果调整情报规划，如此循环至产出结果与原定目标相契合。

（二）大数据环境下的国家生物安全情报服务平台

国家生物安全情报服务平台是国家生物安全情报体系的重要组成部分，集合现代化数据处理技术，实现从生物安全数据到生物安全情报的转变，为维护生物安全提供快速、准确的情报支持。平台分为资源保障层、数据处理层、情报服务层（图5-4）。

1）资源保障层是平台的数据基础，主要完成对多源异构数据的搜集整理、格式转换等工作，并将整理后的数据资源按生物安全情报类型分类储存，建立各类生物安全数据库，方便后续调用和储存。此外，现有应对策略库、案例知识库、领域专家库等数据库资源也为开展生物安全情报工作提供数据支持，并依靠生物安全数据库实现动态更新。

2）数据处理层是平台功能得以实现的技术保障，主要是情报工作流程所涉及的关键技术。基于资源保障层提供的数据支持，运用动态监测、

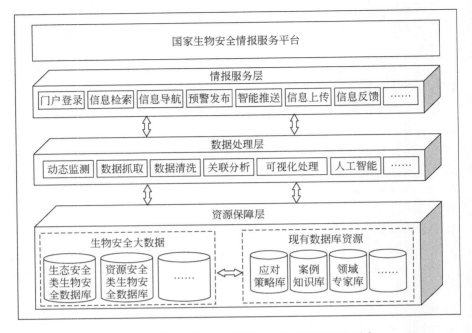

图 5-4　大数据环境下的国家生物安全情报服务平台

数据抓取、数据清洗、关联分析、可视化处理、人工智能等现代信息技术，将多源异构数据转化为有较高用户亲和度的情报产品，供情报服务层使用。

3）情报服务层是为用户提供服务的窗口。在资源保障层和数据处理层的基础上，面向用户服务构建出一系列应用功能，包括门户登陆、信息检索、信息导航、预警发布、智能推送、信息上传、信息反馈等，从而为情报用户提供精准化信息服务（张志强等，2020）。

国家生物安全情报服务平台拥有三大功能（朱晓峰等，2014）。一是国家生物安全信息的"汇聚点"，在国家生物安全治理过程中对大量生物安全数据进行整合处理，对生物安全威胁进行监测、分析，为突发生物安全事件预警、响应和恢复工作提供充足的情报资源储备；二是国家生物安全信息处理的"智能库"，通过建立生物安全数据库、应对策略库、案例知识库和领域专家库等数据库，融入人工智能、可视化等现代信息技术，为维护国家生物安全提供快速、精准的情报支持，帮助生物安全治理者科学高效地开展生物安全治理工作；三是国家生物安全决策的"控制台"，对所监测到的生物安全威胁信息进行判断并及时发布预警信息，为保障国家生物安全提供充足的情报支撑，为决策者提供有价值的情报见解。

四、大数据环境下生物安全情报体系构建建议

面对海量多源的生物安全大数据和日益严峻的生物安全发展态势，目前，我国生物安全情报体系还不足以满足现代生物安全情报需求，迫切需要构建符合大数据时代背景的国家生物安全情报体系，为此提出以下三方面建议。

1. 开展生物安全顶层设计，推动部门协同合作

考虑大数据环境下生物安全情报所面临的挑战，我国应尽快开展生物安全顶层设计，推动相关部门间协同合作，以维护国家生物安全治理工作顺利开展。首先，应从国家战略层面出发，出台国家生物安全战略（长期计划），逐步形成生物安全战术（中期计划），最终落实到生物安全操作层面（短期计划）（张晓军，2017）。其次，应不断完善法律体系建设，并注重与现存情报领域和生物安全领域相关法律的相互协调补充，从而为生物安全情报提供法律保障。此外，生物安全战略和法律的制定落实，都有赖于相关部门间的协同合作，考虑生物安全情报复杂性，须构建跨越多部门、多领域的融合机制，整合现有资源和研究力量，集中有序开展日常国家生物安全情报工作。

2. 完善基础平台搭建，促进生物安全资源集成共享

大数据环境下的生物安全资源共享要求实现系统内部和外部的资源整合，这离不开人工智能、云计算和云储存等现代信息技术的支持。因此，须加快推进国家生物安全情报服务平台建设，强调大数据技术的融合，重视生物安全数据监测、处理和储存等核心技术的研发，为生物安全情报服务提供资源保障和技术保障，不断完善基础平台搭建，优化生物安全情报运作流程，保证生物安全情报体系正常运转，从而有效提升生物安全情报工作效率和质量。

3. 明确情报用户需求，贯彻精准服务理念

大数据时代，国家生物安全情报体系的建设应围绕用户需求，贯彻落实精准服务理念，为用户提供个性化、精准化情报服务。精准化情报服务要求以用户为中心，以需求为导向，开展跨越多领域、多部门的生物安全情报工作，整合不同来源生物安全情报信息，从组织建设、技术创新和人才培养等多方面综合考虑，以提升生物安全情报协同服务能力，不断完善国家生物安全情报体系，从而满足情报用户在不同时间和不同形势下的个

性化生物安全情报需求，提高生物安全情报服务效率和服务质量。

第三节　生物反恐情报体系

　　情报对生物反恐行动具有重要意义，是制约生物反恐行动效率的主要因素。因此，本节通过分析生物反恐过程中的情报作用机理，结合生物恐怖袭击事件特性，提出构建生物反恐情报体系关键要素。同时，基于生物反恐情报体系的关键要素，从宏观层面出发，构建生物反恐情报体系框架，以期为我国生物反恐情报体系建设提供参考。

一、生物反恐过程中的情报作用机理分析

　　生物恐怖袭击具有威胁性及后果严重性，且其往往发生于人口集中区域，事故发生后，随着社会民众的生活流动，将不可避免地造成大规模的二次感染，而生物制剂的特异性症状的检测耗费大量的时间、人力及物力。同时，由于生物制剂的不稳定性变化，一些病原体会逐步产生抗药性，这一过程又会延缓治疗进程，致使病原体进一步传播。因而，在生物反恐过程中，及时、高效、准确的生物反恐情报是保证生物反恐行动顺利进行的基础，贯穿整个生物反恐过程，是取得最终反恐胜利的关键性因素。

（一）预警环节

　　预警环节是生物反恐过程中的第一道屏障。任何恐怖活动在发生前都会有一定征兆（李本先等，2014），生物恐怖活动也不例外，但区别于一般恐怖活动，生物恐怖活动具有易行性，生物制剂制作、使用过程较为简单，不需要对资金、武器、行动过程进行周密部署，具有生物常识的个体，再加上数平方米的简易实验室，就有可能组织一场严重的生物恐怖袭击事件。并且，生物恐怖活动隐蔽性极强，生物制剂的使用过程简单，不需要复杂的专业外包装，可冻装、可制成胶囊甚至可以直接放在瓶中随身携带和投入使用，同时，遭受生物制剂袭击后，生物不会立马出现异常，潜伏期可达数天甚至是数月，在这段时间内，恐怖分子有充足时间撤离现场，而当发现生物武器攻击时，有关源头线索难以查找，难以对恐怖分子进行及时有效的打击和制裁。

　　因此，生物反恐过程中的预警环节更加依赖高效、准确的生物反恐情报。虽然生物恐怖袭击事件隐蔽性较强，但生物恐怖袭击事件的发生仍旧需要具备一定条件，如感染媒介物的培养装置及实验装置等基础设备设

施，在生物恐怖袭击事件发生前，若能注重加强对此类信息的获取，从所收集的信息中提取相关生物反恐情报，则有可能在恐怖事件预谋阶段对恐怖分子的活动行踪进行有效监测和预警，预测出生物恐怖袭击事件的发生时间及地点，及时采取应对措施，阻止生物恐怖袭击事件发生。此外，虽然组织和发动生物恐怖袭击过程较为简单，且事故发生具有突然性，但其事故损失并非瞬时造成的。

一般情况下，生物恐怖袭击事件损失是随着时间的推移不断扩大的，其发展过程可分为三个阶段。第一阶段是生物恐怖袭击事件初发期，此时只有少量人群或动物受到生物制剂袭击，但由于缺乏必要意识，未能引起足够重视，致使感染媒介物进一步扩散；第二阶段是生物恐怖袭击事件暴发期，该阶段大量人员或动物被感染，事故损失急剧增加；第三阶段是生物恐怖袭击事件缓冲期，在人为干预作用下，生物恐怖袭击事件进入缓冲期，事故后果得到遏制，事故损失也逐渐趋于定值。因此，若能及时对疑似生物恐怖袭击迹象进行有效监测，获取有效情报，及时隔离现场，对可疑空气、水、土壤、动物、患者等采集标本进行检查，分析生物制剂特点，确定应对治疗措施，将生物恐怖袭击事件遏制在初发期，即能将生物恐怖袭击事件损失降至最低。

（二）决策环节

生物恐怖袭击事件具有多样性，生物制剂的种类多种多样，目前保留记录的生物制剂种类就超过 70 种，不同生物制剂所造成的事故结果也存在着巨大差异，再加上生物制剂的目标对象不一，包括人群、动物、植物等，并且感染途径及生物武器的手段和方式也多种多样，因此应对生物恐怖袭击事件的决策方案也必定不是千篇一律的，需要根据生物恐怖袭击实际情况，制定相应的行动预案。

对于整个生物反恐过程而言，决策是整个反恐过程的"大脑"，决策结果的优劣直接决定着反恐行动的成败。由于生物恐怖袭击事件具有多样性，且事故后果损失是持续扩大的，因此，在尽可能短的时间内制定出准确的行动预案是决策环节的基本要求。情报是决策结果的支撑，任何科学合理的生物反恐预案都是建立在充分的生物反恐情报之上的。决策部门要制定切实可行的反恐行动预案，就必须要有可靠的生物反恐情报作为支撑，在决策前，有关人员必定需要掌握一系列生物恐怖袭击事件发展规律的相关情报，在此基础上结合实际情况，消除决策过程中的不确定性因素，得出符合预期目标的决策方案。从这一过程来分析，生物反恐情报是进行相关决策的源头，高效、准确的情报是保证决策正确的前提，一旦出现生物反恐情报失误、缺失等现象，则最终所得到的生物反恐决策方案必定会出现纰漏，可能错过反恐最佳时机，导致生物恐怖袭击事件发生和扩大。

（三）行动环节

反恐行动是消灭生物恐怖活动的手段，任何决策的结果都需要行动来实现，反恐行动的效率直接决定着恐怖袭击事件的损失后果。由于生物恐怖袭击事件影响面甚广，且主要传播源为人群，故相较于一般恐怖袭击事件，个体的行动对于降低生物恐怖袭击事件损失同样具有重大意义（高东旗，2012），因此生物反恐行动包括国家和个体两个层面。

情报是保证反恐行动效率的基础。从国家层面来说，情报是进行战略及战术反恐的重要理论基础，是开展反恐斗争过程的主要依据，情报出现偏差易导致生物反恐工作出现两极分化情况。一种情况是反恐相关资源配置不足，未能及时有效地遏制生物恐怖袭击事件扩大化趋势，进而使生物恐怖袭击事件后果严重程度进一步加剧；另一种情况是错误的情报致使决策者错误地预测会发生生物恐怖袭击事件，引发决策者的高度关注，造成资源配置倾斜，耗费反恐资源，这一情况会降低决策方案的可信度，当真正的生物恐怖袭击事件发生时，决策者会质疑已有情报的安全性，难以及时采取正确的应对措施（王秉和王渊洁，2021b）。

从个体层面来看，由于生物恐怖袭击事件初发期，只有少量人群或其他生物受到袭击，大多数人群并未能直接观测、了解到生物制剂的基本特性，故官方所发布的情报是个体认识生物制剂基本特性的主要信息来源。在情报的指导下，个体能自发进行相应的防护工作，进而有利于阻断感染媒介物的进一步扩散和传播，降低生物恐怖袭击事件后果，从这一过程来看，情报是指导个体进行有效防护的理论基础，如果没有反恐情报，个体防护也就无从着手，更无法阻断感染媒介物的扩散和传播。

（四）反馈环节

反馈环节是对生物反恐过程的优化。生物恐怖袭击事件具有持续性，一方面是由于其事故后果是随时间推移不断扩大的，另一方面是由于生物制剂的病原体是动态变化的。病原体的动态变化特征大幅度提升了生物反恐难度，当生物恐怖袭击事件暴发后，根据对病原体生物特征的研究，能够研发出治愈感染者的药物，但在这一过程中，一些病原体逐渐发生变异,产生抗药性,原有药品失去疗效。因此,反馈环节在整个生物反恐过程中具有重要意义。

反馈环节以信息流的方式贯穿整个生物反恐过程。为预防恐怖活动、优化反恐行动方案、提高反恐行动效率,反恐情报部门必须对整个反恐过程各环节中信息进行收集,在此基础上对信息进行甄别、筛选,形成有关情报,为反恐过程中各环节的分析评估提供依据。同时,各环节信息反馈的结果可用于验证原始数据信息的准确性,进而优化情报收集手段及方向,为预测未来的生物恐怖活动提供线索和依据。整个生物反恐过程中情报作用机理见图 5-5。

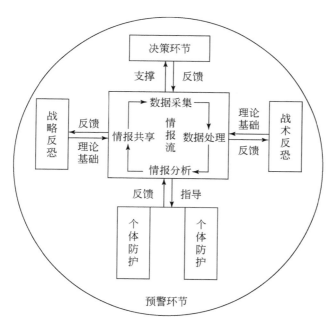

图 5-5   生物反恐过程中情报作用机理示意图

根据图 5-5,情报流贯穿整个生物反恐过程,为决策者提供情报支撑,为国家层面的生物反恐行动提供理论基础,为个体层面的个体防护提供指导,同时反馈环节以信息流的方式对生物反恐过程进行反映,通过对反馈信息进行采集、处理、分析,形成反馈情报,有利于优化和调整生物反恐行动方案,提高反恐行动效率。

二、生物反恐情报体系关键要素分析

　　相较于一般恐怖袭击事件，生物恐怖袭击事件易行性、隐蔽性等特性较强，在恐怖活动组织阶段难以被发现端倪，但由于感染媒介物的生物特性，生物恐怖袭击事件具有传播性和扩散性，事件损失随时间推移发生动态变化，因而生物恐怖袭击事件反恐过程是一个持续性过程，反恐周期越短，事件损失越低。随着时代发展，生物恐怖袭击事件形式多样性和复杂程度攀升，传统反恐情报体系在应对生物恐怖袭击方面存在诸多局限性，面对当前挑战，传统反恐情报体系已难以应对生物恐怖袭击事件。为消除生物恐怖袭击事件对我国国家安全的威胁，有待建立更加合理、高效、立体的生物反恐情报体系，从当前生物反恐实际情况来看，生物反恐情报体系关键要素需包括生物反恐数据库、生物反恐情报分析人员、生物反恐情报共享体系。

　　（一）生物反恐数据库

　　数据是情报分析的基础（樊舒和孙鹏，2019），情报是被传递、整理、分析后的数据，是基于已有数据，进行二次加工所得的有用信息，反恐情报的全面性和精准性一定程度上取决于基础数据的质量，因此良好的基础数据是获取高质量反恐情报的关键，也是生物反恐顺利实施的首要要素（窦悦，2020）。就目前我国反恐现状来说，专门的反恐数据库尚缺乏，亟须建立生物反恐数据库，从而实现生物反恐情报监测。生物反恐数据库的构建重点包括以下两类数据库。

　　1）生物特征数据库。在建立此类数据库过程中须制定统一生物特征识别标准，用于监测个体生物特征，通过多重生物特征方法实现对生理特征异常人群的监测，促进生物特征收集、储存、使用和分析一体化。

　　2）高危人群数据库。此类数据库用于监测风险性较大的人群，主要包括两类人群，一类是曾参加过恐怖活动的人群，关注其思想状况、活动情况及接触人员等关键信息；另一类是有过犯罪前科的人群，尤其是有过重大刑事犯罪经历的人群，此类人群重复犯罪概率较大，且易受金钱和权势等因素影响，产生报复社会行为，甚至是加入恐怖组织，参与恐怖主义活动。

　　（二）生物反恐情报分析人员

　　生物反恐情报分析是对已经处理过的反恐数据再次进行深入分析，得出真正的生物反恐情报产品，生物反恐情报分析是生物反恐情报流程中最为重要的环节之一，也是保证输出生物反恐情报的全面性和准确性的最后一道屏障（刘琦岩等，2020；张家年和马费成，2015）。生物反恐情报分析的优劣直接影响着输出的生物反恐情报的质量，对于同样的生物反恐数据，不同分析水平的生物反恐情报分析人员得出的生物反恐情报存在偏差，生物反恐情报是否有效很大程度上依赖于生物反恐情报分析人员的专业素养，一旦生物反恐情报分析与实际情况出现偏差，再全面和精确的生物反恐数据也无济于事，以存在偏差的生物反恐情报为依据的生物反恐行动也注定失败，其所造成的后果的严重性难以估计。因此，在开展生物反恐情报分析工作过程中，生物反恐情报分析人员的专业素养和能力水平是生物反恐情报质量和效率的保证，故根据生物恐怖袭击事件特殊属性，培训专门的生物反恐情报分析人员至关重要。

（三）生物反恐情报共享体系

生物反恐情报共享是将完整、准确的生物反恐情报传递给生物反恐行动决策者，这是实施生物反恐行动的关键性步骤，也是影响生物反恐行动效率的重要环节（张家年，2015）。生物反恐情报的共享要明确使用者、责任人，由于生物反恐行动分国家层面和个人层面两层面开展，故生物反恐情报报送也应分为两个部分，一部分用于国家层面制定反恐战略以及战术，另一部分用于指导个体进行自我防护。在用于制定生物反恐决策方案的情报的传输过程中，应保证其保密性，须采用专用通道，做好安全防护工作，以免生物反恐情报内容被恐怖分子拦截，造成事态扩大化；同时情报具有时效性，故在生物反恐情报共享过程中应保证情报传输效率，在保证生物反恐情报不被泄露的条件下，应提升情报报送效率。

三、生物反恐情报体系构建

根据上述生物反恐过程中情报流的作用机理，整合生物反恐情报中的各项关键要素，构建生物反恐情报体系，其体系框架见图5-6。图5-6所示的生物反恐情报体系框架主要包含三部分，数据采集、情报生成及情报共享，这三部分数据信息量逐渐递减，呈梯形分布，但情报质量逐步提升，最终达到应用于生物反恐行动中的情报要求，形成生物安全情报流循环。

（一）数据采集

数据采集是整个生物反恐工作及生物反恐情报形成的初始环节，所得

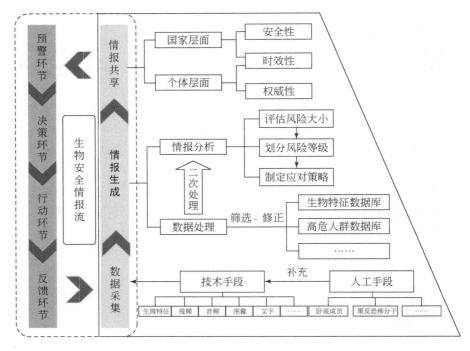

图 5-6　生物反恐情报体系框架图

数据的准确性及完整性直接影响着生物反恐行动的效率，基础数据的获取主要包括技术手段和人工手段两种方式。技术手段是获取数据的主要来源，生物反恐情报基础数据的收集除视频、音频、文字、图像等传统信息外，还需重点关注生理特征信息，此类信息的获取主要是基于生物识别方式（周松青和袁胜育，2017）实现的。生物识别包括特征和程序两部分，特征是指可用于自动识别的可测量的生物行为特性；程序是以测量生物行为特性为基础，识别个人的自动方法。生物识别提供了多模式识别技术，包括指纹、脸部、虹膜、手掌、签名、击键动力学、视网膜、步态/身体、面部红外热像图等，多种技术的复杂组合可获取个体多方面数据信息，通过信息的相互佐证和补充，实现对生物的全方位监测（李勇男，2018）。

　　人工手段是指把人作为情报的搜集者、传递者和分析者而获得的情报（周艳萍，2015）。人工手段所获取的数据是对情报的补充和完善，相较于技术手段所获取的数据，人工手段能够获得更深层次的数据信息，能真实反映恐怖分子的思想动态，有助于准确评估恐怖组织的意图，能够弥补技术层面信息的不足，但其可靠性及时效性较差，仅能作为初始数据收集的辅助手段。

（二）情报生成

情报生成包括数据处理和情报分析两方面（张曙光，1992）。数据处理是借助和利用现代情报处理技术，对生理特征、文字、音频、视频、图像等生物反恐情报基础数据进行处理，筛选、剔除其中的无用数据和错误数据，从中提取真正有用的生物反恐信息。技术层面的数据是生物反恐情报的主要来源，而相较于人工手段，技术手段所获取的数据虽然具备多方面优势，诸如人力、物力投入较少，风险较低，环境制约因素较少，以及获取信息量较多等，但以此手段所得生物反恐数据种类驳杂，难以直接应用于生物反恐情报分析工作中，需要进行处理，且对处理技术方法的要求较高。

同时，为避免生物恐怖数据信息的泄露，恐怖分子往往会通过各种手段对所使用信息进行加密，对于此类生物恐怖数据，传统信息技术难以识别其中所包含的生物恐怖信息。因此，在数据处理过程中应借助计算机技术进行智能化处理与分析，同时应结合人工情报，实现对生物恐怖数据的精准化处理。数据处理过程中应重点关注两类信息，一类是组织、参加过生物恐怖活动及有过犯罪前科的高危人群信息，此类人群重复犯罪概率较大，通过分析各项数据，有助于预测此类人群的行为趋向，可在事故发生前实现对可疑人员的锁定，及时制止恐怖组织的袭击活动；另一类是生物特征异常的人群信息，通过对人群生理特征的数据监测，可观测个体的生理特征变化，排查异常人群，在生物恐怖活动初期发现异常情况，及时对遭受生物恐怖袭击区域进行封锁，减缓生物恐怖袭击事件的发展趋势，降低生物恐怖袭击事件后果所造成的损失。

情报分析是对经过筛选、修正的数据进行二次处理，形成生物反恐情报的过程。对数据处理过程中的异常信息进行深入分析，结合人工渠道所得生物反恐情报，考虑当前处于潜伏期的生物恐怖袭击事件的风险及不安全因素，准确评估风险大小，当风险超过一定值时，成立专门的生物反恐情报专家组，由专业的生物反恐情报分析人员根据风险大小划分不同的风险等级，制定应对生物恐怖袭击事件的行动预案，在进行决策过程中，应保证生物反恐情报的完整性和准确性，以免出现两极化情况，即反恐相关资源配置不足或反恐相关资源配置过量，这两种情况都不利于反恐行动的开展，因此，应尽量提高生物反恐情报分析人员的专业素养，培训专门的生物反恐情报分析人员，运用生物反恐情报对生物恐怖袭击事件风险进行评估，致力于最优化决策（吕雯婷等，2021）。

（三）情报共享

完成数据处理及情报分析工作后，须将生物反恐情报传递给决策者，这是将生物反恐情报应用于实际生物反恐活动的关键环节，情报具有时效性，生物反恐情报更是如此，一旦生物反恐情报不能及时共享，生物反恐情报效能也会大打折扣，难以应用于生物反恐行动，生物反恐情报的共享效率对生物反恐行动效率具有重要意义（肖军，2020）。立体有序的组织框架是保证反恐情报快速交流、有效共享的基础，高效顺畅的组织机构才能保证反恐情报的顺利运行，如果组织机构结构混乱，主体懈怠，难以做到情报的上通下达，则易形成"信息孤岛"，造成情报系统与非情报系统之间的信息脱节。因此，优化反恐情报组织机构对于提高情报共享效率具有重要意义（苏新宁和蒋勋，2020）。

生物反恐情报的共享应分为两个层面。①从国家层面来看，生物反恐情报是国家进行战略反恐以及战术反恐的理论基础，故在保证情报时效性的前提下，在情报共享过程中还应保证生物反恐情报的安全性，以免生物反恐情报泄露，加大生物反恐行动的开展难度。②从个人层面来看，生物反恐情报是指导个体进行防护的主要方式，故应通过官方渠道发布有关情报，保证生物反恐情报的权威性，同时在发布生物反恐情报的过程中应客观、真实地反映生物恐怖袭击事件状况，不应夸大或隐瞒有关情况，从而避免生物反恐情报的可信度降低，致使个体对生物恐怖袭击事件重视不足，造成感染媒介物的进一步扩散和传播。

第四节　生物武器威胁情报体系

目前全球总体上虽处于和平状态，但仍有国家为实现其霸权主义而研发生物武器，恐怖组织利用生物武器造成的生物恐怖袭击事件也时有发生，生物武器带来的威胁时刻存在。生物情报是生物安全治理中不可缺少的一部分，因此从情报学角度出发，构建生物武器威胁情报体系，对实现生物安全风险防控、保障国民安全具有重大意义。

生物武器威胁情报体系是以情报技术为主导，从攻击方视角分析防御方在生物武器的影响下所存在的风险，并通过结构化表达对生物武器威胁情报进行归纳，为开展生物武器威胁风险防控提供防范策略。本节从情报学的角度出发，建立了生物武器威胁情报体系，分析了生物武器使用前、中、后期防御方可采取的防范策略，以及其所能实现的效用，剖析了各个环节中的基本要素，以期通过对生物武器和国家安全防范措施的分析研究，实现生物武器威胁防控能力的提升。

一、生物武器威胁情报概述

（一）生物武器的基本概念

生物武器被誉为"穷人的原子弹"，主要指类型和数量不属于预防、保护或者其他和平用途所正当需要的、任何来源或者任何方法产生的微生物剂、其他生物剂及生物毒素，也包括为将上述微生物剂、其他生物剂及生物毒素用于敌对目的或武装冲突而设计的武器、设备或运载工具等。微生物剂、其他生物剂及生物毒素，在国际上统称生物战剂，按照物种可分为六类（段本军，2005），生物战剂的分类见表5-3。

表5-3　生物战剂的分类

生物战剂类型	主要包含种类
细菌	鼠疫杆菌、霍乱弧菌、炭疽杆菌、土拉杆菌、布鲁氏杆菌等
病毒	天花病毒、黄热病毒、裂谷热病毒、登革病毒、森林脑炎病毒、委内瑞拉马脑炎病毒等
立克次体	Q热立克次体、立氏立克次体、普氏立克次体等
衣原体	鹦鹉热衣原体、肺炎衣原体等
毒素	肉毒杆菌毒素、葡萄球菌肠毒素
真菌	球孢子菌、荚膜组织胞浆菌

除此之外，根据军事需要还可以做以下分类，如通过致死性是否在10%以上可分为致死性生物战剂和失能性生物战剂，通过能否相互传染流行可分为传染性生物战剂和非传染性生物战剂等。而生物武器使用过程中所采用的各种工具包括装载各生物战剂的载体和投放载体的发送工具两种。随着新时代全球化水平的不断提高和军事力量的不断发展，生物战剂的投放已不局限于旧时代通过间谍携带生物战剂污染水流和食物，以及通过飞机、导弹等进行空中投放。通过基因技术发展的新型生物战剂可以通过自由贸易等方式毫无预兆地出现在目标区域之内。

生物武器具有传染性强、杀伤性大、隐蔽性强、扩散性强、持续性长、定向性差等特点。正是由于这些特点，生物武器不单单对防御方存在物理上和精神上的折磨，同样也会对攻击方造成非定向的影响及伦理上的冲击。

(二) 生物武器威胁情报的基本概念

威胁情报具有多种定义（张红斌等，2021），如 2013 年 Gartner 提出的基于证据的用来对威胁进行描述的知识集合，包括情境、机制、指标、推论，目的是为组织或决策提供保护资产的可操作性建议和参考；2015年美国约翰·弗里德曼（Jon Friedman）提出威胁情报是在收集和分析对手的情报、动机、企图和方法的基础上，帮助安全人员防范可能发生的攻击并保护关键资产。李涛（2020）认为威胁情报的本质是立足于攻击方视角对防御方所面临的潜在威胁信息进行汇总和分析，进而帮助防御方更好地提升安全防护能力。这与约翰·弗里德曼的定义处于同一分析角度。本节中也采用这一角度进行生物武器威胁情报的获取和应用。生物武器威胁情报所反映的威胁因素情况分为三个影响方面，即能力属性方面、机会属性方面及意图属性方面，生物武器威胁情报三个影响方面的内在联系见图 5-7。

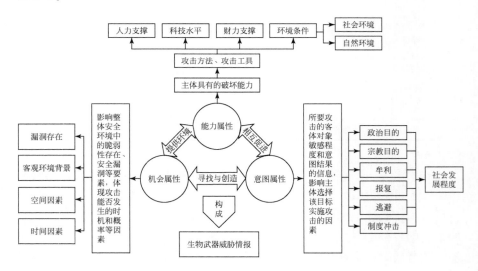

图 5-7　生物武器威胁情报三个影响方面的内在联系

图 5-7 中意图属性的存在使攻击方寻找进攻机会并发展和储蓄能力，

机会的存在将诞生进攻意图并为能力输出提供环境和场所，能力的增强或减弱都会带来危机意识诞生进攻意图，并可为进攻提供环境创造机会。三种属性由攻击方的客观条件和立场而产生，同时受到客观因素限制。生物武器威胁情报的形成必定包括能力、机会和意图这三大属性，任一属性得不到满足，将不再构成威胁（王可宁，2018）。生物武器威胁情报的攻击方可为敌对国家或恐怖组织势力，其进攻意图、能力和机会创造方式均有不同。敌对国家打响生物战争使用生物武器显然危害性更大、涉及面更广，本节以此为设想进行生物武器威胁情报研究，建立生物武器威胁情报体系。

二、生物武器威胁情报体系要素分析

生物武器威胁情报体系建设，不仅要涉及情报视角，还要结合安全科学的视角进行分析和研究。生物武器威胁情报体系同时立足于攻击方和防御方双方视角，攻击方可利用生物武器威胁情报进行行动决策（王秉和郭世珍，2020），防御方则可利用生物武器威胁情报开展生物武器防御工作（王秉和陈超群，2021；王秉和吴超，2019b）。

（一）攻击方生物武器威胁情报体系要素分析

攻击方发动生物武器进攻本质上是一个决策问题，顾基发（2011）在进行决策支持系统设计时，从物理、事理、人理的角度协调了理解意图、制定目标、调查分析、构造策略、选择方案和实现构想的决策过程；曾子明和黄城莺（2017）也基于物理–事理–人理系统方法论，进一步设计人员要素、机构要素及技术要素来建立公共卫生突发事件情报体系。从安全科学的角度来讲，人–物–环境可与人理–物理–事理一一对应。在图5-7中的意图、机会、能力三个属性的基础上，通过物理–事理–人理系统方法论角度进行分析，从而确定攻击方体系要素（图5-8）。

1. 意图属性

从总体上看攻击方的意图属性是以人理为主，其是以社会发展意图作为内在原因的，在社会发展的过程中，当攻击方遭受到的事理要素产生变化，经济、政治、文化、科技和其他方面受到冲击，攻击方将产生危机感，这种危机感促使军事和政治领导产生攻击意图，进而在物理上选择武器装备实施攻击，从而产生设计和生产生物武器的意图。

2. 机会属性

攻击方的机会属性是基于事理存在的，攻击方和防御方所处大环境的

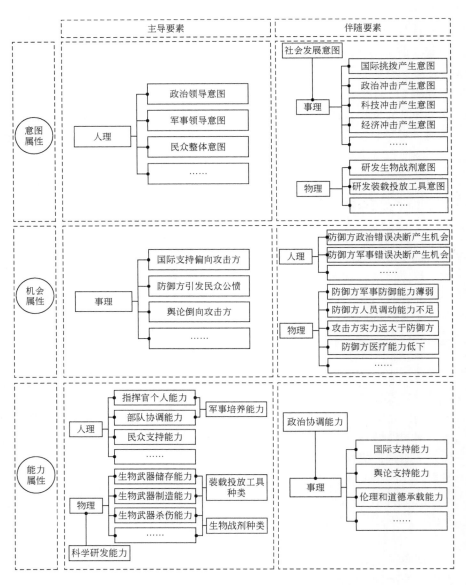

图 5-8　攻击方体系要素

变化，或二者自身的变化，均会产生攻击机会。双方实力的变化、舆论的导向和国际上大多数国家的支持，都是攻击机会的产生因素。由于生物武器的使用须承担极大的舆论负担和道义谴责，且定向性差的特点有可能对攻击方自己造成损伤，所以对于使用机会的考虑应更加慎重，否则极有可能将自身置于被动局面中，成为众矢之的。

3. 能力属性

攻击方的能力属性的决定要素较为复杂，主导能力属性的要素包括物理和人理两大要素。物理要素代表着能力属性的外在实力，在当前的科研技术下能否使用生物武器是开展一切讨论的根本。而人理要素当中，指挥官个人能力、部队协调能力以及民众支持能力等关乎使用生物武器后果的严重性。其事理要素基于人理和物理要素存在，包含国际支持能力、舆论支持能力等。

（二）防御方生物武器威胁情报体系要素分析

2006 年的《美国国家安全战略报告》指出：生物武器不需要那些难以获得的基础设施和材料来与之配套，这使得控制它扩散所面临的挑战更大。由此可见，生物武器威胁具有极大的潜在性和随机性，其发生和发展往往难以预测，导致防御方在生物武器战争中处于被动局面，面对生物武器威胁，防御方需要做的不再只是进行简单的行动决策，而是需要开展生物武器风险辨识、事故后果预测、应对措施方案设计和选用等系列防御工作。美国在积累抵抗生物武器袭击经验中发展出了情报预警、生物防御和能力评估三大体系（杨博等，2020），作为一个 21 世纪以来频繁遭受生物恐怖袭击的国家，美国所设立的三大体系完整地包含了生物恐怖风险识别、问题诊断及防范措施实施三方面，对开展生物武器威胁情报体系建设有重要借鉴作用。此外，人、物、环境、管理作为安全系统的四大要素，也应贯穿防御方的生物武器威胁情报体系要素的建设之中（图 5-9）。

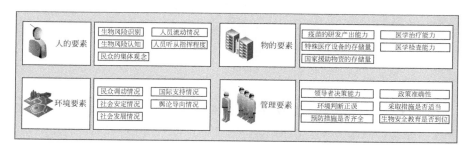

图 5-9　防御方体系要素

1. 人的要素

人作为系统中最为活跃的因素，在生物武器威胁防控中具有极为重要的作用。这里的人主要包括两类人群。一类是防御方想保护的人群，这一类人群作为生物武器的直接受体，一次伤害是巨大的，且由于人的主观能动性、人口流动等行为，将造成二次伤害，引发更为严重的后果（贾建民等，2020）。另一类是生物武器防御人员，这一类人群是开展生物武器防御的核心力量，目前，有关院校在生物武器防御人员教育方面存在着教学内容少、课程时间短、研究探讨浅等共性问题。此外，人群日常的生物安全防御教育尤为重要，直接关乎防御方对生物武器战争的允许反应时间及可能造成的事故后果的严重性。

2. 物的要素

物的要素作为国力的代表，主要包括医疗建设水平、科技研发能力及物资储备量等。其中，医疗建设水平直接关系到生物武器防御能否实现，科技研发能力、物资的储备量则从时间和空间上影响生物武器的扩散及后续防控工作的开展。因此，物的要素是生物武器战争能否被有效防范及其所造成损失的严重程度的决定性要素。

3. 环境要素

环境要素主要针对国内和国际上因生物武器战争而产生的环境变化。生物武器战争打响后，定会威胁社会的稳定，除攻击方和防御方外的各国也必有明确的态度与支持情况。能否维持社会的稳定，赢得各国的支持，是战争的决胜条件。在生物武器防御过程中，必须时刻把握舆论导向，控制不必要的恐慌，令大环境向有利于防御方的方向发展。

4. 管理要素

管理要素是统筹其他生物武器防御要素的根本。国家的领导者能否做出正确的决策，居安思危，实行生物安全教育，制定生物防范的法律法规将直接影响其他要素的发展方向。

（三）生物武器威胁情报体系要素的结构化表达

为了规范生物武器威胁情报体系要素，提高生物武器威胁情报处理、利用和管理的效率（李涛，2020），本节借助结构化威胁信息表达从防御方视角对各体系要素进行结构化表达，结果见表5-4。设定七种结构化表达构件，用来描述八个一级要素、54个二级要素间的所属关系。通过结构化表达，可更清晰地明确各要素在系统中所承担的角色，进而进行生物武器威胁情报体系的构建。

表 5-4　生物武器威胁情报体系要素的结构化表达

结构化表达构件	一级要素	二级要素
预测数据	意图属性（攻击方）	政治领导意图、军事领导意图、民众整体意图
	能力属性（攻击方）	国际支持能力、舆论支持能力、伦理和道德承载能力、政治协调能力
	人的要素（防御方）	人员流动情况、人员听从指挥程度
	环境要素（防御方）	民众调动情况、国际支持情况、社会安定情况、舆论导向情况、社会发展情况
失陷指标	机会属性（攻击方）	国际支持偏向攻击方、防御方引发民众公愤、舆论倒向攻击方、防御方政治错误决策、防御方军事错误决断、防御方军事防御能力薄弱、防御方医疗能力低下、防御方人员调动能力不足、攻击方实力远大于防御方
入侵特征	意图属性（攻击方）	国际挑拨产生意图、科技冲击产生意图、政治冲击产生意图、经济冲击产生意图、研发生物战剂意图、研发装载投放工具意图
防御措施	人的要素（防御方）	生物风险识别、生物风险认知、民众的集体观念
	物的要素（防御方）	疫苗的研发产出能力、医学治疗能力、特殊医疗设备的存储量、国家援助物资的存储量、医学检查能力
	管理要素（防御方）	政策准确性、环境判断正误、采取措施是否适当、预防措施是否齐全、生物安全教育是否到位
攻击活动	能力属性（攻击方）	指挥官个人能力、部队协调能力、民众支持能力、军事培养能力
	管理要素（防御方）	领导者决策能力
攻击模式	能力属性（攻击方）	生物武器储存能力、生物武器制造能力、生物武器杀伤能力、科学研发能力
身份	身份属性	攻击方、防御方、其他国家

三、生物武器威胁情报体系的构建

（一）生物武器威胁情报体系架构

以生物武器威胁情报体系的结构化威胁信息表达为基础，建立生物武器威胁情报体系（图 5-10）。从安全情报学的角度讲，整个生物武器威胁情报体系可简单看为包括安全预测和安全决策两部分。其中，安全预测部分从不同时间维度进行分析，分为导火索、战前、战中与战后四部分。

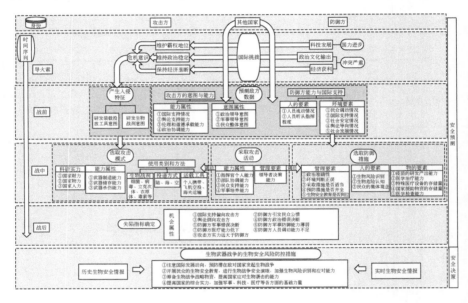

图 5-10　生物武器威胁情报体系

随着世界格局不断发展变化，各国间政治、经济、文化、科技的不平衡，将会造成国与国之间的矛盾。当防御方国家在科技发展上做出卓越贡献、在政治文化上广泛输出或在经济上获利时，部分国家为维护其霸权主义，保持经济垄断，在产生危机意识时将采取不正当竞争手段，演变成为攻击方国家。造成攻击方国家产生危机意识的这个过程，可认为是打响生物战争的导火索。防御方国家在这个阶段应注意国际形势的变化，密切关注各国动向，对有可能产生生物武器进攻意图的国家进行重点防范。

时间维度转到战前阶段后，攻击方国家因产生发起生物战争的意图，从而产生入侵特征，研发用于战争的生物战剂及装载和投放工具。同时，攻击方国家和防御方国家均站在己方视角预测对方战争数据，其他国家也会根据其立场对整体战局进行推动。防御方国家在预测敌方数据后可做出相应决断，引导国际舆论方向，争取国际上各国的支持，并根据需要进行战中各战略物资的筹备，可进行具体战中应对方案的建立，对民众进行生物安全教育，开展生物战争安全防御演练。

战中阶段是战前阶段的延续，这种延续不仅仅是时间上的延续，还是物质和发展上的延续。根据在战前阶段所进行的计划，攻击方国家进行相应生物武器的研发和使用，防御方国家确定防御措施，为应对战争做准备。其间包括疫苗研发、发展医疗能力等直接措施和进行政策判断、加强教育管理等间接措施。

战后阶段通常以某一方的失败作为结束，但由于进行生物战争威胁情报体系构建的最终目的是为防御方国家提出相应的生物武器防御措施，改善防御方国家在生物战争中的被动局面，故以防御方国家失败确定失陷指标。这一阶段既包括对双方准备情况完善程度的衡量，也包括对战斗时临场变化的推演。失陷指标既是战争结束的标志，同时也是攻击方国家发起战争的机会，每一个失陷指标都是防御方国家计划准备中的薄弱点。

预测的最终目的是决策，在历史与实时的生物安全情报的基础上总结归纳，从环境、人、物、管理等多方面提出生物安全风险防控措施，包括但不限于注意国际发展动向、筹备生物战争战略物资、提高国家综合实力等。

（二）生物武器威胁情报体系运行机制

生物武器威胁情报体系的运行基于生物武器威胁情报的多视角分析，其基本运行机制见图 5-11。

在生物武器威胁情报工作开展之初，生物武器威胁情报体系的工作重点在于收集资料确定攻击方是否要使用生物武器，以及将在何时何地以何种形式开展，在此时期应加强对生物武器的监控与预警，时刻关注国际冲突与国际形势的发展方向，完善生物武器情报收集机制，最大限度地避免生物武器战争的发生。

如若不能确定攻击方是否会使用生物武器，则应该转向防御方视角，探讨如何做好生物武器防御工作。建立生物武器防御应急机制，开展生物武器防御宣教，研发并储备生物武器防护装备，同时提高国家整体医疗水平，并从大型公共卫生突发事件以及生物袭击中吸取经验，汇聚形成生物武器情报库。此外，从增强民众生物武器防范意识、强化国家生物武器防

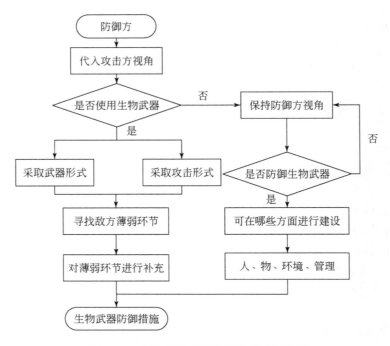

图 5-11　生物武器威胁情报体系运行机制

控能力、获取国际生物武器抵制力量的支持，以及开展全面的生物武器防御管理四方面进行体系建设，尽可能减少生物武器战争发生可能造成的危害。一旦确定攻击方将使用生物武器，应继续站在攻击方视角进行分析，根据实时收集的情报，确定攻击方将采取的生物武器以及攻击形式，并从敌方角度分析己方所存在的薄弱环节，对可能造成失陷的方面进行补充，对预测中攻击方进攻的全过程进行综合评价和经验总结，总结以上内容形成生物武器防御措施，在未来生物武器战争发生时，实现快速提取并运用已有的生物武器防御情报，以求迅速结束战争，化解生物武器危害。

第五节　疫情防控情报体系

疫情防控是生物安全治理的重点任务。近年来，国内外各类重大疫情频发，造成大量人员伤亡和经济损失，给人们生命安全和身体健康带来严重威胁，对经济发展、社会稳定和生产生活造成严重影响，疫情防控直接关乎国家安全。例如，2003 年暴发的 SARS 疫情在国内乃至世界公共卫生领域引起了一场罕见的社会震动，2019 年在刚果（金）暴发的埃博拉疫情，以及 2019 年底暴发的新冠肺炎疫情更是被世界卫生组织列为国际关注的突发公共卫生事件，其国内外影响十分恶劣。

疫情是一类典型的国家、社会重大问题，疫情防控离不开情报的支持。因此，情报学是疫情防控研究和工作实践不可或缺的重要学科视角，疫情防控研究亟待情报学者的参与和助力。本节将讨论疫情防控情报体系建设理论。

一、情报视角的疫情概念解读

所谓疫情，一般是指疫病的发生、蔓延和发展情况（王秉等，2020b）。若深入考量和解读疫情概念，特别是从情报学角度审视和解读它，就可引申出疫情概念的情报内涵。在作者看来，疫情一词中的"情"字（即"情况"）包含两层基本含义。

1）情形之义，表示疫病的发生、蔓延和发展情形（根据情形严重程度，可将疫情划分为特大、重大和一般等不同严重程度），疫情防控就是防止疫病的发生、蔓延和发展情形发生恶化。

2）情报之义，表示对疫病本身及其发生、蔓延和发展状态或情形的一种分析、评估和判断，这种分析、评估和判断是分析相关疫情信息（包括疫情数据和知识）获得的一种结果，是对疫情防控有用的疫情信息，根据一般的情报理解（即情报源于信息，但不同于信息，它主要是面向管理者的，它的本质是所有影响管理的内容或信息。换言之，情报是对管理有用的信息），这也就是所谓的情报（更准确地讲是疫情情报），疫情防控就是根据疫情情报来开展防控工作。

通过上述分析，可提炼出疫情概念的三要素，即疫病、情形与情报。三要素之间相互紧密联系（图 5-12）。其中，疫病是"因"，是引发疫情的直接因素；情形是"果"，是疫病所导致的结果；情报是"眼"，是对疫病本身和疫病所导致的结果的一种表征和判断。由图 5-12 可知，无论是控制"因"（即疫病本身）还是"果"（即疫病所导致的结果），都离不开"眼"（疫情情报）的观察、分析和研判。因此，疫情情报是疫情防控的基础和关键。

由上可知，从疫情防控角度来看，所谓疫情情报，是指所有有关疫情防控的疫情信息。根据信息（包括数据和知识）与情报之间的关系，疫情情报是分析相关疫情信息获得的一种结果，而并非各种未经分析加工

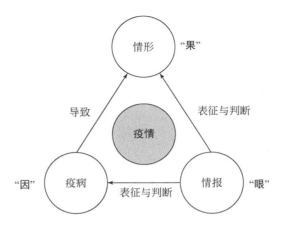

图 5-12 疫情概念的三要素

的、杂乱的疫情信息。也就是说，尽管疫情情报的本质仍是一种疫情信息，但它又不同于一般意义上的疫情信息，是被加工了的疫情信息（就逻辑次序而言，疫情信息在先，而疫情情报在后）（王秉等，2020b）。同时，从使用效用角度来看，价值性是情报有别于信息的主要特征之一，由此可见，疫情信息对疫情防控的价值可有可无，但疫情情报对疫情防控一定存在价值。当然，绝大多数疫情情报的价值往往并非永久的，而是瞬时的（王秉等，2020b）。换言之，疫情信息只是在影响疫情防控的那个瞬间才是疫情情报，一旦完成支持疫情防控的使命，它仍然会回归至原始形态（即疫情信息）。

二、疫情防控情报体系的构建

（一）疫情防控情报体系的要素分析

疫情防控情报体系主要包含四大要素：情报要素、人员要素、技术要素、机构要素（图 5-13）。基于系统科学领域的物理–事理–人理系统方法论（Yang，2011），对疫情防控情报体系要素进行研究。根据文献（姚乐野和范炜，2014），从疫情防控情报体系角度看，"物"主要包括技术要素和情报要素所涉及的内容，其中情报要素是主体，技术要素是辅助支撑，研究"物理"的目的是提升疫情情报收集与分析的硬件能力；"事"主要指机构要素，研究"事理"的目的是提高疫情防控情报体系的运行效率；"人"主要指疫情防控中所涉及的人员，研究"人理"的目的是满足疫情防控相关人员间的情报配给。

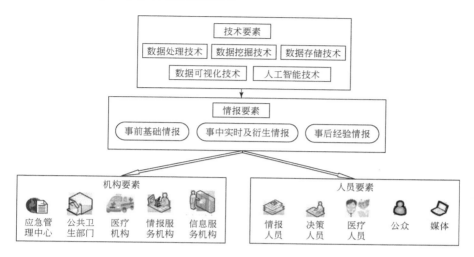

图 5-13　疫情防控情报体系四大要素

1. 情报要素

情报要素作为疫情防控情报体系的核心要素，是联络体系其他组成部分的中间纽带。疫情情报源于不同渠道和部门，如疫情评估数据、医疗情报监测数据、有毒污染物水平数据等，汇聚形成疫情防控大数据。在大数据技术和方法的参与下，完成数据搜集、处理、分析等步骤。根据疫情潜伏期、发生期、恢复期三个阶段中信息资源诉求不同，建设和使用各类情报要素，最终通过疫情情报服务平台为疫情防控人员提供情报服务。

2. 技术要素

技术要素作为情报体系功能实现的手段，是疫情防控情报体系子系统之间联合协作的载体。疫情情报工作需要以多元的技术为基础，包括数据处理技术、数据挖掘技术、数据存储技术、信息可视化技术及人工智能技术等，针对情报资源实施采集、处理等一系列措施，实时掌控疫情数据，将虚拟信息与实际防控效果有效对接，实现疫情防控信息共享、协同处置、快速响应，有效提升疫情预防与应急防控能力。获取的数据具有多源化、无序性，甚至存在不少低价值信息，而数据处理技术可筛选出真实有效的信息；随着互联网时代的来临，疫情数据急剧增长，而云存储等海量数据存储技术可以解决存储需求量大的问题，扫清盲区，囊括海量数据；获取的疫情数据的价值往往隐含在内部，因此通过数据挖掘技术如神经网络、决策树等技术来实现其潜在价值；同时，数据可视化技术可以为体系使用者提供更直观、更多样化的展示途径，以便其迅速做出决策；而面对动态发展的疫情，可以利用人工智能技术建造疫情动态模型，通过评估事前预防措施来实现早期预警的功能。

3. 人员要素

人员要素是情报工作和情报研究的实践动力，主要包括医疗人员、情报人员、决策人员、公众、媒体等。疫情防控情报体系中的决策人员、情报人员对疫情情报信息进行采集、处理、存储和分析，同时第一时间向公众和媒体公布有关情况；医疗人员为确诊人员提供相应救护；疫情经历者及记录者往往是公众，可为疫情防控情报体系提供海量、多源的情报资源；作为疫情情报信息的传递者，媒体实时并大范围公开报道疫情的演化进程，能够直观迅速影响公众的认知，为疫情防控提供渠道。大数据时代促使情报研究技术和研究方法革新，情报人员的角色发生转变，由对知识本体的研究逐渐转变为对情报供给和方法的研究（秦利华等，2020）。因此，相关高校培养目标应紧跟社会实际，在人才培养方面注重综合型人才的培养，使其兼具情报分析、技术应用、领导决策等能力，同时现有情报人员也应注重自身能力的提高，加强对新技术和新理念的学习。

4. 机构要素

机构要素指疫情防控情报体系中所涉及的各类机构，主要包括应急管理中心、公共卫生部门、医疗机构、情报服务机构和信息服务机构等。应急管理中心将监视到的异常情况通知公共卫生部门，调整派遣相关机构和工作人员对民众进行紧急救助，其中政府是应对疫情的主体；医疗机构作为疫情紧急应对的主要机构，是疫情防控管理的第一战场，对确诊人员进行治疗，防止交叉感染；另外，信息服务机构、情报服务机构可在疫情防控决策过程中利用专业知识，对收集到疫情情报进行强化研究和判断，为疫情防控提供有利决策支撑。

（二）疫情防控情报体系的框架构建

从疫情情报采集、疫情情报处理、疫情情报存储、疫情情报分析和疫情情报服务五个方面建立疫情防控情报体系的整体框架（图5-14）。

1. 疫情情报采集

疫情的发生和暴发大多伴随网络舆情信息、可预测信息等，无论是在疫情潜伏期、疫情暴发期，还是疫情恢复期，都需要收集分散在各地的海量信息，确保信息来源的准确性、及时性和全面性。疫情信息主要

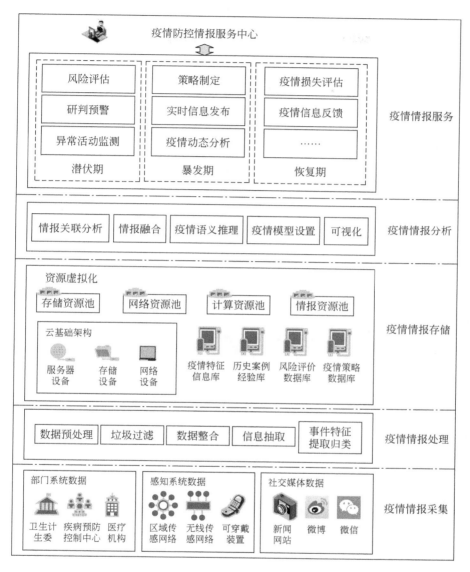

图 5-14 疫情防控情报体系框架

有三个来源。一是疾病监视数据、患者电子病历数据等公共卫生部门的信息系统中的数据。二是以区域传感器网络、无线传感器网络、可穿戴装置为中心的感知系统中的数据。区域传感器网络可通过人体取得、分析、处理患者的生理信号。无线传感器网络能够监测、收集、处理监视区域内的患者信息。可穿戴装置可使用生理信息检测技术来获取和诊断人的参数。三是新闻网站、微博、微信、论坛、社区等与疫情相关的实时信息资源。在跟进处理和分析过程中，疫情防控中心需要不断补充更新疫情信息，从而为防疫人员做出科学合理的防控决策提供情报支持。

2. 疫情情报处理

疫情情报处理是通过不同的技术手段对从各类疫情信息源收集的信息和数据进行加工，使其成为疫情管理和控制所需的有序信息，为疫情防控提供支持。疫情情报主要包括两方面：一方面是对信息进行组织，通过数据预处理和垃圾过滤来发现和清除无用数据，识别出与疫情无关联的信息，然后对紊乱的疫情数据进行统一整合，使分散无序的疫情数据资源标准化，最终成为疫情防控的智能情报；另一方面是挖掘疫情信息，根据疫情情报需求及时提取疫情信息，并对其进行自动分类，为后续疫情情报分析提供进一步支持。

3. 疫情情报存储

疫情情报存储的问题在于应向数据库存储何种类型的数据，以及如何持续保存。目前，疫情情报资源包括以下几个数据库：疫情特征信息库、历史案例经验库、风险评价数据库、疫情策略数据库，需要利用它们提供疫情情报支撑。疫情特征信息库是记录疫情的基础信息和特征，并根据不同分类方式对其进行分类；历史案例经验库存储着已发生的各类疫情，记录了每次疫情发生发展的全过程、政府应对方式及后续处理结果等；风险评价数据库应用最大风险准则，对疫情的可能性进行分析，确定风险等级；疫情策略数据库集合应对疫情的各种方法，为后续疫情防控提供指导。

利用先进互联网技术，如云存储（扩容容易，管理方便，24小时运行服务，现今存储数据的最好选择之一）等，提高疫情数据的提取与存储效率。此外，将服务器设备、存储设备、网络设备以及各个数据库进行有效整合，构建存储资源池、网络资源池、计算资源池和情报资源池，并做合理调度。存储资源池可存储大量疫情情报，网络资源池可更新迭代地记录实时情报，计算资源池对情报进行归类整合，情报资源池供疫情防控人员动态访问。为适应疫情形势的不断发展变化，所存储的疫情情报应不断更新、整合和提炼，为防控疫情提供及时有效的情报支撑和决策指导。

4. 疫情情报分析

疫情情报分析的目的在于更好地实现疫情情报服务，主要包括情报关联分析、疫情语义推理、可视化、疫情模型设置和情报融合，贯穿情报服务的全过程。情报关联分析是寻找各类疫情情报的关联点，横向增大情报的广度，纵向丰富情报的深度；疫情语义推理主要是提炼出对疫情防控有用的情报，一般使用案例推理法和规则推理法等网络智能技术对疫情中产生的信息进行收集、挖掘和凝练；可视化是让防控人员能够更好地认知和利用疫情情报，提高疫情情报的利用率，让疫情情报真正服务于疫情防控人员；疫情模型设置需要在疫情的不同时间段辅助疫情防控人员进行防控决策，主要包含风险评估模型、相似策略模型和事态变化仿真模拟模型等；情报融合起源于军事领域，是利用恰当的技术与方法，对疫情的基础信息、决策主体和处理方式进行有效融合。

5. 疫情情报服务

疫情情报服务主要是将疫情情报真实地提供给疫情防控中心，实现各个部门各阶段的交互工作。主要包含三方面。

1）疫情潜伏期的预警工作（包括风险评估、研判预警、异常活动监测）。风险评估是通过支持向量机（Support Vector Machine，SVM）算法、决策树算法等数据挖掘方法对疫情的危害程度和可能后果进行风险评级，对疫情的预警机制进行完善；研判预警是将实时疫情情报与历史案例进行比较，利用人工智能技术对情报进行深度挖掘，在疫情早期预测下一步发展，做好预防工作，减轻疫情的后续危害；异常活动监测是指根据现代监测技术，如全球定位技术、遥感监测技术、地理信息系统和网络可视化技术等，实时监测相关疫情影响因素，再由专家团进行疫情研判分析。

2）疫情暴发期的决策工作。对疫情进行策略制定、实时信息发布和疫情动态分析。疫情策略制定主要是利用已建好的疫情策略数据库，为疫情防控决策提供策略服务；实时信息发布是利用当今的主流传播媒体，在疫情各时间段及时传递有效情报，包括决策信息、应急方案、疫情危害程度及发展态势等；疫情动态分析是运用数据分析方法预判疫情的演化发展，并利用数据、信息和情报来支撑决策。

3）疫情恢复期的调整与经验总结。一方面，对疫情全流程获得的情报信息进行反馈记录和经验总结，记录至历史案例经验库；另一方面，对疫情造成的经济损失及人员伤亡等情况进行统计分析，根据相关标准规定评定疫情损失等级。

（三）疫情防控情报体系的运行保障

为确保疫情防控情报体系的顺利运转，从技术保障、标准保障和隐私保障三方面进行全面保障。

1. 技术保障

在疫情防控的过程中，为有效利用疫情情报，最大化发挥其价值，须利用各种技术对疫情情报资源进行协调分析，主要包括情报关联技术、情报融合技术与可视化技术等。其中，情报关联技术是将情报的分析层面提升至强逻辑语义空间，对情报进行深层次分析，获取情报资源中可服务于疫情防控的信息；情报融合技术是指将多来源、多环节的疫情情报进行综合分析和利用；可视化技术主要利用疫情关联技术和事件关联分析等，对疫情知识进行可视化，多角度分析历史案例，将疫情情报提供给疫情防控人员。

2. 标准保障

实现疫情防控情报体系正常运行的基础是对疫情情报进行规范化和标准化。当今我国已初步建立疫情防控机制，制定了诸多标准，如数据类标准、基础类标准、安全类标准、技术类标准、管理类标准等，其中数据类标准是情报关联的关键。疫情防控的基础力量始终是处于一线的医疗机构，故最先应针对医学用语、概念及相关知识进行规范化处理，帮助计算表达和理解。

3. 隐私保障

在疫情防控中，灾情受害群体的隐私保护始终是一个需要警示的问题。在收集情报资源的过程中，难免会接触到受害群体的个人隐私信息，如个人身体状况、个人基本信息、身份证件和疾病史等，这部分信息若被泄露，会对受害群体造成极大的生活困扰，故须利用现代智能隐私保障技术对受害群体的隐私进行保护，如对受害群体隐私信息进行替换或者权限获取，并在大数据时代过滤隐私信息使其避免大规模扩散。除此之外，国家须在法律法规层面制定一系列规则保护受害群体，如《中华人民共和国传染病防治法》中仅规定疾病预防控制机构、医疗机构泄露个人隐私须承担法律责任，针对公众未有相关强制性规定，这方面还应继续完善。

第六章 基于情报感知的生物安全风险监测预警理论

※本章导读※

当前，在新发传染病和传统传染病交替并行的形势下，大国纷纷抢占生物安全战略技术高地。新形势下，生物安全治理工作既是国家长治久安的要求，也是情报感知工作的具体着力点。然而，生物安全领域的风险治理和情报工作仍缺乏实现同步配套升级的理论基础，将情报感知范式引入生物安全治理中，尤其是对应监测预警工作，具有现实意义。本章首先介绍情报感知的基本理念和情报资源的体系构成；然后从路径、过程、逻辑与模型分析基于情报感知的生物安全治理基本运行体系；最后通过对关系、路径、要素、机制的分析，构建基于情报感知的生物安全风险监测预警的框架体系和功能平台。

第一节 情报感知的引入

一、生物安全风险监测预警工作

2020年3月2日，习近平总书记在北京考察新冠肺炎防控科研攻关工作时强调："重大传染病和生物安全风险是事关国家安全和发展、事关社会大局稳定的重大风险挑战"。从风险防控机制角度看，生物安全治理很大程度上是风险管理的问题（Mills et al., 2011）。作为生物安全问题的一大特征，其高风险性已经成为研究者的共识（薛杨和俞晗之，2020），但一些文献把现代生物（武器）技术的危害或威胁及其管控措施也纳入生物安全的词项语义中，这在理论和实践中都会造成"生物安全"与"生物威胁"的语义混淆，即使在新出台的《中华人民共和国生物安全法》中，这一重要问题也没有完全厘清（刘跃进，2020）。显然，就"生物安全"一词而言，"威胁""危机"一类的说法本身就与"安全"的本意矛盾，难以作为系统化整体化研究的基本内涵。而"生物安全风险监测预警"则可以在风险治理的视角下厘清"生物安全"的多种相关扩展表述。

2003 年 SARS 疫情后一年起，我国逐步建立起世界上最大的法定传染病疫情和突发公共卫生事件的网络直报系统，初步形成生物安全风险管控制度。直到当下，《中华人民共和国生物安全法》已经正式施行，标志着生物安全在我国国家安全体系中的地位得到空前提升，成为最重要的安全领域之一。实际上，在明确生物安全的地位后，中共中央随即把国家生物安全风险防控和治理体系建设作为着力点，这体现了针对生物安全风险的理论与实践取向。而在新时期生物安全风险相关研究中引入情报视角，进而使得生物安全治理能力全面提高，正呼应了生物安全风险防控各阶段工作作为生物安全问题常态主体对情报工作的现实诉求（刘光宇等，2021b）。

从生物安全治理能力建设的角度看，生物安全治理能力的构成主要包括监测、预警、鉴别、应对和恢复等方面（郑涛，2011），具体而言，除了药物、疫苗和检测诊断等生物医学措施（Olival and Hayman，2014；Titball，2008），还包含各种类型的监测设施与网络系统、实验室应对系统、海量信息收集系统和大型服务器分析处理系统、适应多种情境的应急处理与救援装备等（Hinchliffe et al.，2013；Lyon et al.，2012）。换言之，生物安全治理能力不仅涉及生物体本身及药物疫苗等的潜在风险评估等传统领域，还包含国家内部或国际合作性的监测预警网络、国家和区域性风险动态评估、应急管理情景重构与策略优化选择等非传统领域，其是西方发达国家重点发展且已投入应用，并在实践中进一步发展完善的能力，尽管在我国也逐渐得到重视，但其总体发展还相当薄弱（司林波，2020）。

可以说，生物安全治理继续沿袭旧发展思路，不仅与国家战略目标的需求极不相称，也与国际主流发展思路和步伐相去甚远。尤其在当今各领域和学科交叉融合的大背景下，工程、科学与管理的多学科联合研究成为主流，信息要素的重要性不断凸显。然而在我国应对新冠疫情初期，疫情直报系统等监测预警系统仍表现出功能较为单一、信息处理加工滞后等问题（李阳等，2020）。目前，多数西方发达国家已建立基于地理和交通信息、社会群体行为特征等的集多渠道数据收集、模型分析、风险评估和态势预测及决策辅助于一体的综合生物安全信息系统。对此，我国迫切需要正确认识生物安全治理能力建设的多学科交叉趋势，尤其是在当前新冠疫情仍未过去的当下，通过挖掘生物安全信息资源，并进行组织转化和推理研判，进而为生物安全风险监测预警提供支撑服务的情报感知展现出现实意义。

二、情报感知视域下的生物安全风险

情报感知来源于第二次世界大战后美国为提升空军作战能力而进行的人因工程研究，在信息技术和情报研究视角下，最早的感知研究主要围绕态势感知展开，至今仍作为重要的军事学研究课题之一。在美国情报界，经典的情报循环模型长期用于指导工作和研究。情报工作被认为是在信息不完备情况下，根据特定任务进行的动态活跃的情报产品生产过程（张思龙等，2020）。钱学森曾指出："情报是激活了、活化了的知识，是激活了、活化了的精神财富"，而情报感知则是知识产生或激活的一个重要过程（刘如等，2019）。

情报感知是指导信息向情报转化的研究新理念。2018 年初，国内学者首次明确提出情报感知具体理念，即"情报感知是情报专业人员在常规性信息采集、加工和分析处理过程中，综合运用各种知识工具完成对情报用户需求、情报对象内容和情报任务组织的认知、解读和表达"（王延飞等，2018），强调在任务目标未知时，就要对有潜在情报价值的感知对象进行长期监测和全面扫描，将获得的原始数据提前处理加工至可理解可利用的状态，进而分析其发展态势，预判感知结果的适用领域及其价值。可以说，情报感知是在数据、信息和知识被激活后形成的一种新的认知。

同时，风险可以理解为"不确定性对目标的影响"，因此生物安全风险可以表示为影响生物安全的各种不确定性（刘光宇等，2021b），而情报感知正是减少不确定性的认知过程。基于《中华人民共和国生物安全法》主要涵盖的几个方面，以及"生物资源、生物生态、生物技术及生物武器"四种生物安全基本形态观点（刘跃进，2020），生物安全风险及其分别对应的情报感知研究视角如下。

1）生物武器风险。生物武器可谓历史悠久，然而却如"幽灵"和"恶魔"一般带有隐蔽性和极高危害性。典型的生物武器风险如美国 2001年"炭疽粉末邮件"事件，作为回应，美国政府随即提出了美国生物国防计划，其本质是一项基于风险防治的生物科学发展新型战略计划。2009年奥巴马签署《应对生物威胁国家战略》，提出提高监测和识别能力，及时定位突发性灾难和生物武器袭击事件，以提高预防和分析能力，进而降低风险等。而特朗普在任时提出"全面防御"理念，指出生物武器风险无法降低到零，但可以且必须进行管理（徐振伟和赵勇冠，2020）。而在这些战略计划具体实施过程中，美国政府对生物监测缺乏统一管理的能力，部署的大量系统多头分散，缺乏统一的运行和管理框架。我国建立了统一、高效的生物监测情报工作协同管理机制，这对充分发挥生物安全治理能力十分关键。

2）生物实验室风险。20世纪70年代以来，现代生物安全问题随着实验室生物研究的深入及转基因技术的推广逐渐显露出来。保障生物实验室安全是基于生物学的生物安全重要范畴，在承担科研任务的同时，生物实验室会保存各类致病微生物，且兼具传播速度快、隐蔽性强及不易察觉等特点。而对生物安全风险的监测，典型的如美国在"炭疽粉末邮件"事件后为提高情报预警能力建立的多主体、多层次、多功能的全国性网络化生物威胁实验室应对网络（王明程和张冬冬，2021）。同时，生物实验室作为生物安全危机事件的核心，以美国海外生物实验室样本泄漏事故为代表的生物实验室风险威胁着全人类安全，也反映出生物安全风险监测预警工作在"内生风险"的感知上的现实需求。换言之，包括实验室风险防控在内的生物安全工作具有两面性，既需要实时、准确的情报支持，又需要科学、完善的协同配合机制，加强基于生物技术的动态感知，以及机构内部情报共享和监测预警力度。

3）传染病流行风险。21世纪以来，防控传染病流行风险仍是生物安全最紧迫的内容之一（Morens et al.，2004；Liang et al.，2020），除自然诱因外，传染病流行的风险也可能来自生物武器的使用和生物实验室泄漏等。2019年发布的《全球风险报告》指出，全球传染病暴发频率不断上升，世界已进入疫情高发期。而面向传染病的风险防控研究是一个复杂的系统工程，实践中传染病造成的生物安全事件应急响应比想象中要复杂和困难得多，单靠一个学科的知识是难以解决的，需要医学、公安学、情报学、信息科学等多学科交叉领域的相关知识。而在当前组织构架下，信息垄断导致的低情报转化率问题已成为突发事件信息传递的衍生短板（张雪娇，2021）。将信息激活为情报需要运用知识和组织策略，更需要通过各种感知手段和方法对数据和信息进行分析，并改变信息的功能和结构，将传染病风险信息激活为情报，推动传染病防控工作从被动观察和应对逐步转型为主动监测预警。

4）生物入侵风险。我国面临严峻的生物入侵形势，主要表现为入侵生物种类多、危害大、潜在风险高等特征。生物入侵风险预防最核心的特征是，面对无法逆转的风险，不能因缺乏明确的科学依据而不采取合理措施（苏芸芳，2021）。生物入侵问题涉及多主体、多环节及多领域，生物入侵风险治理本身就十分复杂，囿于认知的水平或科学技术、风险评估能力等方面，国家相关部门在处理生物入侵问题过程中需要基于信息情报做出决策。因此，多主体多层次的协同联动治理成为培养生物入侵风险治理能力的关键，其中信息情报工作可以促进部门合作，改善碎片化和非专业化的状况，识别和评估风险，推进不同情报服务主体之间的整合，并可在科技情报和经济情报等相关视角下完善生物入侵风险感知和态势预测，形成风险预防、监测和预警等工作的信息共享和联防联控机制。

除上述四类主要切入视角外，生物技术误用与谬用、生物资源和人类遗传资源流失、网络生物安全及生物黑客等方面的风险也日益成为人们关注的焦点。尤其随着合成生物学等技术领域的发展，不可预知的生物安全风险还会更多。总之，各类风险之间的关系错综复杂，需要融合科技、军事、公安、国安、信息、反恐、医学、经济等多元情报感知视角，利用生物安全信息和情报资源作为风险治理能力的整体基础和效率保障，利用情报感知作为在生物安全风险防控中的纽带，进而形成协同融合的治理合力，与监测预警功能建立起关联，形成的研究基本视角及关系见图6-1。

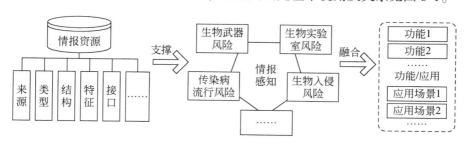

图6-1　基本研究视角及关系

第二节　情报资源体系

一、类型与特征

大数据时代，伴随着信息爆炸式增长，数据泛滥、数字鸿沟、信息生态失衡等问题成为信息资源构建和管理不容忽视的瓶颈。在这样的背景下，关于生物安全治理工作的经验难以收集和总结（王小理，2020）。面对这样的问题，一个系统、全面、互联、高质量的情报资源体系就成为生物安全治理的基础与保障。在信息技术进一步发展的背景下，基于信息情报资源的支撑，开放互联和智能协同的情报感知能够为生物安全风险监测预警工作提供动态、实时和组织性的整体解决方案。

与医学信息资源类似（钱丹丹等，2016），生物安全风险对应的情报资源也应具有多元的划分，可以分别从来源、类型、结构、特征和接口等方面进行划分，而其在本章的简要划分见表6-1。

表6-1　生物安全风险对应的情报资源

序号	名称	内容
1	数据库资源	作为获取信息资源的最主要途径，数据库资源涵盖了全文数据库、事实型数据库和多媒体数据库等。全文数据库如 PubMed、中国生物医学文献数据库（China Biology Medicine disc，CBMdisc）等；事实型数据库如最著名的 GenBank、美国国家生物技术信息中心等；多媒体数据库如各种医学影像库（CT、X 射线）和图谱库等
2	电子期刊	对大多数生物安全信息研究来说，文献型资源仍然是获取和构建的重点。非纸质载体及开放获取和预印本形式的资源拥有其他资源类型无法比拟的优势，如国内的北大核心、CSSCI，国外的 *Science*、*Proceedings of the National Academy of Sciences of the United States of America* 等期刊和 BioRxiv 等平台
3	电子图书和在线工具	国内外生物安全相关电子图书资源很多，仍以学术类著作为主，如 BIOSIS Previews、Oxford Medicine Online、Springer Link 等；在线工具则如 BioTech's Life Science Dictionary 的在线生物医学词典等
4	新闻和会议资源	多数医学生物学网站和一些知名相关期刊官网都会报道行业新闻、研究动态和进展，如 *Nature* 和 *Science* 等期刊上都有专门的评论、新闻和分析板块，以及一些专门的会议资源网站等

然而，目前存在的问题是，生物安全风险对应的情报资源与信息数据库被混为一谈，生物安全治理的情报观尚不完整，导致对其情报资源认识不清。现有的生物医学信息数据库、应对策略库、知识库和案例库等并不能作为情报资源，只能作为战略性的情报资源储备，难以开展有效的情报分析，从而难以形成支持决策的情报产品。因此，这些基础数据在生物安全治理的场景下，为解决具体问题而被调取，经过快速有效的处理和加工（感知）至可利用的状态，才能成为情报资源。因此，对应生物安全治理公共性、系统性和复杂性等特点，从环境背景和需求来看，其情报资源应具备如下四个特点。

1）动态性。情报存在于生物安全风险全生命周期过程中，随风险治理过程而生，在演化应对和处置结束后转化，不会静止或脱离过程存在。其具有动态转化的特性，"事实—数据—信息—知识—情报"的信息链间存在动态转化的关系。在生物安全风险管控场景下，数据、信息和知识应当可以转化为可供利用的情报资源，而在响应和处置完毕后，情报则动态转化为一种新的经验和知识，转化为新的或其他类型生物安全风险的监测预警的准情报资源。

2）时效性。对生物安全风险而言，态势瞬息万变，在感知和应对过程中，情报资源的效用和价值也会在时间推移中不断变化。一方面，已激活的情报资源需要尽快发挥效用，为进一步的生物安全治理提供支持；另一方面，风险治理过程的演进也需要新的情报资源不断补充，全方位、全过程地开展，以弥补和适应新的事态阶段需要，尤其是从监测到预警等工作。

3）私密性。当前基因编辑等技术导致的生物信息伦理问题日益突出，恶意生物信息编辑成为新安全隐患，且在生物大数据环境下，敏感生物数据可能突破法律和制度漏洞，给生物信息（数据）安全甚至掌控权带来威胁。因此，作为生物安全风险对应的情报资源应当注意对其信息传输和存储的规则、技术的保护，把握好风险治理能力培养中的信息自主权和主动权。

4）组织性。生物安全治理过程中需要综合考虑各种因素，各步骤牵一发而动全身，而有价值的情报供给必须各要素"点面结合"，经过快速的有序化、关联化和结构化组织手段，各情报点快速及时、精炼、准确地激活形成情报资源面，进而支撑起监测预警等功能。可以说，有序合理地组织（激活）情报，进而积极分析和响应，才能为生物安全治理打下坚实基础。

二、基本运行结构

随着生物安全风险诱因不断增加、突发公共卫生事件频发、危机情境持续异化及影响范围逐渐扩大，风险治理决策和行动的频率、效率、可行性和有效性要求也在相应提高，风险治理越来越依赖智能化、智慧化的情报体系。而情报感知可以通过深度信息化的过程使风险本质、特征和现象得以数字化重现（张思龙等，2020），这将为风险治理情报资源的建设、运行和发展提供坚实基础和巨大提升空间。

从情报资源本身来看，对于生物情报数据规模不断扩大、情报资源质量差异化明显等问题，尽管相关信息技术已经发展得较为完善，但仍然缺少规范、结构化的资源采集和预处理系统，且在情报资源整合与体系化建设方面，数据类型与结构复杂多样的问题仍未得到有效解决。因此，需要对信息资源的来源、类型、结构、特征、接口等进行系统化处理，持续动态整合碎片化数据，激活形成高质量的情报资源，完善数据体系框架与存储结构，提高资源在进一步组织、分析和应用中的效率，为情报感知运行建设提供基础和保障。

从技术角度看，一方面，要对数据采集、数据交互、数据预处理、数据融合等技术不断升级完善。当前情报处理技术粒度逐渐细化，以结构化的知识为单元，可以实现大量情报信息的浓缩与整合。同时，"云大物移智"① 的浪潮也丰富和扩充了后续情报加工与组织方法。另一方面，必须体现技术在资源与感知过程间的媒介作用，根据多元视角和场景需求细化对资源的预处理过程，同时，借鉴利用资源不断开拓新的应用场景，分析每一种场景可能需要的资源，以及每一种资源可能的应用场景，完成数据结构化或信息的序化过程，提高情报资源的加工和组织效率。

可以说，建设"平时有保障，战时有支撑，平战相融合"的情报资源运行结构，一方面在于平常为科研人员提供信息知识服务、为管理人员提供情报服务，另一方面在于满足出现重大突发威胁时快速专题分析的资源需求，是生物安全风险情报感知工作的基本目标。于是，总结新形势下生物安全风险情报资源的新特点与构建目标，进一步提出情报资源体建设系的基本运行结构（图6-2）。

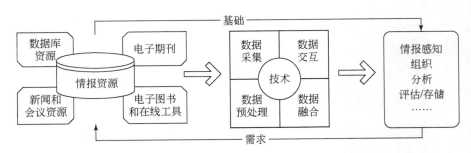

图 6-2　情报资源体系建设的基本运行结构

① "云大物移智"指的是云计算、大数据、物联网、移动互联网和人工智能。

第三节　运行路径分析

一、基于 OODA 循环的情报感知路径

Kent（1951）认为，可采用公式化表述将情报活动归结为若干步骤或行动。本章采用"观察—调整—决策—行动（路径）"（Observe-Orient-Decide-Act，OODA）循环。近年来，OODA 循环不仅用于局部态势感知和作战策略开发，还广泛用于商业竞争等过程决策研究（Kumar et al.，2015），尤其是，在众多行业信息化革命中，信息化支持下的体系决策成为全新管理模式，OODA 循环理念获得了新生命力（祝学军等，2021）。换言之，谁能更快完成 OODA 循环，并阻滞不利于己方的环路循环，谁就能赢得主动权和更高胜算（Kumar et al.，2015）。

在情报感知语境下，观察阶段主要指利用所有感官采集与生物安全相关的信息和数据，为形成情报资源提供必要支持；调整阶段主要根据上一阶段收集数据的特点，综合运用分析人员感知能力和手段对信息进行理解和组织，同时综合考虑面临的风险和态势、待解决的问题、要达到的目的或预期的效果；决策阶段主要是对态势提出应对措施和解决方法，并进一步形成完整方案；行动阶段将确定方案付诸实施，对实际效果进行评估和比较；根据评估得到反馈结果，形成更完善的生物安全风险情报资源，优化观察，调整阶段，辅助做出更明智决策。

根据图 6-3，OODA 循环体现了情报感知过程所映射的生物安全风险情报流动过程，因为生物安全治理过程必须以畅通的情报流为基础和支撑（刘光宇等，2021b）。从生物安全治理所处阶段来说，在做出应对措施前，须以动态持续的数据采集满足情报感知，进而对情报资源进行组织和分析，实现"各取所需"的激活处理，最大化情报效用，因此采集、组织和分析部分以实线表示。采取的行动结束后，须进行情报评估和公共教育等事后处理，以更好满足下一轮情报需求。

从流程本身看，OODA 循环与生物安全风险的情报感知工作具有一定共通之处，两者可互为补充，以完成情报感知工作各个阶段。例如，从流程形式看，OODA 循环和情报感知都强调发现认识、理解分析特定信息，根据不同信息进行调整，进而影响决策和行动。二者都强调循环各阶段间的紧密关联，通过情报流的加入，可提高生物安全治理工作科学性和准确性。从流程重点看，二者均体现了感知的重要性，如果在循环过程中对获

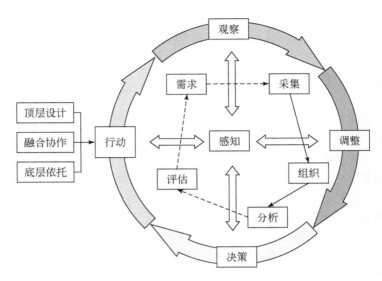

图 6-3 基于 OODA 循环的情报感知过程

取的信息认知有误，或对风险、威胁的理解有误，必将导致整体方向错误。从流程目的看，行动阶段并非循环过程的终结，而是作为其他工作介入及对决策部分的评估和比较的基础，进而不断调整和优化生物安全治理工作。也就是说，进入新循环阶段的情报感知工作往往是宏观系统下的工作指导和微观事件下情报任务的推动，在多主体和多层次驱动下对当前及未来态势发展保持主动而持续的感知状态。因此，"观察—调整—决策—行动"可作为生物安全风险情报感知各阶段过程的基本框架。

二、生物安全治理的情报感知工作路径

突发事件情报感知工作要承担应急准备、监测预警、应急决策和事后反馈等多环节的重要职能。生物安全风险具有高度不确定、广泛传播、高防控难度，以及生物安全本身的科学性和专业性等特点，因此其风险治理的路径探索应从多层面和多角度进行（肖晞和陈旭，2020）。在信息时代背景下，对应生物安全风险系列特点，依靠信息技术方法，分别从顶层设计、融合协作和底层依托三个纵向维度出发（图6-3），整合各界力量协同参与生物安全风险情报感知和情报资源调动工作，以期使情报感知工作具备准备能力，进而能够为监测预警、决策和行动等工作提供指导和支持，具体如下。

1. 顶层设计：制定宏观应对战略

Francois（1991）认为，在发展生物技术的同时应当记录并构建一个潜在风险的框架，以指引识别生物安全风险。生物安全风险具有复杂性和系统性，因此需要各级政府、部门之间、区域之间以及政府与社会主体之间的信任、资源共享和协调行动。因此，在生物安全风险面前，应当积极协同并及时建立工作联系，即需要建立战略化的协同框架。在以新冠疫情为代表的突发公共卫生事件应对背景下，我国生物安全治理在顶层导向上有了明确职能分工和优化工作路径的新契机，在不断改革和优化步伐中，生物安全风险的情报感知工作亟待彰显其战略地位和服务特色。

要立足宏观安全视角，整合情报、医卫、应急、交通等资源，强化生物安全事件战略情报在态势感知和风险应对上的支撑作用，利用物联网、大数据和人工智能等技术开展态势评估，全面分析生物安全事件应急管理体系应用现状，溯源生物安全威胁并开展分层治理，提升应对生物安全风险的顶层认知。统筹运用宏观层面各领域要素，制定协调一致的顶层情报感知战略，以有效预防和应对生物安全事件对国家总体安全和社会稳定的威胁和影响。

2. 融合协作：构建多维立体情报感知

生物安全治理是一个复杂的系统工程，其中各要素间相互影响，必须采用系统化和协同化的方法（Murch et al., 2018）。感知和预判风险需要跨级协调的多源多维数据融合（魏玖长，2020），因而要在情报感知理念的指导下，完善政策指引，明确责任义务，达成合作共识，打破数据壁垒，主动开展信息技术和情报协同共享工作，在风险防范和突发事件响应相关方面提出解决方案，实现在线异常探测与预警、动态危机情报导航与在线协作等任务。

提高安全事件协同效率的因素包括合理的应急预案、有效的信息渠道及相关技术的有效运用等（Kapucu, 2008）。例如，利用信息技术，通过数据挖掘和特定模式分析，动态收集分布式信息，提高信息共享与协作能力，以比对出各感知对象间关系及事态发展趋势。进而可利用新一代应急情报计算理论与技术等科技成果，将散布在各处的基础数据进行情报资源转化，利用情报感知工具，实现风险监测和在线生物安全风险感知等工作。

3. 底层依托：提升各主体数据素养

数据素养表示有效发现、评估和使用数据或信息的意识及决策力，涵盖数据意识、数据获取能力、数据分析和理解能力、基于数据进行决策的能力及对数据的批评和反思精神，而每一项能力都与情报感知过程的工作流息息相关。突发安全事件下专业人员信息素养教育是应对能力的关键（魏大威等，2020）。因此，可寻求建立一个灵敏规范的生物安全风险信息共享平台，为各部门提供丰富的信息来源，促进各主体间深层次交流。在信息流动基础上，解决好战略性底层工作范式的横向、纵向和功能性困境，进而在生物安全风险情报感知过程中助力多主体有效参与。

除了相关部门数据素养的培育，公众风险感知同样是应对高度不确定风险的重要方面（魏玖长，2020），因此还应覆盖对基层生物安全相关工作者的情报技能培训，培养广大群众的生物安全情报意识，将全民情报作为生物安全工作情报素养和能力的发展目标，以备发生生物安全事件时，及时拥有数量庞大且高质量的情报资源，满足情报感知和应对需求。

第四节　过程与逻辑分析

情报感知工作贯穿生物安全治理多主体和多环节，强调结合多主体情报需求和各区域、领域情报资源情况，对生物安全事件进行认识、理解和分析，并完成从"输入端"到"输出端"的全程支撑、资源配置、组织分析、效能评估和反馈提升等一系列工作。因此，基于情报资源和感知路径分析，以前述概念定义和分析结果形成生物安全情报感知过程（图6-4）。

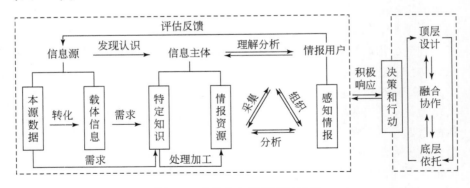

图 6-4　生物安全情报感知过程

理想的生物安全治理模式应当是涵盖组织内外及上下各方面的协同整合，并致力于开展公共服务工作。面对突发传染病疫情这类具有突发性、公共性、系统性和复杂性等特点的生物安全事件，传统型应急管理难以适应以专业化和差异化为导向的分散治理，因此在情报感知过程中，需要通过内外整合、上下联动及核心引领的机制来调动多主体、多维度资源，形成支撑生物安全治理全过程的生物安全情报感知体系。对此，可以形成纵向逻辑、横向逻辑和核心逻辑来加以分析和理解，其中本节以过程分析介绍其纵向逻辑和横向逻辑，第六章第六节结合核心逻辑对模型构建进行阐述。

一、纵向逻辑

根据图 6-4，纵向逻辑即"顶层设计—融合协作—底层依托"的纵向维度。如前所述，如何调动情报资源快速响应生物安全治理，是情报感知工作的目标。为尽可能整合内外部资源，纵向治理的整合逻辑可以在相同或不同层级进行，也可以在内部或跨边界进行（Perri et al., 2002）。对生物安全治理，整合宏观力量是前提和指导，包括通过内部协调上下级联动来形成多主体和各层级联动效应。概括言之，纵向逻辑是基于战略层面、机制层面和资源层面进行生物安全治理的纵向整合，甚至包括跨层级和部门间的斜向整合（司林波，2020）。在宏观安全高度，制定有效的防控应对战略，由于生物安全风险的固有属性超出了某一层级的工作能力和范畴，因此需要通过正确的融合协作和有效的底层依托来充分调动情报资源，顶层设计—融合协作—底层依托纵向形成协同联动效应，发挥应对合力，实现对风险的及时感知和治理。

二、横向逻辑

根据图 6-4，生物安全情报感知过程的信息（情报）流可归纳为"信息源—信息主体—情报用户"的横向过程链。在该过程中，信息源是情报资源的来源，诸多数据、信息根据需求被转化为特定知识，经过信息主体处理加工成为情报资源，进一步经过采集、组织和分析等手段成为为用户服务的感知情报，进而积极响应生物安全治理的决策和行动，同时对情报感知结果进行评估反馈。在这一过程中，情报感知信息（情报）流贯穿其中，成为"观察—调整—决策—行动"框架（图 6-3）的"血肉"。

1）观察阶段：信息源。观察阶段是感知过程的第一阶段，主要涉及环境特征、态势演变情况等本源数据和载体信息，在多主体基础上，多源信息是情报感知过程在观察阶段的数据保障。其中，情报资源需求和采集获取过程主要针对生物安全风险特征数据和信息的多样采集、动态获取及预处理，其涵盖本地库、互联网和物联网等多种信息源，是整体态势感知和把控的前提。而复杂环境下的生物安全风险应对往往牵涉多主体、多维度情报资源的交汇协作，孤立的情报资源发现和认识过程难以发挥协作效能。因此，从阶段演化角度出发，这种基于信息源的情报资源会延伸到下一阶段的处理加工问题。

2）调整阶段：信息主体和情报用户。由于生物安全风险的系统性和复杂性特点，调整阶段相关主体所具备的处理加工和理解分析能力会对此阶段的认知产生影响，进而影响整个感知过程。情报资源加工处理包括资源外部形态和深层次知识的加工，包括元数据描述、语义化表征和知识本体等内容，是生物安全事件风险治理过程结构序化的关键。同时，作为联系观察和决策行动阶段的调整过程，其采集、组织和分析工作会同时对其他两阶段形成指导和控制作用。换言之，不管从情报流还是各阶段进程来看，以情报资源采集、组织和分析为代表的调整阶段是生物安全风险情报感知过程关键所在。

3）决策和行动阶段：整体工作路径。决策和行动阶段是对生物安全情报感知过程所进行的分析和评估等工作的验证。由于生物安全事件高度复杂性等特点，生物安全治理过程相当于"未知"状态（Melly and Hanrahan，2020），而基于情报感知的整体工作是一个基于准备、态势感知、响应、恢复等性质的系统，为了发挥整体性优势，这些工作通常是动态和开放的，相当于"已知"状态。基于此，生物安全治理工作与情报感知过程间建立起联系、交流和沟通的基本路径，信息和资源共享、决策支持与行动等工作也有了共同的基础和环境。

第五节　风险预测分析

结合生物安全情报相关概念和特征及对情报资源的分析，不难看出，及时准确、全面有效的情报是达成风险治理，尤其是监测预警功能目标不可或缺的途径。因此，一定的情报资源基础和情报感知"点面结合"，可以成为生物安全治理的"破题之钥"。

在监测过程中，需要建立起可靠的分析模型，用来评估和预测可能存在的风险（Bhunia and Shit，2019），以决定其是否达到需要警惕或报送的阈值。以生物安全风险预测为例，其主要包括提供风险预测所需的基本信息；在综合研判各种生物安全风险预测方法的基础上，匹配出适合特定生物安全风险预测对象基本信息的预测方法等。于是，可以将基于情报感知的生物安全风险预测工作分为四个阶段：生物安全风险感知与预测需求确立、生物安全风险识别、生物安全风险预测和情报驱动的生物安全风险评价，也即形成"风险监测识别—风险信息分析—预测预警信号—风险评估反馈"这四个阶段，并构成往复循环的基本工作流程，即风险流的基本过程。

1）生物安全风险感知与预测需求确立。与情报活动过程中明确服务对象需求类似，生物安全风险感知与预测的需求同样也分显性需求和隐性需求。显性需求是管理者自己通过观察或者实验，结合自身经验和已掌握的理论所提出的需求；隐性需求是由于人的有限理性，没有发现生物安全风险感知与预测这一运动过程中潜藏的运动规律和本质，因而没有发觉的潜在需求（Delmar，2012）。由于生物安全管理者收集信息和处理信息存在偏见性与有限性，以及其本身心理、情感和判断能力的差异，所做出的显性需求在视域上是狭窄的、主观的、证据不足的和科学性不够充分的。如果利用生物安全情报作为驱动力，将会避免这种情况的产生，会使得需求的确立更加客观、科学、符合实际，以及更加充分。因此，利用生物安全情报来驱动生物安全风险感知与预测需求确立的这一过程具有重要的理论和实践价值。

2）生物安全风险识别。借鉴风险识别器抗体向非常规突发事件抗原进化过程（杨青等，2015），从生物安全风险感知角度看，特质基因是指能表征生物安全事件发生概率及发生后果严重程度的各种信息的信息片段。通过特质基因就能实现各种生物安全事件的识别。该模型认为抗原进化过程为情报活动，如果将之以情报工作的视野来看待，就能将情报分析方法和常规的生物安全分析方法融合起来，形成一套全新的风险识别分析方法，这种分析方法将能够兼顾数据的广博性和匹配性，使得风险识别结果更加精准。这一步工作的目的是将一定时空角度下的基因片段进行情景推演从而演绎出可能的生物风险事件，并将其分类，为进一步的分析提供分析对象，以及必要的基础素材。

3）生物安全风险预测。基于情报感知的生物安全风险预测的流程如下。首先，根据生物安全风险识别的结果、预测的需求，以及情报反馈的最新情况确定生物安全预测对象；其次，由情报感知工作提供生物安全预测所需要的生物安全信息，形成生物安全风险预测方法，构建生物安全风险预测模型；再次，对预测结果的可靠度进行分析和评估；最后，形成合适的情报产品。生物安全情报可以提供完整、系统、准确的数据，且数据量能够满足生物安全预测模型的要求，对于生物安全风险预测对象所在系统的随机信息、模糊信息、灰色信息和未确知信息，情报感知过程也可以进行有效分析和处理。

4）情报驱动的生物安全风险评价。生物安全风险评价属于风险评价的一个分支，因此生物安全风险评价的基本流程也应当遵循风险评价的基本要求。当有情报感知工作的介入时，整个风险评价模型的构建难度会大大降低。情报能为生物安全风险评价提供准确而充分的背景资料，生物安全风险评价指标和指标层次的选取、指标定义、评价标准的选择及其指标权重的赋值，在情报工作的加持下，将会取得意想不到的效果。情报工作能提供大量与生物安全风险评价对象所匹配的生物安全评价方法，这对于生物安全风险评价模型的构建具有极大的方便性。另外，通过情报的反馈机制，能够实时更改生物安全风险评价模型，使其具有动态性和精准性。

总之，基于情报感知的生物安全感知与预测工作是一个不断循环的工作过程，是一个闭环的系统过程，也是一个持续更新进化的过程，向着感知更精准和预测更精准的方向进行。基于情报感知的生物安全风险感知与预测需求的确立为整个循环工作流程的起始，生物安全风险评估反馈为一轮工作的结束，其间经历了从情报资源到情报感知再到情报产品的信息传递过程。

第六节　生物安全治理融合模型构建

一、融合逻辑

融合指的是将各要素相互链接，实现系统的合成运行及整体的资源共享，当下，不论是信息爆炸还是大数据的背景，多源信息融合的趋势早已摆在世人面前（化柏林和李广建，2015）。作为融合的基础，情报感知融合模型构建的导向是生物安全治理，本章已对二者各自的源头、动力、过程、关系、信息流、决策流、突发事件流及循环周期等做了分析。必须指出的是，情报感知路径与过程间的融合的关键在于它们之间的啮合点，即生物安全治理工作。抓住情报感知融入生物安全治理的逻辑，生物安全风险监测预警工作才能够进一步正确、连续地运转、发力。

如前所述，生物安全情报是一种能力，如李辉等（2017）认为，情报3.0时代下，情报服务能力框架应当包括情报资源保障、情报交互、情报分析判别和情报协同服务四个能力层次，以实现情报资源获取、分析和情报的监测预警等功能。因此，提出生物安全风险情报感知的核心逻辑：

"情报资源—情报感知—协同融合"，即基于生物安全治理的资源部署以情报感知工作路径和过程为支撑，以协同融合多主体、多维度能力为保障。核心逻辑是生物安全治理，尤其是监测预警工作整体运转的轴心贯穿风险全过程，统领横向和纵向逻辑，也是最终目标。

首先，由于生物安全风险的一系列特征对其治理工作形成了刚性约束，作为生物安全治理势能的情报资源储备就必不可少。其次，情报感知路径和过程形成生物安全治理合力，推动形成相适配的框架形态，以信息流、决策流和过程流整合分散化的情报资源，以汇聚更为充沛的响应动能。最后，推动系统内部各要素、阶段的连接、互补和共享，并以多主体、多维度能力融合，形成生物安全治理的互动联合和紧密协同。

二、生物安全治理的情报感知融合模型构建

基于前述逻辑关系，借鉴国家安全保障能力融合的研究模型（张家年和马费成，2020），构建生物安全治理的情报感知融合模型（图6-5）。模型中，情报感知路径与过程是生物安全治理不可或缺的两部分，具体而言，可从以下四方面加以认识和理解。

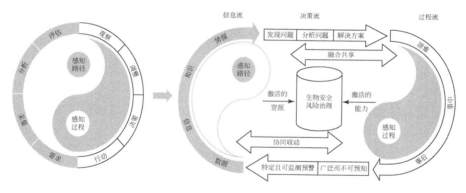

图6-5　生物安全治理的情报感知融合模型

1）突发事件应急管理依赖于"资源"与"能力"的融合，即感知路径（激活的资源）与感知过程（形成的能力）间的融合。换言之，情报资源是生物安全治理工作开展的基础，而工作过程则是生物安全治理能力在实践应用中的外化，二者辩证统一，融合于生物安全风险情报感知理论研究与实践应用中。

2）模型由两个子系统驱动。两个子系统分别表达情报感知路径与过

程围绕各自承担的生物安全治理任务和目标不断循环的工作过程。生物安全风险情报感知以特定对象为目标，推动感知路径与过程渐次展开。情报感知路径循环周期包括情报需求分析、信息采集、情报分析、情报评估与反馈等。而基于"观察—调整—决策—行动"框架的感知过程则是以应对未来潜在的威胁、风险和危机等为目标，重在准备能力的培育，通过多主体和多维度的路径为生物安全治理提供指导和支持。

3）情报感知路径与过程之间融合的层次与方式，即融合共享、协同联动。由于生物安全治理工作复杂多元，二者融合路径并非一成不变，如需要医疗卫生、应急管理、公安及交通运输等部门协同联动，共同开展风险治理工作。低层次融合要求实现生物安全事件情报感知路径和过程间资源共享、相互支持。更进一步的融合目标则要求二者同频联动，成为一个有机整体，以发挥出情报感知的最佳效用。

4）模型中还包含生物安全事件信息流、决策流和过程流的连接。在生物安全治理过程中，关键风险信息传递与共享至关重要，其中信息流在各主体间高效有序传递是减少损失的有效途径之一（Lei et al.，2015）。在生物安全治理实践中，信息流、决策流和过程流相互联系、相互依赖、相互作用，主要目的在于实现情报感知过程的无时延、无断点对接，进而支撑和保障生物安全治理。在生物安全风险情报感知过程中，情报感知路径与过程的融合由信息流、决策流和过程流传动。对应生物安全风险管理，将情报监测、预测、预警、决策和行动一体化，才能保持对风险和威胁进行准备、感知和行动，保证感知工作的及时性和科学性。换言之，生物安全风险情报感知的结构与流程融入生物安全治理的过程，就是信息流、决策流和过程流的融合过程。

需要强调的是，该生物安全治理的情报感知融合模型是一个概念模型，从定性角度刻画二者融合过程中所包含的基本要素、目标、关系、方式和路径等方面。但从目前来看，生物安全治理涉及安全领域众多，各阶段差异较大，社会结构异质性突出，发展过程变化迅速而复杂等。因此，在具体和特定的融合过程中，其融合方法或途径并非一成不变，而是形成动态变化的模式，即根据不同目标、不同领域、不同阶段及不同事件采取最符合实际需求的融合模式。

第七节　生物安全风险的情报感知与监测预警关系分析

"防患于未然"始终是当前和未来风险治理工作的一个重要方向。生物安全事件发生后会造成许多意想不到的后果和影响，能否在最短时间内采取有效应对措施，将决定生物安全治理工作的成败。包昌火（2009）认为，我国的情报学研究应当更加关注重大事件、危机和威胁的研判和警示等工作。梁战平（2009）也指出，情报学和情报工作的最大魅力就是以事实和数据为基础，将情报学的原理、方法和工具应用于情报预警工作。可见，情报研究能够并应当参与助力生物安全事件监测预警研究。情报感知与监测预警一脉相承（赵柯然和王延飞，2018），若能在生物安全事件发生前就基于情报感知进行有效的监测预警，则可使相关部门提早应对、及时响应，这将会大幅降低损失。

传统的风险管理模式主要表现为事后制定的系列应对方式，而由于生物安全风险的系统性和复杂性等特点，情报信息成为其最稀缺的资源。作为基于情报感知的生物安全治理体系，如果能在生物安全事件发生前就进行监测预警，以使相关部门能够提早做出协同响应，损失将会大幅减少。具体而言，基于情报感知的路径和过程，可在事前进行监测和预警，在事中为决策提供情报资源，分析事件发展态势。换言之，基于生物安全风险的情报感知的核心逻辑，可以将其从广泛而不可预知向特定且可监测预警过程转变（图6-5）。

因此，基于前述的理论、框架和模型分析，在生物安全治理的情报感知工作核心逻辑语境下，基于情报感知的生物安全治理体系应当是以生物安全风险监测预警为目标、情报资源为基础、情报感知为支撑、协同融合为保障的有机整体（图6-6）。

1）以生物安全风险监测预警为目标。完善的生物安全风险监测预警体系是有效实施生物安全治理的基础，只有准确及时获取并分析相关信息，开展预警工作，才能将生物安全事件的后果降至最低。所以，建立快速灵敏的信息采集、组织和分析系统，大力发展全方位、综合性的监测预警体系，建立先进的生物安全风险监测预警情报网络，是十分迫切而现实的问题。生物安全治理是一个复杂的巨系统，从其流程和路径来看，不同发展阶段对应不同的信息需求，从参与主体和维度看，有着众多不同性质和层级的逻辑，这都对信息系统提出了要求。广义上的监测预警也属于重

图 6-6　生物安全风险情报感知与监测预警有机整体

要的信息传递方式，从传递的内容看，监测、报告和公布等侧重基本数据和信息的组织和如实传递，预警则是基于专业"分析"和权威判断，依据生物安全风险实时态势完成的信息传递，往往附带有非强制性的应对建议。

2）以情报资源为基础。如前所述，情报资源是面向生物安全风险情报感知工作的资源保障。在本章中，生物安全风险情报感知过程大致包括观察、调整、决策和行动几个阶段，实际中，这些阶段往往并没有严格的边界，但毫无疑问的是，这些阶段都应当以情报资源为基础来开展工作。而对于不同种类和特征的情报资源，不同阶段也有不同要求，在日常状态下，情报资源可以作为监测预警的可靠基础，对于监测预警工作，应当以（自然、社会等）环境和事件关键要素的监测情报资源为主，包括各类隐性和显性的静态数据信息与知识库；而在事中情境下，情报资源被"激活"，并与其他阶段、主体动态匹配，发挥情报价值和效用。也就是说，情报资源作为基础，支持和驱动情报感知和多主体多维度的协同融合工作。

3）以情报感知为支撑。情报支持是风险治理的关键力量，体现于情报的先导性支撑和嵌入型服务中。在基于情报感知的生物安全治理过程中，以数据信息处理为例，其由情报人员利用各种分析工具、方法对数据信息进行清楚的梳理、理解、组织和评估，进而为情报分析和进一步决策提供支撑。同时，生物安全治理工作是一个从发现问题、分析问题到解决问题的过程，这个过程即情报范式融入的过程，主要体现为以情报感知理论作为支撑方法，通过情报工作和生物专业人员的能力发挥作用。

4）以协同融合为保障。与其他情报体系的不同之处在于，基于情报感知的生物安全治理是在情报感知路径和过程的驱动下，在协同联动和融合共享的层次和方式中，形成信息流、决策流和过程流的融合。换言之，生物安全治理安全保障的需要是催生融合的动力。具体而言，在生物安全治理各组织机构协同配合和资源共享的原则下，以情报感知为支撑，以生物安全风险监测预警为目的，形成多主体、多维度组织结构的公共卫生应急管理计划和情报需求，构建生物安全风险情报采集、组织和分析模型，并进一步进行情报评估，其旨在通过情报的传递、流动和共享等，支持和保障各应急管理主体联动应对突发事件。与此同时，全新环境下的情报资源本身在横向和纵向上的关联也日益紧密和复杂，须通过协同化管理来解决监测空白等现象，进而保障情报工作的高效性和全局性（李阳和孙建军，2019），换言之，协同保障可巩固情报资源。

第八节　监测预警的实现路径分析

传统的风险管理情报工作形成了相对固定的线性、单向思维模式，这种传统模式很可能会模糊生物安全风险的认识过程，并容易让情报工作游离其外（苏新宁和蒋勋，2020）。实际中，生物安全治理的情报工作往往要面对具有非线性、交叉、反馈等特征的问题，并充斥大量数据和信息要素，这就需要深刻把握应急管理过程中情报感知的理论和机理，这样才能快速激活情报体系并开展工作。换言之，生物安全治理工作应是环环相扣、相互重叠的周期循环。因此，基于情报感知的生物安全风险监测预警路径也应当遵循情报感知的基本思路。进一步，以前人对情报感知和风险治理的基本思路和阶段分析为基础和依据，综合监测预警工作和情报学研究，基于情报感知的生物安全风险监测预警流程，即生物安全风险情报感知/监测预警双功能循环见图6-7。

在图6-7所示的双功能循环中，左侧的"情报循环"（实质即前述情报感知路径循环）强调对情报资源激活的作用；而右侧的"监测预警过程循环"则描述与情报感知融合的生物安全风险监测预警基本过程，在有效的信息辅助和情报支持下，形成利用情报完成监测预警的能力。从具体循环过程来看，监测预警功能的实现路径主要包括采集生物安全风险苗头信息，同时基于现有情报资源进行组织分析，对事件过程和当前态势进行实时动态监测和研判，完成协同融合的态势感知，而后针对具体状况做出合理预测和预警，以指导决策和行动，进一步，对提炼整合后的情报资源进行评估反馈，以辅助下一次的风险治理过程。该实现路径既是情报感

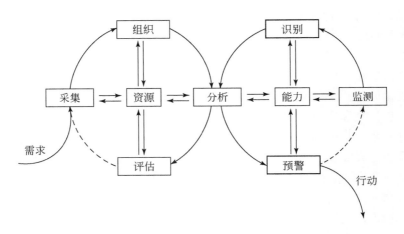

图 6-7 生物安全风险情报感知/监测预警双功能循环

知工作的任务，也是其需要攻克的难题和实现的目标。

进一步，面向基于情报感知的生物安全风险监测预警的具体路径和过程也体现出其独特的内涵和逻辑。从情报学的三动论角度（化柏林，2009），即从众多数据信息和已有情报中，通过序化、转化和融合，或者说以分别对应信息、知识和情报的序化论、转化论和融合论为对象，以过程分析为重点，甄别出最新的、动态的生物安全风险情报信息，从而完成相应的情报路径和行动过程，以有效高速处理生物安全风险。从三动论角度出发，基于情报感知的生物安全风险监测预警的实现路径核心即利用情报资源和情报感知路径组织生物安全情报流，进而推动过程流与决策流的进程，发挥情报对监测预警的效用。

流程是对其各关键工作环节的序化（李纲和李阳，2014），即基于情报感知范式中的资源、方法、技术和流程等，使得生物安全数据和信息从无序转为有序，由虚变实，从杂到精，实现将这些处于游离状态的情报资源进行有效组织、转化与整合，形成对生物安全风险的应对能力，分析挖掘出生物安全事件的演化规律和关联性，为监测预警工作服务，亦即情报感知的"激活"过程。此外，情报感知对生物安全风险进行监测预警应当且需要有效发挥其"分析"作用，即在一场生物安全事件到来前，通过情报信息和技术协同融合，获取识别并分析和认知生物安全风险的"转化"过程。

在双功能循环中，"分析"成为这一模型中的开关转换的环节，即在这一环节中情报感知和监测预警两个过程中的资源和能力得以同时激活，过去的信息和行动在这里交互并被认知，进一步的工作从这里开始。以监测预警生物安全风险为目标的"分析"可分为两类，一类是评估和检验过去已发生的事件情报，建立情报要素库等，以期为防控同类事件提供依据（徐绪堪等，2015）；另一类是对实时监测中可能暴发并产生不利影响的事件态势进行分析识别，预估未来发展趋势，进而快速准确预警。总而言之，双功能循环的过程即序化、转化与融合的过程，而最终的情报感知产品和决策结果成为整个生物安全风险监测预警工作的动态库存资源。

第九节　生物安全风险监测预警体系的要素分析

基于情报感知的突发事件工作路径并非储备了普适情报资源的应急"模型"，而应是以监测预警为目标，准备好各种相关要素，当生物安全事件发生时，专业的情报工作人员能够及时动态地抽取各要素，并在生物安全专业人员的参与指导下对要素进行"组装"，进而完成监测预警工作。因此，在探究基于情报感知的生物安全风险监测预警体系前，必须明确情报感知范式在生物安全风险监测预警中的核心构成要素，以便更加清晰明确地搭建整体框架体系。基于前述理论分析，认为应以生物安全风险监测预警为目标、情报资源为基础、情报感知为支撑、协同融合为保障形成有机整体。体系组成要素不但要包括与情报工作直接相关的基本元素，还应体现生物安全治理内涵。故根据情报感知工作内容、生物安全风险特点等，结合宏观、中观和微观的整体环境，将体系构成划分为三大核心要素，即动态驱动的情报资源基础、贯穿全程的情报感知支撑和互补共享的多主体多维度协同融合保障（图6-8）。

具体而言，从情报感知的角度出发，情报感知要素与上层协同融合要素、下层情报资源要素共同形成"骨架"，而情报工作业务流和监测预警过程流的交融成为"肌肉"。情报感知对情报资源的需求是情报体系工作的起始导向，而协同融合的反馈作用则有效指明了进一步的情报工作方向，同时也巩固了情报资源的发展和应用，情报资源又反过来成为协同融合的驱动点。可以说，对各要素进行细化和有机耦合，形成互为条件、相互补充和相互促进的完备整体，实现生物安全风险监测预警的路径创新，才能够导向一个全方位、多层次、一体化和智慧化的新型体系方案，进一步说明如下。

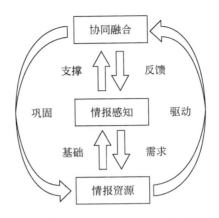

图 6-8　基于情报感知的生物安全风险监测预警体系要素架构

一、动态驱动的情报资源基础

情报感知的基点是信息技术和情报资源。从定位来看，情报资源基础是整个情报体系运转的"源能力"（李阳和孙建军，2019），为生物安全治理提供可复制的参考系和切入点，发挥着最基础的驱动作用。在情报感知理念与思维下，情报资源面临体系化建构，在动态化和全域化等方面也出现了"升级"要求。例如，在全域化上，强调对多源、多类和多平台数据采集进行整体把控和协同，通过全域数据信息的定向汇集与有效整合，基于信息技术实现生物安全事件相关信息"一网打尽"。在动态化上，强调实现既有基础资源和实时特征资源的快速提取和"化学反应"，凸显情报"耳目"角色，从动态情报资源观的自主优化和情报"激活"角度支撑整个系统监测预警工作的运行。

具体而言，突发事件的情报资源是情报感知工作的基本素材，来自应急管理、医卫、公安、交通运输等部门已经建立的数据库，记录了所需的文本、图像、音频和视频等基础数据，是情报感知并进一步开展行动的资源基础。同样，由已发生的生物安全事件形成的案例库、知识库和模型库等，则能够清晰显示发生时间、规模、危害程度等信息，为监测预测高度不确定的潜在风险提供具体参考，是情报信息采集、组织、分析和评估的可靠判据。因此，情报资源不仅包括一般性的基础数据，如区域人口、空间地理、设施分布和自然资源等，还涵盖典型案例的时间、危害、特征、影响和处理过程等具体内容，为多主体多层次的工作提供基础知识和关键性的分析、行动依据，驱动后续工作的协同互动。

二、贯穿全程的情报感知支撑

如前所述，情报感知本身已覆盖并支撑生物安全治理的情报工作，但基于情报感知的生物安全事件监测预警需要多主体、各阶段的整合优化，以支持监测预警过程和协同融合工作，并对情报资源提出更加精准的需求，以实现资源与能力的最佳匹配。对于情报资源的组织、分析、加工和利用，为使情报感知能更好地支撑突发复杂监测预警，应在一系列的情报感知工作处理基础上，通过风险治理业务协同联动，梳理其工作和情报流程，并根据流程形成各子系统间的整合与互补。

具体而言，生物安全事件的高度不确定性是情报感知与其监测预警工作结合的着力点，理论上监测预警功能可与情报感知有效嫁接，但如何通过该核心要素寻求为生物安全事件情报组织分析提供支撑的情报感知实现路径，正是监测预警工作在情报感知语境下面临的关键问题。在该语境下，情报采集与处理、情报加工与组织、情报分析与服务、情报评估与反馈八大具体要素串联成情报感知实现路径，以情报需求和实时态势的反馈为驱动回溯情报资源，进而可及时有效形成准备能力，快速支持多主体多层次的协同互动和情报融合，并实时动态地激活情报工作体系。

三、互补共享的多主体多维度协同融合保障

协同融合是生物安全事件监测预警多主体之间有效运转的保障，应当从系统的观点出发，综合运用各种情报资源、情报感知工作和信息技术，根据监测预警过程各阶段优化目标，合理布局和配置功能单元，以高效实现其作用，使整个体系最优化。这一要素的主要功能和策略即改变传统横纵向条块管理模式下分割导致的"信息孤岛"和监测真空，以及由此导致的情报效用低下和资源浪费，以期更好实现体系的监测预警目标。总而言之，应分为三个层面，具体如下。

1）宏观层面。协同运行开展的前提是情报感知工作与宏观战略、部门工作范式的融合与适应。情报感知机制的建设与运行，需要在战略环境大背景下进行情报交互、资源交换和能量流通。战略体现顶层设计，各要素各阶段相互作用都应被约束，作为外部控制参量，制约和影响体系内各主体、各层次系统的工作方式和关联程度。

2）中观层面。中观层面是宏观层面、微观层面的连接和支撑，包括体系中各参与主体的协调、情报资源和流程的协同融合。在多元主体协同

的过程中，组织间要强化伙伴支持作用，还要形成多方面的后援机制，即要求各主体保持一致，形成共同利益体，以形成长效的协调机制和应对能力。

3）微观层面。微观层面的协同涉及多主体联动、多层次优化和多类型资源的协同，以纵向互通、横向融合和专群结合等范式，支持协同联动的保障，成为实现应急监测预警功能的底层依托。

第十节　监测预警体系运行机制分析

一、功能目标

1）实现生物安全风险情报资源的优化管理与深度开发。生物安全风险的特征使得泛在信息与情报资源既有联系又有区别。要以情报感知指导和支持从泛在信息到基础数据库和特征知识库的采集、交互和融合等工作，完成从数据到信息到知识再到情报的激活路径，并以技术、机制和制度规范保障生物安全风险情报资源的管理与开发。

2）生物安全风险情报感知工作的深入应用与整合优化。风险感知、态势感知等理念本身已应用到部分行业领域的情报工作中，但基于情报感知的生物安全治理体系仍需要融合、优化，以支持监测预警工作的全流程，实现资源—感知—目标的最优匹配，推动情报的情景融合，并不断引入新兴信息技术，强化智能化的预测预警，与当前信息时代背景、智慧化建设步伐接轨。

3）运转流畅的协同联动机制。对于生物安全风险，传统治理模式下，职能分割、目标分散导致工作中不同主体间信息交流、职能分配等处于"真空"，早期的危险信号常被低估（魏玖长，2021），应当在健全的宏观政策机制、中观组织工作和预案机制、工具功能协同联动指南，微观情报人员良好的协作能力和群测群防保障体系，以及合理布局各要素单元的基础上，低能耗、高质效实现功能价值和自组织状态的最优化。

4）支持不同业务过程生物安全风险情报感知工作的合作共享，并构建综合平台。如前所述，监测预警功能的实现涉及众多业务过程，不同业务、阶段的情报感知工作有不同的功能和目标侧重。基于情报感知的生物安全风险监测预警体系要能将这些不同阶段的情报感知工作集成起来，通过统一的标准、逻辑和框架实现合作共享和互联互通，进而搭建和利用综合平台，实现统一指挥调度和功能保障。

二、情报机制

生物安全事件往往出人意料、演变迅速和波及广泛，因此其监测预警功能的实现依赖于情报的精准畅通。情报作为监测预警体系的核心部分，直指其管理的核心本质（Kuhn and Hawkins，1962）。但在现代社会，不能把科学理论和技术应用的关系简单移植到情报理论与社会现实的关系中（Kebede，2010），不能只强调情报感知系统和情报技术，更应该关注整个情报活动中的主客体相互作用、组织模式与服务机制，关注情报工作所处的真实社会环境，避免以纯粹科学化的理性工具拼凑组合情报（Talja et al.，2005），即只有进一步厘清体系内部各要素和流程的关系、情报与监测预警目标的关系，以及在新的理论框架和组织模式要求下实现情报体制与业务功能的匹配，才能有效保障体系的整体稳定运行。换言之，情报机制应当负责生物安全风险的监控、态势的感知、数据的采集、信息的积累和知识的学习，以及面向多主体多维度的预警服务，并相互连成网络化组织以协同融合工作（图6-9）。

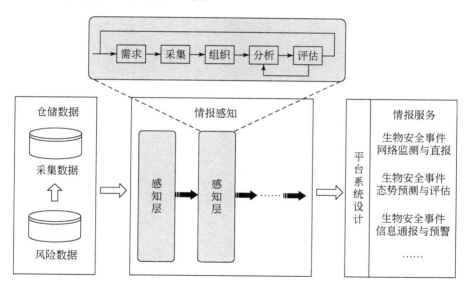

图 6-9　基于情报感知的生物安全风险监测预警情报机制框架

根据图6-9，来源于采集和预处理的仓储数据是基础，是进行情报感知和应用的前提，该部分要完成的工作是对数据信息的准备；情报感知过程是体系功能和目标实现的支撑和关键，该过程对知识信息的序化、转化和融合程度决定了情报进一步在支撑平台和应用系统上应用的效果；情报应用是情报感知的主要成果和目标，根据前述的生物安全风险监测预警体系整体布局，以平台系统为载体，完成生物安全事件网络监测与直报、态势预测与评估、信息通报与预警等系列应用。

进一步，在体系的构建过程中，面对生物安全风险的情报体系，应以不同角度和维度的情报工作中心为节点构成敏捷、开放、灵活的机制以支撑复杂具体的监测预警协作网络。与以文献和信息检索为主要工作的传统医学信息体系相比，生物安全事件的环境背景和面对的工作对情报体系的挑战更加复杂，不论是情报还是风险治理组织内部或之间都存在大量相互依赖、动态变化的情报工作要求。因此，应依托于不同层级和阶段的情报工作，在横向上贯通统一层级的情报决策、信息和过程流，在纵向上形成宏观、中观、微观的分级管理结构和情报感知路径，使得实现监测预警功能的各管理主体和子系统得以获取最及时的情报工作支持和保障。

第十一节　基于情报感知的生物安全风险监测预警总体框架

显然，体系框架构建并非简单的要素堆砌，而是要通过要素间的互相关联和影响，形成具有内容互补、动态演化和良性循环的整体，以保障框架体系的整体良好运行。基于前述核心要素分析，本节提出以生物安全事件的情报需求为导向，以情报资源为基础，以情报感知的路径和方法为支撑，以互补共享的多主体多维度的协同融合为保障，以监测预警为目标的整体框架。由此，以决策流、信息流和过程流融合为线索，以监测预警功能实现为着力点，从生物安全风险情报源、仓储数据、监测预警功能流程出发，细化情报资源、情报感知和协同融合三个核心要素，构建一个完整的框架。

由监测预警功能流程形成的风险流表现了体系完成监测预警功能过程中的具体阶段及与情报感知过程间的关系，二者也体现了本章第八节中双功能循环的实现路径；由仓储数据形成的信息流体现了由情报资源到情报产品服务的过程，体现了情报对运行机制的支持作用；由生物安全风险情报源形成的决策流将框架体系的核心要素串联到一起，通过具体的技术要素形成实现监测预警功能的回路。

根据图 6-10，面对生物安全风险，综合集成的框架可以通过基础设施和网络采集获得数据信息并提炼为情报资源，利用情报加工和组织技术处理形成相对完整和确切的情报，进一步结合实际情况和特点通过情报感知的路径和过程进行分析和服务，通过以平台系统为载体的多主体多层次协同融合，最终实现监测和预警功能。下面结合其构成要素具体阐述。

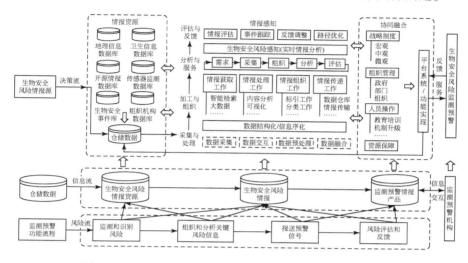

图 6-10　基于情报感知的生物安全风险监测预警总体框架

一、情报资源

该部分负责汇聚和接入源自不同主体和层次的数据信息系统的数据，这些数据信息系统往往是异构和跨网络的，采集的数据可能是互补或矛盾重复的，需要进行比对、清洗和检查等，并以事件的时间和空间等基础信息为线索对其特征信息进行整理、归纳和融合，形成结构化的信息资源，并反馈给前一级的信息系统，形成面向生物安全风险的特定主题数据仓库，形成实时和过往的数据情报知识，形成案例、知识策略和模型等资源库。需要强调的是，开源情报数据库、传感器监测数据库和地理信息数据库、生物安全事件库等并非情报资源，只是作为"平时"的情报资源储备"势能"，其只有在"战时"的特定场景下，为完成监测预警任务（需求）被调取，经过快速有效地激活（资源化），进而发挥出一定作用，才能作为情报资源。

二、采集与处理

该过程的目标即实现准确、实时的信息获取。情报源既可以是已形成的基础信息数据库和主题数据库,也可以是社交论坛等网站、新闻媒体和公共门户网站,或是权威的政府机构网站。这些来源数据量巨大、类型繁多、结构复杂,且海量的信息资源并非都与目标相关,能够为监测预警工作提供帮助的则更为稀缺,因此在采集过程中,需要借助现代化的情报方法和信息技术手段实现数据信息的情报化工作。从内容和方法的选择上,生物安全风险监测预警工作强调广泛关注陡增的热门话题、重要事件通报、医疗卫生信息和地理环境信息等,并在处理过程中,考察风险的传播媒介,融合事件发生和发展的大数据背景,通过采集到的实时和动态数据,与已有资源库进行比对、交互、序化和整合,完善各采集模型和资源库及其协同工作标准,进一步优化采集与处理系统,为情报感知工作奠定基础。换言之,根据生物安全的情报及其资源特征,围绕监测预警需要,情报资源管理和使用过程要融入情报感知的工作场景,以求在实时调配的情报数据资源采集、动态交互、数据聚合和结构化的预处理下,实现从数据到情报资源利用的序化、转化和融合过程与效果优化的工作导向。

三、加工与组织

由于生物安全风险本身具有高度不确定、广泛传播、高防控难度等特点,其相关的数据信息传播呈现大规模和无序扩散的形式,因此要对数据信息进行有效管控和处理。当今社会是信息化和智能化时代,通过广泛采集社交平台、健康门户网站、新闻媒体和疾病检索记录等互联网大数据,综合运用情报融合和分析技术,可以对自然产生、生物战和生物恐怖袭击等引发的传染病疫情进行实时监测预警(王明程等,2021)。而情报加工与组织作为情报工作的重要过程,在面对生物安全事件时如何使得数据资源有序化、结构化和聚合化则是其重要目标,即在采集并激活为情报资源,开展情报加工与组织工作形成所需情报后,进一步结合实际情况和特点通过情报感知的路径和过程进行分析和服务,在面对监测预警任务时,也对其加工与组织速度提出要求,以保证情报的及时有效产出。

具体而言,情报获取工作包括使用现代传感器、卫星、无人机和雷达等及时获取生物安全风险的现场数据;通过互联网等开源渠道获取信息并存储在数据库中;通过大数据和智能检索技术提取有用的情报,以帮助情报用户了解现场态势。情报处理工作主要是通过信息技术对采集到的信息进行转化、整合、储存和显示等工作。计算工作要求有较高的并行处理和优化的计算模式。情报的序化工作包括将采集和预处理过的存储于各对应数据库的高质量数据进行挖掘、分类、压缩等,并进一步存储到知识库和云数据库中，并进一步通过可视化工作使情报用户能够实时清晰感知现场态势，及时掌握情报信息。情报的组织工作包括对各数据信息库的接收和加工渠道进行整理和分类编码，如利用自动聚类、自动标引、术语抽取等技术手段，使得生物安全风险情报完整一致，服务于态势感知和风险监测（李广建等，2019）。情报传递工作则主要由情报传输、交换、终端和情报网络等技术工作构成，即利用硬件和网络技术在生物安全治理实时过程中完成情报的及时报送业务。

四、分析与服务

结合前述生物安全风险监测预警路径分析，在监测预警循环中，管理者的主要工作是根据监测识别和采集组织的情报信息进行分析，进而做出进一步的预警和其他工作。在整个框架中，所有其他要素，如情报采集、加工处理、组织准备、提供服务与评估反馈等，均与分析这个核心交织起来，并依附于情报工作，都为实现监测预警目标而存在。在生物安全事件中，各种复杂因素千变万化，而要"运筹帷幄，决胜千里"，科学的情报服务就必须建立在掌握全面正确的信息基础之上，并且要对大量的监测数据信息进行整合分析，根据正确的战略、广博的知识和丰富的经验，制定并选出最佳预警和行动方案，最后实施方案并进行评估和修订。在该过程中，主要借助系统平台，结合多主体多层次的协同工作，完成监测预警功能实现的分析服务工作。

五、评估与反馈

如前所述，该部分是实现分析认知与监测预警目标双向互动的要素，它支持基于情报感知工作的监测预警过程和情报感知本身。从工作流程看，评估过程是评估主体（管理部门或实验室等）在面对生物安全风险时完成信息的收集、组织，以及分析、认知和判断危险程度的过程。换言之，即对监测预警工作的状态、事件的发展态势和情报工作的效果等方面的分析、认知和判断。而反馈工作则是情报服务提供者与用户间的交互过程，即将产生的基于情报感知的分析和服务效果实时反馈给情报资源和感知过程，通过反馈不断提升监测预警服务水平，促进有价值情报的应用。需强调的是，生物安全事件决策过程的终止，并不代表所有监测、分析和反馈都停止，而是转入新一轮状态监测，以避免危害的延续和变种，同时防止有害因素蛰伏和重新引发危机。

换言之，将情报感知工作得出的情报服务于单一事件的监测预警并不意味着分析和服务工作的结束，因为如前所述，整个目标和任务的完成是环环相扣的周期循环过程，评估和反馈有助于情报分析模型和工作路径的优化改进。例如，在分析系统开发应用后，通过实践检验风险和情报分析模型的有效性和准确性，并由情报用户在相应服务基础上提出新的改进需求和期望，情报分析人员据此开展新一轮系统路径的分析、创新和开发。同时，情报分析人员应及时跟进评估分析结果在监测预警实践中的应用效果，与相关部门充分沟通情报的时效性与准确性，向实践部门询问当前情报产品和服务的不足和改进意见，在评估和反馈中不断总结和完善循环路径中的情报分析方法和工具，提高情报人员的生物安全风险分析判断能力。

六、协同融合

基于情报感知的生物安全风险监测预警工作涉及多层次多主体，这意味着协同工作涉及大量跨组织运作，更需要在统一的目标和安排下开展。从战略制度的角度看，主要包括维护健全国家安全的统筹协调机制的顶层设计、消弭社会危机的宏观目标；整合情报感知主体的工具和结构，形成监测预警目标的中观机制；以及实现情报资源和监测预警功能体系化和标准化的微观协同力量。从组织管理角度看，主要通过政府主导的多元参与机制和部门间动态联动、知识整合和利益均衡等系列的理论和模型，最终形成上下闭环、横向联动及内外协同的组织运行模式。从人员操作角度看，作为风险管理过程的执行者和生物安全风险的直接应对者，情报人员的生物安全知识培训、公众的应急和公共卫生教育等工作都能够为事件发展态势预测和个体做出正确行为提供保障。在具体的工作流程中，监测预警技术的升级，以及情报共享机制、反馈流程和监督制度的优化等机制的建立和完善都是实现态势理解和风险治理准备的重要协同基础。

换言之，生物安全风险监测预警要注重各机构部门的协同化，要重视生物安全事件在风险治理中的特殊性，更需要专业情报机构与政府部门的紧密协同（杨巧云和姚乐野，2016）。例如，通过大数据技术实现多主体多维度的协同联动、互联融合，对共享生物医学情报资源和监测预警工作有重大意义。而医疗健康大数据的互联融合离不开政府部门强有力的政策支持，需要各部门间执行共同的规范、契约和目标（肖花，2019）。情报互联融合需要数据标准化和规范化，相关人员培养和流程操作的标准化、规范化也需要自上而下的战略设计，建立健全落实生物安全责任的法规制度、标准规范，编制统一的生物安全情报工作指导意见、生物安全协同工作协同预案、生物安全风险响应标准等。同时，生物安全治理对医学情报和科技情报等工作的融合也提出了融合需求，如对传染病的易发源头、发病机理和传播途径进行常态化的情报监测与分析，重点提高情报预警能力等（刘光宇等，2021a）。

第十二节　基于情报感知的生物安全风险监测预警平台

以上分析表明，基于情报感知的生物安全风险监测预警的框架体系由情报资源、情报感知和协同融合的核心逻辑构成，而由信息流、风险流和过程流组成的具体过程体现了其工作过程中的横向逻辑，协同融合要素的组成中又体现了纵向逻辑，这一框架体系也为构建平台并实现具体功能提供了基本模式。

面向现代风险社会管理的情报体系是一个综合复杂的体系，基于情报感知的系统是其在技术、结构和功能上的实现。例如，可通过生物安全风险监测预警情报平台连接情报资源和情报服务对象，使其成为情报感知工作主要的技术、结构和功能实现形态。显然，基于情报感知的生物安全风险监测预警平台应同时具有技术性和业务性特征。

1）从技术性角度看，基于情报感知的生物安全风险监测预警平台是一系列情报工作和应用支撑平台，它既能采集、激活数据信息，也能基于情报业务规则和分工来满足众多组织间的信息交互和情报传递。

2）从业务性角度看，基于情报感知的生物安全风险监测预警平台定义了监测预警功能的内容、范围和等级，其通过与其他情报信息系统的连接，使情报服务得以不断开展、汇聚和更新，并使得各级各类应急管理主体的需求和情报组织的供给得以集合与互动。

作为监测预警体系的核心支撑部分，基于情报感知的生物安全风险监测预警平台通过大数据、云计算和机器学习等技术支撑面向情报的信息采集和知识更新，通过对社会系统快速、实时的感知和测量使情报主体获取逼近生物安全事件的态势与事实，情报服务支持高频监测和快速预警，并根据对系统功能效果的跟踪反馈和评估使目标得以协调和修正。

具体而言，基于情报感知的生物安全风险监测预警平台的建设须注重事发前的长期积累，为可能发生的事件提供多主体多层次及时介入的先决条件。因此，当前社会背景下建设运行的基于情报感知的生物安全风险监测预警平台应是基于具备快速响应和目标修正能力的情报感知的系统，平台对数据和信息进行动态实时和全方位的采集，整合性地获取常态信息和非常态信息，作为快速响应生物安全事件和及时反馈修正的资源条件。同时，基于情报感知的生物安全风险监测预警平台对结构化数据和序化信息进行进一步组织加工，形成体系化的知识和模型，成为快速应对生物安全事件能力的支撑，进一步对事件进行特征提取和自动分类，智能匹配知识、模型和策略开展分析。最后，对功能支持的情报服务结果进行跟踪和评价，根据监测预警效果，以及管理主体和外部环境的反馈，通过跨越多主体和多层次的交互，实时优化和调试情报感知系统，以适应生物安全风险的高度不确定、广泛传播和高防控难度等特点。

根据图 6-11，在基于情报感知的生物安全风险监测预警平台中，情报、技术和不同参与主体间需要建立更加紧密的关联，进而推动平台工作透过事件本身渗透到社会各个层面。进一步，基于情报感知的生物安全风险监测预警平台作为生物安全治理体系的重要组成部分，能够拓展情报工作影响的广度和深度，微观上可以为多主体提供所需的信息情报和交流协作平台，宏观上能带来多层面数据的一体化融合，推动功能目标的实现。

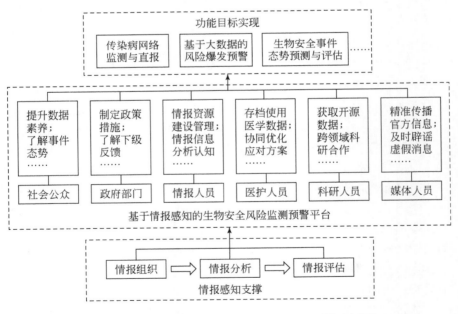

图 6-11 基于情报感知的生物安全风险监测预警平台框架

因此，基于情报感知的生物安全风险监测预警平台的功能实现过程是基于情报感知和多主体多层次协同联动的过程。具体言之，不同参与者在基于情报感知的生物安全风险监测预警平台中各司其职，平台也可以发挥不同方面的作用，达到统筹协调的效果。对社会公众，其可以在了解整个事件发展态势的同时提升其数据素养；对政府部门，其可通过平台上的信息反馈了解现状和民意，从而制定正确的战略政策；对情报人员，其可通过平台完成情报资源的建设管理和情报大数据的分析认知工作；对医护人员，其可通过平台实现在线的病情资源互通、整合及存档，并通过在线交流协同优化应对方案；对科研人员，其可借由平台获取一手的开源数据，实现及时科学交流和跨机构、跨领域科研合作；对媒体人员，其可借助平台传播精准的信息并有效监督和澄清舆情。此外，借助信息化手段还可将各情报用户集合交互，开展综合研判，为生物安全治理形成合力。总而言之，基于多元主体的情报感知结构和功能汇集于一个统一的平台作为监测预警目标实现的载体，事件发展态势、医疗卫生数据、政策措施、舆情信息、组织行动等一系列关于生物安全风险和危机的数据信息被数字化保存下来，形成共同的应对模式和情报财富。

第七章　情报主导的生物安全治理方法

※本章导读※

    本章在前文生物安全情报理论体系的研究基础上，从实践角度出发，开展情报在生物安全治理中的具体应用研究，以期读者对情报在生物安全治理中的实践运用有更为深刻的认识，从而为读者提供实践方法和经验。首先，提出情报主导的生物安全治理方法，并构建情报主导的生物安全治理模型。其次，为支撑情报主导的生物安全治理的实施，构建面向生物安全治理的生物安全情报支持体系。最后，开展情报主导的生物安全事件应急、生物安全监管、疫情防控、转基因生物风险防控及生物安全事件调查溯源研究。

第一节　情报主导的生物安全治理概述

    生物安全情报之于生物安全治理至关重要，是生物安全治理的支撑、关键点和必备要件，缺失生物安全情报的生物安全治理就如同无源之水。同时，基于安全情报学的研究成果，安全情报价值的实现须依赖于积极倡导与践行"情报主导的安全管理"理念（王秉和吴超，2018d；姚乐野和范炜，2014；董尹和刘千里，2016）。因此，面向生物安全，情报主导的生物安全治理是当下乃至未来（尤其是信息时代向智能时代过渡时期）极具影响力和发展潜力的生物安全治理模式。鉴于此，本节运用文献分析法和思辨法，针对情报主导的生物安全治理的理论基础、实践模型与保障体系开展深入研究，以期为情报主导的生物安全治理的研究与实践奠定一定的基础。

一、情报主导的生物安全治理的哲学基础

    从基本概念角度看，情报主导的生物安全治理概念是结合了生物科学、安全科学、情报科学多个独立学科领域的概念而形成的。从哲学角度看，多个事物间进行融合的哲学基础是它们之间应存在一些契合点，即具有一些共同之处。概括而言，生物安全情报与生物安全治理两个概念的契

合点，即二者间的共同之处主要体现在以下六方面。

1. 以生物安全为中心

两个概念均坚持以生物安全为中心。生物安全治理是围绕生物安全促进所开展的一系列治理活动，其始终坚持以生物安全为中心（目标）。而生物安全情报也是坚持以生物安全为中心（换言之，与其他情报相比，以生物安全为中心是生物安全情报的最本质区别和特色），生物安全情报概念的提出是为生物安全促进提供新要素、新视角与新范式。

2. 关注和强调解决生物安全问题

两个概念都关注和强调解决生物安全问题。情报概念聚焦于解决问题，同样，生物安全情报概念亦强调解决生物安全问题，即生物安全情报工作应始终围绕解决生物安全问题开展。就生物安全治理而言，解决生物安全问题是生物安全治理的出发点和终极目标，且生物安全问题的识别、分析、评估与应对是生物安全治理的核心内容和环节。

3. 以生物安全信息为基础资源

两个概念均强调生物安全信息的基础性作用。安全情报是被分析处理的生物安全信息，故完整而准确地用以表征生物安全状态的信息集合是获取和生产高质量有效生物安全情报的基础。生物安全信息是生物安全管理的基础要素和资源。

4. 对生物安全环境的关注

两个概念均支持生物安全环境是开放系统的观点，二者都关注系统内外环境对生物安全的影响（如系统对外部安全环境变化的反应，以及生物安全环境变化所带来的生物安全威胁、挑战和生物安全治理机遇等），以期更好地理解和干预引起生物安全事件及促使生物安全事件发展变化的相关因素。

5. 实施主体均是广义的安全管理者

两个概念的内容均是指一系列活动，而这些活动的实施主体均可概括为广义的安全管理者。所谓广义的安全管理者主要包括情报专业人员（在实际安全管理中，也可称之为信息专业人员）和安全专业人员。也就是说，无论是安全情报工作，还是安全管理工作，均需要情报专业人员和安全专业人员的合作。若仅依赖于一方专业人员，则无法有效完成生物安全情报工作和生物安全治理工作任务。当然，若安全专业人员具备必需的情报技能，那么也可由安全专业人员单独完成二者的活动的任务。

6. 关注未来生物安全

生物安全情报旨在基于过去和现在的生物安全信息，分析生产生物安全情报，运用所生产的生物安全情报预测系统未来的生物安全状态，并指导和提升系统未来的生物安全治理。未来性是生物安全治理的重要特征之一，即生物安全治理强调预防为主和防患于未然，旨在保障系统的未来生物安全。

上述生物安全情报与生物安全治理两个概念所具有的一系列共同点是将二者进行融合的关键之处，也是提出情报主导的生物安全治理概念的哲学基础。此外，生物安全情报作为影响生物安全治理的生物安全信息，其概念与生物安全治理概念之间具有明显的因果关系（即生物安全情报是因，生物安全治理是果）。再者，生物安全治理与生物安全情报之间的关系并非单向的，而是相互作用与支撑的（细言之，生物安全情报支持和服务于生物安全治理，而生物安全治理又是生物安全情报的基本"载体"，即生物安全情报又源于生物安全治理）。这些特征亦是二者进行融合的重要哲学基础。

二、情报主导的生物安全治理的理论基础

生物安全治理过程中，始终伴随着生物安全信息（包括数据）的流动，而生物安全情报是在生物安全信息流中直接面向生物安全治理问题，且对生物安全治理具有价值与意义的生物安全信息（包括数据）（王秉和吴超，2018d；姚乐野和范炜，2014）。由此可见，生物安全情报贯穿生物安全治理过程的始终和生物安全治理的方方面面，生物安全情报旨在服务和支持生物安全治理，是生物安全治理的支撑、关键点和必备要件，生物安全情报之于生物安全治理至关重要。

生物安全情报的最终目的不在于拥有生物安全情报而在于运用生物安全情报，强调服务和支持生物安全治理行为，以期在生物安全治理中实现"超前预防""耳聪目明""精准施策"。从情报视角看，生物安全治理的本质是生物安全治理者运用生物安全情报实施生物安全治理行为。生物安全情报工作是生物安全治理的有机组成部分，生物安全情报贯穿整个生物安全治理行为过程，生物安全情报与生物安全治理行为之间是互馈的，即二者是相互协同、相互影响的（需要特别指出的是，生物安全情报对于生物安全治理行为，即生物安全预测行为、生物安全决策行为与生物安全执行行为的支持和服务，并非一定按线性序列影响，更多的可能是三者间的并列随机选择关系）。

由此，可将生物安全治理内容划分为两大部分，即生物安全情报工作与基于生物安全情报的生物安全治理行为实施（或称为情报主导的生物

安全治理行为实施)。其中,生物安全情报工作是由生物安全情报工作机构负责开展的,生物安全情报工作机构将生物安全情报提供给生物安全治理机构,支持生物安全治理行为的实施。需要指出的是,生物安全情报工作机构与生物安全治理机构可为两个机构,亦可设置为一个机构(即广义的生物安全治理机构)。此外,情报主导的生物安全治理理论还包括生物安全情报需求分析与生物安全情报工作流程分析,内容如下。

(一)生物安全情报需求分析

生物安全情报工作要对当下生物安全形势进行分析,对可利用的历史资料和经验进行收集,对可能出现的情况进行预测,从而获取情报并加以利用。因此,在生物安全治理工作中进行生物安全情报的收集和分析有多种类型的需求,主要包括以下内容。

1. 生物图像及描述

生物安全治理工作要求对生物图像进行直观的展示与描述。例如,生物安全治理工作中可能会面对很多物种,在确定其危害性后,可以对其进行拍照或绘制图像,微生物可利用显微镜下的照片及人工绘画,之后附上相应的生物本身的性状描述、治病原理及生存环境等信息,作为日后进行生物安全治理工作的一大依据。将这些生物图像及描述综合起来,可以形成一个生物安全治理的图册,为未来的生物安全治理工作提供可靠的参考。

2. 生物安全治理历史资料

人类历史上存在很多关于生物安全治理工作的案例。这些案例包含对相关生物安全问题的正确处理方法,以及错误处理方法带来的不良后果。生物安全治理工作不仅仅需要对当下的生物安全形势进行分析和处理,同时也需要从历史中"提取"有价值的内容。对历史资料进行分析,改进历史资料中存在的正确处理生物安全问题的方法,结合现代生物科技,有望形成一个处理类似问题的更合适、更先进的新方法。同时,需要对历史资料中存在的错误处理生物安全问题的方法进行客观理性分析,发现其中的错误原因和原理,以便在后续制定处理方法时避开很大一部分不合理、可能导致错误的决定或处理方式。因此,在生物安全治理工作对各类生物安全情报的需求中,历史资料占据了很重要的地位。

3. 现代生物安全信息

生物安全治理工作的开展,不仅需要从历史资料中获得相应的经验教训,也需要对各国的现代生物信息进行了解。现代科技的发展直接带动了生物科技的发展，同时提升了各国对现代生物安全信息的收集和处理能力。在进行生物安全管理工作时，利用现代科学技术的手段，对生物安全信息进行收集，并对这些信息进行分类研究。在必要时，可以对其他国家公开的最新生物安全信息进行收集并深入研究，以加快对生物安全的研究。

4. 环境信息

生物安全治理工作需要因地制宜，因此生物安全治理情报中必须包含所需要处理问题的环境情况。环境因素会对生物因素产生影响，也会对生物安全治理的具体实施方法产生影响，如果只考虑生物因素的单一情况，对其进行单一的处理，不考虑其对环境产生的后续影响，很可能会出现生态环境再次恶化的不良情况。生物安全治理工作必须考虑到可持续发展，生物安全治理采取的方法也需要考虑环境因素。环境可能会影响生物安全治理的效果，生物安全治理的方法也可能对后续的环境产生影响。因此，在生物安全治理工作中，环境信息也是一个很大的需求。

5. 生物安全图册

生物安全图册的建立，不仅仅是将出现在生物安全治理情况中的生物进行描述，更重要的是提供一个可随身携带、便捷查阅的共享资料。生物安全图册的建立由实地考察环节和后续研究环节组成。其中，生物安全工作组负责采集样本，并对基本的可见的生物性状进行描写和绘制；生物安全研究室负责对生物安全工作组采集到的样本进行分析，对一些不可见的性状，如致病机理等信息进行研究以及描述；二者组合构成生物安全图册的主体内容。

6. 生物安全数据库

在信息时代的大背景下，数据和信息的统治力无比强大。数据库的建立无疑加快了信息的处理与提取的速度，在很多方面可以占据问题处理的主导权。对待生物安全问题需要做到迅速、高效，这无疑需要一个与生物安全相关的数据库，来有效节省生物安全治理工作初期的情报与资料准备工作，从而占据治理的先导权，因此对生物安全数据库的建立是必要且必需的。

生物安全数据库的建立是生物安全情报数据化信息化的过程，上文提到生物安全情报的需求，包含了生物图像及描述、生物安全治理历史资料等内容，生物安全数据库在计算机、数据库等信息技术的支持下，对生物图像及描述、生物安全治理历史资料，以及现代生物安全信息进行筛选形成现代生物安全情报，进行数据化并存储在建立起来的数据库中，形成以生物安全情报为主的生物安全数据库。生物安全数据库构建的全过程及数据库的使用与运行，都必须在法律体系的总体监管之下，以保证生物安全数据库正常合法的运行与使用。

（二）生物安全情报工作流程分析

1. 生物安全情报收集

情报收集是情报工作需要完成的目标和任务中最基础的部分。在生物安全治理工作中，生物安全情报的收集直接影响后续处理工作的开展与进行，因此对前期进行情报工作的收集需求的考虑必不可少。通过综合分析，生物安全情报的主要收集方法见图 7-1。

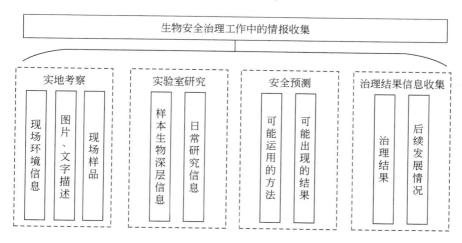

图 7-1　生物安全情报收集方法

1）实地考察。实地考察的最直接的需求是人力和科技设备的需求。在实地考察的过程中，可能面对各种各样的情况，因此需要与生物安全治理工作相关的各类专业人才。在面对一些特殊地域时，可能会出现人力无法到达的地方，需要通过无人机、传感器等科技设备来收集相关生物安全情报。

2）实验室研究。实地考察所收集来的相关情报更多的是直观的图像信息及文字描述，要想得到更深层的生物安全情报则需要进行采样，送往生物实验室进行深层的分析。实验室需要将对生物的研究日常化，以收集更多与生物本身相关的信息。

3）安全预测。情报的来源不能仅依靠前期的收集与归档，对所处理的生物安全问题进行合理的安全预测，所得到的相应的结果也是生物安全情报的重要组成部分。

4）治理结果信息收集。生物安全治理工作结束后一段时间内，需要对所处理的问题进行观测，以确定实施方案的成效。对生物安全治理结果信息的收集不仅仅是对安全决策的验证，更重要的是治理结果信息可以作为历史资料运用到接下来可能出现的新一轮生物安全问题中。

2. 生物安全情报存储

生物安全情报工作不仅仅要做到对资料和信息的收集，后续对所得到的情报的存储也尤为重要。在生物安全治理工作中，情报收集第一时间所得的资料有很大一部分不能直接作为生物安全情报使用，还需要经过更深层的辨识与筛选，才能够形成生物安全情报进入生物安全治理工作中。因此，生物安全情报存储也非常重要。

在这个过程中，对资料和情报的处理主要分为两步。第一步，初步收集到的相关资料可能出现错误、繁杂的情况，不能够直接作为情报使用，因此所收集到的资料需要进行初步的存储。存储的方式可以设置为移动终端收集，方便下一步对所收集的资料进行汇总。第二步，经过处理得到的资料经过生物安全与情报学专业的专家学者的识别与筛选，形成生物安全情报，生物安全情报不仅能够应对当下面临的生物安全问题，也可以作为日后可能出现的生物安全事件的新一轮情报资料，因此对生物安全情报的存储应该是永久性的，存储的方式为上传至生物安全数据库。为了情报数据的流通性与可共享性，将生物安全数据库设置为国家级和省级两级生物安全数据库，实现生物安全情报快速收集和共享的作用。

3. 生物安全情报处理

在生物安全情报从收集到存储的过程中，需要对相关的资料进行处理，以增强生物安全情报的可靠性。生物安全治理工作涉及的生物安全情报工作所得到的初步资料容易出现繁复、错误等情况，为了保证生物安全治理工作的顺利进行，所收集到的资料要依次进行汇总和处理，经过处理的资料才能称为生物安全情报，此时才能加以利用或永久性存储。这个处理的过程主要依赖生物安全和情报学的研究专家学者，利用他们丰富的专业知识，对收集到的初步资料进行错误识别、繁复内容删减等工作，最终形成精简可靠的生物安全情报。生物安全情报的处理与存储流程见图 7-2。

4. 生物安全情报分析与应用

诺贝尔经济学奖得主 Simon（1960）将决策划分为三个阶段：情报阶

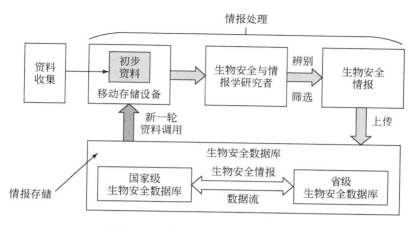

图 7-2　生物安全情报的处理与存储

段、设计阶段和选择阶段，他认为情报阶段就是要搜寻环境中可利用的情报，明确决策的各项前提条件，进而启动决策方案设计。情报的来源多是新知识、新信息同原有信息和知识的融合和转化（李艳等，2020）。收集到的生物安全相关信息进一步处理完成后，即成为生物安全情报，这个处理过程即可称为情报分析。根据上述理论，情报分析可以定义为，在原有的所收集到的信息和知识的基础上，通过一系列的验证、辨识等过程，得到可以直接利用的完整情报，这个过程也称为意义构建过程（Pirolli and Card，2005）。因此，对生物安全情报进行分析，也就是对初步收集到的与生物安全相关的信息和知识，通过生物安全研究学者的整合加工，与各方面知识相融合形成的新理论，即成品的生物安全情报。情报的出现是为了解决现实问题，因此对生物安全情报的应用是为了解决所面临的生物安全问题。

三、情报主导的生物安全治理模型

（一）情报主导的生物安全治理概念模型构建

情报主导的生物安全治理可分为生物安全情报工作和生物安全治理工作，前者为后者提供支持，是后者的工作基础。综合生物安全治理工作流程与生物安全情报工作流程后，构建情报主导的生物安全治理概念模型（图 7-3）。

生物安全情报工作包含生物安全情报用户、生物安全情报服务主体、

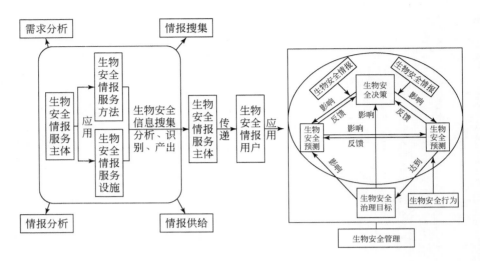

图 7-3　情报主导的生物安全治理概念模型

生物安全情报产品、生物安全情报设施和生物安全情报方法五个要素。一般而言，生物安全情报主体使用正确的生物安全情报方法和生物安全情报设施，对生物安全信息数据进行加工后得到生物安全情报产品，并将生物安全情报产品传递给生物安全情报用户（图7-3）。

生物安全治理是为实现安全目标而进行的有关决策、计划、组织和控制等方面的活动，主要运用生物安全治理的原理、方法和手段，分析和研究各种生物安全风险，从技术上、组织上和管理上采取有力的措施，解决和消除各种生物安全风险，防止生物安全事件的发生。主要方法有：生物安全治理的计划方法、生物安全治理的组织方法、生物安全治理的控制方法和生物安全治理的领导方法等。按内容可划分为：生物安全治理目标、生物安全行为、系统生物安全、生物安全信息等。生物安全治理工作主要指生物安全治理目标与生物安全行为之间的治理过程，具体为：确定生物安全治理目标→进行生物安全预测→进行生物安全决策→进行生物安全行为→达到生物安全目标（图7-3）。

基于上述内容，结合图7-3，可以得出情报主导的生物安全治理概念模型的一般工作流程，具体如下。

1）生物安全治理者确定生物安全治理目标。

2）生物安全情报主体（一般为生物安全情报机构）进行基于生物安全治理目标的需求分析。

3）生物安全情报主体得到正确的生物安全情报需求后对相应的生物安全信息数据进行加工，得到符合需求的生物安全情报产品。

4）生物安全情报主体将生物安全情报产品传递给生物安全情报用户（一般为生物安全治理部门或生物安全治理者）。

5）生物安全治理者结合生物安全情报主体提供的生物安全情报，运用各种知识和科学手段对当前的生物安全事件进行分析，获取生物安全事件的整体态势。

6）结合得到的生物安全情报与合理的生物安全预测，在正确的生物安全理论的指导下，按照一定的工作程序制定多种安全策略和执行方案，并择优选择。

7）生物安全治理者结合已知的生物安全情报落实生物安全治理策略，完成预定生物安全治理目标。

生物安全治理者在生物安全预测、生物安全决策、生物安全执行等生物安全治理过程中均需要安全情报的参与。生物安全治理目标影响生物安全情报主体的需求分析，影响其情报分析、情报搜集及情报传递的方向。生物安全治理目标、生物安全预测、生物安全决策、生物安全执行四者间均存在相互影响与反馈的关系。

（二）情报主导的生物安全治理实施模型构建

情报主导的生物安全治理工作的开展仅有概念模型是不够的，更重要的是拥有一个完善的、可发展的实施模型，以此进行更清晰的治理工作。上文涉及的理论基础与概念模型都是为了最终构建可循环、可随时间成长的情报主导的生物安全治理实施模型。

在此模型中，生物安全情报流贯穿生物安全治理工作始终。情报流在运用时，需要根据所处理的生物安全问题实际进行预测，以决策出最适宜的解决生物安全问题的方法，最后进行实际方法的执行，解决实际问题。情报主导的生物安全治理实施模型见图7-4。

根据图7-4，情报主导的生物安全治理实施模型解析如下。

1. 生物安全情报综合

生物安全情报综合中涉及的人包括生物安全工作小组和生物安全、情报学专家，生物安全工作小组需要依据实际问题，对环境、生物等因素进行综合考虑，结合生物安全、情报学专家的专业知识和相关建议，确定对发生的生物安全问题的最终处理目标；随后依据前期建立的生物安全图册和生物安全数据库等已有的情报信息，以及专家组给出的专业知识，进行

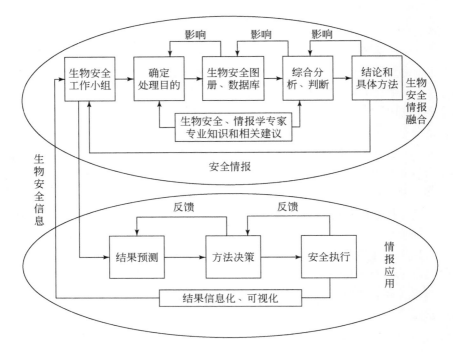

图 7-4　情报主导的生物安全治理实施模型

综合分析、判断，得出处理实际生物安全问题的结论和具体方法，这个最终的方法又可以成为生物安全情报交予生物安全工作小组进行下一步的生物安全情报工作。

在生物安全情报综合的过程中，具体的结论和方法会影响处理工作中的综合分析、判断，继而影响生物安全图册和数据库中的生物安全信息情报，最终影响到对处理生物安全事件的目标的确立。因此，生物安全情报综合看似方法简单，但是对处理问题的最优方法需要反复斟酌，最后才能够将所得出的问题处理解决方案提交给生物安全工作小组进行问题的处理。

2. 生物安全情报应用

与普通安全问题的处理方式相同，对生物安全问题的处理同样需要进行安全预测、安全决策与安全执行等步骤。在生物安全情报综合系统中，生物安全问题解决方法会传递给生物安全工作小组。在进行情报的应用时，生物安全工作小组需要依据所得到的方法进行结果的安全预测，通过对预测结果的比较进行具体方法的最终选择和决策，最终对所选取的方法进行安全执行。

在情报应用中，安全执行完成后的结果会反馈给方法决策，以验证所使用的方法是否正确，是否形成了最优解，随后反馈到结果预测中，对安全预测的准确性及合理性进行检验。同时，安全执行的结果可以进行信息化、可视化处理，形成新的生物安全信息，生物安全工作小组可根据新的生物安全信息进行新的生物安全情报工作。从安全执行到方法决策再到结果预测中的信息反馈流形成的数据和信息，也可以作为一部分新的生物安全情报交予生物安全工作小组，进行下一步或者新一轮的生物安全问题的处理。

综上，在整个情报主导的生物安全治理体系中，情报综合与情报应用是两个相辅相成的部分，起到相互促进的作用。生物安全情报综合所提出的结论和方法是情报应用的前提，情报应用产生的执行结果又可以成为情报综合中的新的信息和参考，形成了一个可循环可成长的情报主导的生物安全治理实践模型。

第二节　面向生物安全治理的生物安全情报支持体系

当前，面向生物安全治理的生物安全情报支持体系尚未建立，全面的情报体系研究缺乏。鉴于此，本节面向生物安全治理，明确生物安全情报的具体内涵，阐明新形势下生物安全情报对生物安全治理的重大意义，并构建面向生物安全治理的生物安全情报支持体系，以期完善生物安全治理内容，进而提升生物安全治理能力。

一、面向生物安全治理的生物安全情报概述

生物安全问题呈现类型多样化、表现形式差别大，故生物安全治理所要解决的是一个涉及多个领域的交叉综合型问题（刘跃进，2020）。传统单一的情报工作已无法有效应对新形势下的生物安全问题。安全情报学是一门面向安全管理的交叉融合学科，其结合安全情报学的生物安全情报可有效赋能生物安全治理工作。生物安全情报在信息流中直接面向生物安全问题的解决，贯穿生物安全治理的全过程，对生物安全治理具有价值与意义。

（一）面向生物安全治理的生物安全情报工作

大数据技术导致生物安全信息呈井喷式增长，有价值的生物安全信息被淹没，难以被准确获取。因此，生物安全治理需要借助于生物安全情报。立足生物安全治理内容，生物安全情报是对生物安全治理有价值的生物安全信息集合，生物安全情报工作与生物安全治理行为皆是以生物安全为中心，以解决生物安全问题为目的，二者是相互支持、互相协同的关系。面对日趋复杂的生物安全形势与严峻的生物安全风险，只有通过对生物安全信息的搜集、整理和分析挖掘，提取预防和化解生物安全风险所需的生物安全情报，才能在生物安全风险的防范化解工作中胜出。在构建总体国家安全观指导下的生物安全情报支持体系时，王秉（2020a）提出生物安全情报的基本四要素：对的问题、对的信息、对的人与对的时间。可见，生物安全情报要素紧扣生物安全治理流程，即生物安全治理者明确生物安全治理目标，针对所要解决的生物安全问题，利用高质量的生物安全信息在有效的生物安全治理时间内实现生物安全风险的防范化解（图7-5）。

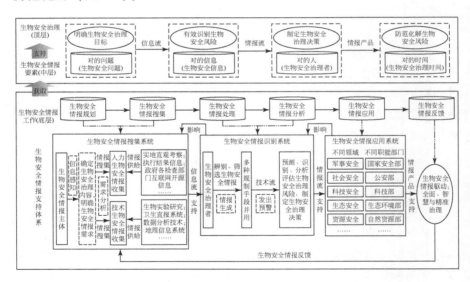

图 7-5　面向生物安全治理的生物安全情报工作

根据图7-5，生物安全情报工作可有效介入并支持生物安全治理内容，生物安全治理所要解决的生物安全风险的识别、预测、决策与执行工作，皆包含于生物安全情报生命周期中：生物安全情报规划是针对所要解决的生物安全问题，对生物安全治理目标进行初步规划，实现生物安全情报的预期指导作用；生物安全情报搜集是在充分收集相关生物安全信息的基础上，识别出相关生物安全风险；生物安全情报处理和生物安全情报分析是基于生物安全情报的深度解析，摒弃无用的生物安全信息，评估生物安全风险，提出生物安全治理防控对策；生物安全情报应用是在生物安全治理时间内运用生物安全风险的分析评估结果开展预警活动，实施应对措施的过程。同时，生物安全情报的整体应用效果将以生物安全情报反馈的形式作用到生物安全情报规划环节，并伴随着生物安全情报的流动贯穿整个生物安全情报生命周期，进而影响生物安全治理效果。其中，生物安全情报反馈是依据治理措施的实施效果，来实现生物安全治理工作的调整和完善。生物安全情报工作旨在为生物安全治理流程中的风险防范化解工作提供情报支持，这也是生物安全情报面向生物安全治理内容发挥作用的基本途径。由上述分析可知，生物安全情报对生物安全治理至关重要，是实现生物安全风险防控的必要条件，是生物安全治理体系中的预测、决策和执行的支持系统（王秉，2020a）。

（二）新形势下生物安全情报对生物安全治理的重要作用

近年来，全球范围内生物安全风险加剧。生物安全问题的日益多样化与复杂性造成了大规模人员伤亡、心理恐惧和社会混乱，给生物安全治理带来了新的挑战。生物安全治理能力的提高与生物安全风险防控工作的开展密不可分[①]。生物安全情报是生物安全治理的关键，可实现生物威胁与生物安全风险的预防与处理，进而提升生物安全治理能力。这里，着重从以下四大方面分析新形势下生物安全情报对生物安全治理的重要作用。需要说明的是，由于生物安全内容极为复杂广泛，这里仅选择部分典型生物安全风险进行讨论。

1）生物安全治理面对的传染病多具有隐蔽性，生物安全治理工作存在滞后性。生物安全情报工作可提供事前预测、事中补充不足与事后预防完善的支持。通常突发传染病的扩散速度快、致病方式隐蔽、致病效果滞后，病原携带者可通过便捷的交通运输工具实现地理位置的跨越，将病原体带到另一个地域，实现全球性传播，导致全球性的生物安全事件（如

---

① 人民日报编辑部：《加强国家生物安全风险防控和治理体系建设提高国家生物安全治理能力》，《人民日报》2021-09-30 第1版.

2019 年底新冠肺炎疫情的暴发）。当传染病的传播方式与致病方式被发现时，多数已广泛作用在受体身上。生物技术只能解决事中与事后问题，而生物安全情报可实现生物安全信息的感知并发出生物安全治理的预测预警，从而全面完善生物安全治理。

2）生物安全治理面临生物技术两面性的风险，生物安全情报可实现生物安全风险的识别、评估及防控。万物皆有两面性，生物安全问题源于生物技术的进步。生物技术被恶意误用或谬用（如微生物耐药性等）可能会带来巨大的安全隐患。通过面向生物安全治理的生物安全情报体系进行研究方向的把控，保障生物技术的开发利用遵循正确的价值导向。生物技术发展的初心是为人类谋安康。一方面，生物技术被误用、谬用会对公共卫生安全乃至整个国家安全构成威胁。例如，2001 年美国"炭疽粉末邮件"生物袭击事件造成了人员伤亡和经济损失。另一方面，科学技术的不确定性可能会对生物安全造成严重后果。例如，转基因技术的潜在危害充满不确定性，目前仍未有充分证据表明转基因食品是否对人体有害，且已有科学家指出转基因作物违反生态资源的可持续利用。伴随着生物技术的进步，安全风险源增多，风险后果巨大，而生物安全情报是生物安全风险识别、评估及防控的关键①。

3）生物安全治理的传统应对内容是生物恐怖与生物武器威胁，生物安全情报的运用可提高对生物恐怖主义的抵御能力。生物恐怖主义是蓄意将生物体内的致命微生物或毒素等生物活性物质武器化，造成人类或动植物疾病或死亡的行为，其杀伤范围广、难以控制，易造成大规模伤亡、心理恐惧及社会混乱等（瑞安，2020）。在"9·11"事件发生的前一天，某国家安全局截获了来自组织嫌疑人的通话信息，但这条信息在事件发生后一天才被破译（约翰逊，2020）。可见，生物安全情报的处理能力与分析效率是生物安全治理的关键，是提高抵御能力的核心。当下，大规模的生物恐怖袭击事件是小概率事件，而小规模的生物恐怖袭击事件和生物犯罪是时常发生的，结合生物安全情报的预警功能，整体提高对生物恐怖袭击事件的抵御能力。

4）生物安全治理直面的难题是外来有害生物入侵，生物安全情报的运用是生物安全治理的重要手段。交通系统的全球化发展给突发传染病、外来生物入侵等提供了便捷渠道，对各大交通枢纽进行严格的生物安全监

---

① 刘合成：《疫情暴露出来的短板要加快补齐》，《中国环境报》2020-03-20 第 3 版.

管是国家生物安全治理防线的需求。我国发生的红火蚁、凤眼莲等外来有害生物入侵，已对我国的经济安全、生态安全与农业安全等产生严重危害。对国门关口实行外来物种信息筛查、境外人员行程监测等，其实质是数据筛查、信息处理和分析运用情报的过程，体现了生物安全情报服务于生物安全治理工作。

二、面向生物安全治理的生物安全情报支持体系构建

由上文可知，图 7-5 以生物安全情报生命周期为逻辑主线，基于生物安全治理流程与生物安全情报要素的关联性，建立了面向生物安全治理的生物安全情报支持体系。

（一）生物安全情报支持体系的构成及运行

为保障生物安全情报支持体系建设，需基于系统性与全局视角进行规划（化柏林等，2021）。根据图 7-5，面向生物安全治理的生物安全情报支持体系由顶层的生物安全治理、中层的生物安全情报要素及底层的生物安全情报工作三大模块组成，其目的是借助贯穿生物安全治理的生物安全情报工作，以期横向到边、纵向到底地全方位防范化解生物安全风险。生物安全情报工作是构建生物安全情报支持体系的依据来源（如围绕生物安全情报处理与分析的核心内容，结合实际治理工作的开展，演绎形成生物安全情报识别系统），生物安全情报工作流程与生物安全情报支持体系运行过程相似且各环节存在对应关系，二者实现有机融合形成底层的三大系统，进而支持中层生物安全情报要素的获取，以期共同支持顶层的生物安全治理。面向生物安全治理的生物安全情报支持体系通过生物安全情报搜集系统、生物安全情报识别系统与生物安全情报应用系统实现生物安全风险的监测预警与生物安全治理的决策支持，进而发挥生物安全情报支持体系防控生物安全风险的作用。因此，深度剖析生物安全情报支持体系三大系统的具体含义及其相互关系，有利于推动生物安全治理工作，进而提升生物安全治理的整体水平。

1. 生物安全情报搜集系统

生物安全情报搜集系统是面向生物安全治理的生物安全情报支持体系的运行开端，是生物安全情报识别系统与生物安全情报应用系统的"有基之台"。在日趋复杂的生物安全形势下，生物安全情报主体进行生物安全情报规划工作是大数据时代能够充分搜集相关生物安全信息的前提保障，否则，在海量的数据库里盲目地进行信息采集犹如"大海捞针"。生

物安全情报主体依据生物安全治理目标开展生物安全情报的搜集工作是生物安全情报工作中最基础部分,密切关系后续工作的开展。其中,生物安全治理者指政府部门的生物安全工作小组、生物安全技术咨询专家委员会等,生物安全主体指专业生物安全情报人员等。

　　生物安全情报的收集与获取主要来源于传统的人力生物安全情报与现代的技术生物安全情报,以期实现数据的存储、信息的实时共享及情报的协同分配。互联网的发展、数字革命和社交媒体的技术飞跃,可提供实时数据信息,实现生物环境监测(如观察生物多样性的变化),跟踪生物相关活动变化(如观察外来生物入侵情况),了解影响生物安全的相关因素(如微生物耐药性、添加剂的使用与转基因技术的潜在危害等)的变化等,实现生物态势感知。依托互联网开源信息,充分拓展生物安全情报的采集渠道,强化多源异构数据的整合力度。政府部门、情报机构与社会公众等可通过社交媒体平台发布的实时推文、照片与热搜等,感知生物安全事件(如自然灾害、流行传染病与恐怖冲突等)的背景和情境,获取充足的信息。通过实地考察、生物实验研究、地理空间信息监测等科学技术来为生物安全治理者提供令人信服的证据。例如,在面对人力无法到达的特殊地域时,需要依靠无人机、卫星侦察机等科技设备的帮助来搜集生物安全情报。科技的进步有利于实现生物安全信息的搜集,且搜集到的生物安全情报可靠性与精准度高。

　　2. 生物安全情报识别系统

　　生物安全情报识别系统是面向生物安全治理的生物安全情报支持体系的关键枢纽,对生物安全情报搜集系统与生物安全情报应用系统起"承上启下"的作用。生物安全情报识别系统实质是情报生成、发出预警的过程。在生物安全情报搜集系统的信息流支持下,生物安全治理者依据生物安全信息在生物安全治理中所体现的价值对其进行筛选、加工与处理,并对所呈现的信息内容加以转化,激活成为更具价值的生物安全情报。生物安全领域涉及的内容复杂多样,立足不同主体视角采取的管理方式有所不同(赵超等,2020)。因此,生物安全情报需要多元化的生物安全治理者(简称多元主体)针对生成的生物安全情报运用多种规制手段(如区块链与人工智能等技术)进行评估,其意义在于充分挖掘生物大数据蕴含的可用于防范化解生物安全风险的生物安全情报。生物安全情报可消除多元主体认识上的不确定性,降低信息的混乱程度与无序性,减少生物安全情报的偏差与流失,解决治理过程中的信息失真问题,为生物安全治理提供相应的情报服务与决策支持,提高生物安全治理决策的成功率。

生物安全情报的预警功能与信息技术的硬支撑可共同支持生物安全情报识别系统。多元主体基于生物安全情报的深度分析，评估生物安全风险，运用生物安全风险得到分析评估结果（它本身是一种生物安全情报），并依附技术流进行生物安全风险预警，提出治理对策（其本身是一种生物安全情报产品）。生物安全情报识别系统可实现生物安全治理早期预警，减少生物安全风险蓄积反应时间，有助于多元主体及时发现潜在的生物安全风险，使某一生物系统避免遭受突发的生物安全事件攻击。生物安全情报识别系统所产生的生物安全情报及情报产品可用于生物安全治理，提高生物安全治理的效率，支持生物安全治理中的决策内容。

3. 生物安全情报应用系统

生物安全情报应用系统是面向生物安全治理的生物安全情报支持体系的实践手段，依据生物安全情报的应用效果，以生物安全情报反馈的形式作用到整个体系。当面临生物安全风险或切实发生生物安全事件时，应立足于多学科跨部门来解决不同类别的生物安全问题。在生物安全情报应用系统中，各部门在生物安全情报识别系统的情报流支持下根据不同情况，运用多学科知识来解决不同的生物安全问题，将不同类型的生物安全情报回归至对应的生物安全治理领域，运用不同领域的生物技术进行帮助、解决（如涉及生态多样性保护、防范外来生物入侵的生态安全情报回归至生态环境部；涉及生物实验室安全、生物技术泄漏的科技安全情报回归至科技部；涉及生物性食品安全、重大突发传染病的社会安全情报回归至国家卫生健康委员会及公安部等），产出生物安全情报产品，实现情报驱动的全面、精准、智慧的生物安全治理。

应用生物安全情报引导和统领生物安全治理全流程，可提高生物安全治理的能力与效率（如快速发现、预测数量与确定位置等），强化对生物时事态势的感知，合理布局和使用资源。根据生物安全情报应用效果，调整生物安全治理的方法与内容，防止甚至杜绝生物安全事件的发生。生物安全治理过程中收获的经验和教训，要更新补充至生物安全情报搜集系统中，实现情报的增值和循环利用。特别需要关注的是，生物安全情报支持体系着重强调要在对的时间内进行生物安全治理执行，落后于防范化解生物安全风险决策的生物安全情报是没有任何实际作用的。

（二）生物安全情报支持体系的运行保障

运行生物安全情报支持体系对生物安全情报组织体制机制建设、法律法规制度建设、生物安全治理者培养等方面提出了具体要求。提升防范化解生物安全风险的生物安全情报支撑和保障能力，是生物安全情报更好地服务于生物安全治理工作的要求。根据表7-1，生物安全情报支持体系在多方面建设的协同作用下支持生物安全治理工作的开展，提升生物安全治理者对生物安全信息的认知水平，进而促进生物安全治理能力的提高（颜晓峰，2020）。

表 7-1　生物安全情报支持体系的运行支撑

要素名称	要素属性	要素概述
法律制度	支撑基石	法律制度是生物安全情报支持体系运行的支撑基石。自新冠疫情暴发以来，世界各国纷纷重视生物安全领域的法律制度建设。例如，我国于2021年4月5日起正式施行的《中华人民共和国生物安全法》。生物安全相关法律的出台直接给予生物安全情报支持体系有力保障，因此生物安全治理者须坚持法治化治理，形成规范的治理标准，不断建立健全生物安全法律制度，丰富生物安全信息，保障生物安全情报支持体系的运行
知识技术	核心支柱	知识技术是生物安全情报支持体系运行的核心支柱。一个国家的知识水平与科学技术能力直接决定生物安全治理的效果（赵超等，2020），知识水平的提高有利于及时发现生物安全问题与更好地挖掘生物安全信息蕴含的价值；科学技术的进步可丰富生物安全治理的手段，提升治理效率，减少风险因素蓄积反应时间，缩短生物安全治理时间。生物安全情报支持体系需要依靠知识技术去解决生物安全问题与执行体系的决策内容，否则，不论支持体系运行得出的情报产品多么精确，没有与时俱进的知识技术去解决，生物安全问题仍是问题。生物安全情报支持体系在生物安全知识技术的支持下可更好地实现生物安全治理目标
意识理念	关键抓手	意识理念是生物安全情报支持体系运行的关键抓手。生物安全情报应用的关键在于提升生物安全治理者的生物安全意识与信息处理素养。例如，增强生物安全治理者对数据的敏感性，可提高对数据的收集能力、对信息的分析处理能力和对情报的利用决策能力，进而支持生物安全治理工作的开展。各生物安全从业者将生物安全相关意识内化到技术职业的责任伦理中，并以生物安全情报支持体系为枢纽，实现生物安全治理的各项内容

续表

要素名称	要素属性	要素概述
新兴科学技术	重要手段	新兴科学技术是生物安全情报支持体系运行的重要手段。随着网络技术的不断融合与发展,海量的生物安全信息涌现,使得对人工智能、区块链等科学技术的使用更加迫切,因此生物安全情报支持体系的高效率运行须充分借助于新兴科学技术(王延伟等,2021)
……	……	……

三、以新冠疫情防控为例的实证分析

新冠疫情作为一起重大突发公共卫生事件,属于生物安全治理范畴。本节以新冠疫情防控为例,开展面向生物安全的生物安全情报支持体系的实证分析(图7-6)。在生物安全情报支持体系的基础上,纵观新冠疫情的潜伏期、暴发期及恢复期,以生物安全情报生命周期为开端,获取生物安全情报要素,验证生物安全情报支持体系中的三大系统在新冠疫情防控中的有效性与实用性。

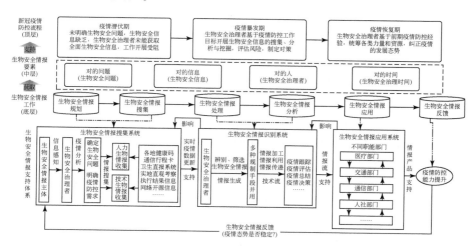

图 7-6　面向新冠疫情防控的生物安全情报支持体系

新冠疫情起初尚未造成大面积的影响,此阶段对社会没有产生实质性危害,视为疫情的潜伏期。在疫情初期,一方面在没弄清疫情的"来龙去脉"之前,生物安全问题未被明确,相关生物安全信息缺乏;另一方面,短时间内生物安全情报主体无法获取疫情全面的生物安全信息,不能进行准确的信息识别与价值评估，导致对生物安全问题与疫情防控需求方面的认知存在滞后性，阻碍了后期工作的开展。因此，疫情潜伏期的生物安全情报支持体系应用效果不佳，这也是疫情初期治理效果差的原因之一。

随后，新冠疫情越发严重，世界各地进入疫情的全面暴发期。在疫情暴发期，大量信息的涌出无形中增加了情报人员的工作量，防控响应错过了最佳时期。虽然如此，但生物安全情报主体仍运用专业素养与多种规制手段进行了相关信息的搜集与初步分析，确定了感染病毒的原因与传播途径，明确了疫情防控所要解决的问题。在生物安全情报搜集系统的实时疫情数据支持下，生物安全情报人员进行情报的加工、利用与传递，保证生物安全情报的有效发挥，对疫情进行跟踪、评估与总结，并做出相应的治理决策。各相应部门对生物安全情报识别系统传递而来的情报流进行科学的解读，积极响应，协同合作，致力于新冠疫情防控工作［如交通部门在该阶段根据疫情态势关闭关键的交通枢纽（苏新宁和蒋勋，2020）；各地区迅速成立联防领导小组，控制人口流动；各大媒体也积极汇总疫情信息告知民众；医疗部门依据情况调度医疗物资等］。当疫情趋势向好，评估反馈生物安全情报应用系统的运行效果，储存疫情防控经验，以期提高未来应对疫情防控的工作能力。在生物安全情报支持体系的支持下，新冠疫情防控在暴发阶段取得一定的成效。

基于前期疫情防控经验与生物安全情报支持体系的共同支持，生物安全情报的搜集与需求相对平稳。在新兴科学技术的支持下，对疫情情报的挖掘不断深入，运用多学科知识技术，制定切实应对的防控对策控制疫情波动，新冠疫情逐步进入恢复期。由此可知，生物安全情报搜集系统实现对生物安全事件的感知与预警，生物安全情报主体依据疫情特征（如病毒的传播途径与诊疗数据等）进行情报的多渠道采集，并形成实时的疫情信息给生物安全治理者；生物安全情报识别系统重点在于关联各维度的安全情报，并用以支撑生物安全治理与决策；生物安全情报应用系统将治理决策落到实处，各部门间协同共治。

应用生物安全情报支持体系对新冠疫情防控进行分析，由上述分析结果可知：①面向新冠疫情防控的生物安全情报支持体系是面向生物安全治理的生物安全情报支持体系针对新冠疫情进行具体化处理的结果，验证了生物安全情报支持体系的可行性和有效性。图7-5中面向生物安全治理的生物安全情报支持体系的治理范畴为生物安全治理的所有内容，而新冠疫情防控属于生物安全治理范畴，因此图7-6中面向新冠疫情防控的生物安全情报支持体系实质是应用生物安全情报支持体系针对生物安全治理的具体领域进行分析。为此，顶层的"生物安全治理"具体到"新冠疫情防控"，并结合疫情防控的实际情况与工作开展，在底层的生物安全情报支持体系中进行针对性细化。②面向新冠疫情防控的生物安全情报支持体系贯穿疫情防控的全过程，通过三大系统的协同作用来实现各类力量和资源的统筹，充分化解信息壁垒现象，达到疫情态势稳定；及时反映疫情发展及现状，指导疫情防控决策；实现多渠道、全方位地监测预警重大疫情风险，达到国家或地区的可接受能力范围内。

第三节　情报主导的生物安全事件应急

情报在生物安全事件应急工作中发挥着重要作用，旨在服务和指导生物安全事件应急全过程。然而，我国当前缺乏针对情报主导的生物安全事件应急方法的系统性研究。因此，从情报学角度出发，生物安全事件实现应急全过程信息化，对充分发挥情报在生物安全事件应急中的巨大作用和价值具有重大理论与现实意义。本节分析生物安全事件应急不同过程阶段的情报需求，并将情报主导的安全管理理念与方法引入生物安全事件应急，构建情报主导的生物安全事件应急模型，为后续生物安全事件应急方法研究和实践提供相应的理论指导。

一、生物安全事件应急与情报的关系分析

（一）生物安全事件应急概述

生物安全即有效防控生物安全问题，健康发展生物科技，切实保障人民生命健康和生态系统稳定的状态，以及生物领域具备的维护国家安全和持续发展的能力（余潇枫，2021）。近年来，全球不安定因素和生物安全风险有上扬的趋势，我国生物安全形势亦日益严峻，生物入侵、生物恐怖袭击、新发突发传染病、实验室生物泄漏、新型生物技术和生物武器威胁等带来巨大的生物安全风险。生物技术虽带给人类益处和进步，但也常伴随着生物安全问题和生物安全威胁，其不仅会给社会带来生物安全危机和公共卫生挑战，甚至还可能演变为全球危机，影响人类健康、社会稳定乃至经济发展。因此，我国现阶段亟须提升生物安全治理能力，为新一代信息技术在生物安全事件应急中的应用融合奠定基础（石敏杰和何颖，2020）。

2020年我国通过《中华人民共和国生物安全法》，其系统梳理和全面

规范各类生物安全风险。新冠疫情发生以来，我国生物安全又提升到一个新的高度，已然成为自然与人类社会可持续发展中的焦点和热点问题。生物安全事件具有隐蔽性、复杂性、突发性和防范对象不确定性等特点，可能对民众健康、社会稳定、环境生态安全以及国家安全造成严重损害。开展生物安全事件应急方法研究可消除和抵御生物威胁，提高生物安全事件的应急能力，这对有效应对生物安全事件起着关键性作用。因此，亟须通过开展生物安全事件应急研究，建立健全生物安全事件应急体系，提高应对生物安全问题的能力，促进生物技术健康发展。

在 2003 年 SARS 疫情暴发前，我国虽已开展病原微生物研究和传染病防控等相关工作，但尚未对生物安全给予足够重视。SARS 事件发生后，我国迎来了公共卫生应急危机，生物安全概念开始进入管理者和研究者视野。此外，我国也开始了应急管理体系的整体性探索（钟开斌，2009），围绕突发事件各环节进行应急管理能力建设。2018 年，中国正式成立应急管理部，国内应急管理界、应急科学研究者逐步发力，情报科学研究与实践工作开始聚焦于应急管理问题。到 2019 年底，突发的新冠疫情使得一些学者从情报科学与生物安全事件应急科学相结合的视角着手，深入研究和解决生物安全事件应急问题（边文越和冷伏海，2020；郭勇和张海涛，2020；王秉等，2020a）。目前，一个基本研究共识已形成：情报在生物安全事件应急中发挥着主导作用，它是生物安全事件应急的核心支撑和基础资源。基于此，本节针对生物安全事件应急提出情报主导的生物安全事件应急理念，为应对生物安全事件带来启示。

（二）生物安全事件应急中的情报工作分析

在信息时代，情报学发展迅速，已广泛应用融合于各个学科领域。在生物安全领域，生物安全治理同样需要情报学的支撑。据此，王秉（2020a）正式提出生物安全情报这一新议题，明确生物安全情报内涵及它对生物安全治理的理论意义，为后续生物安全情报研究提供理论基础。此外，包昌火（2009）曾表明，情报学应着重关注安全事件与危机的预判、警示、呼唤与策划。由此可见，探索情报主导的生物安全事件应急范式是当前我国应急管理工作的迫切之举，理应从情报学视角关注生物安全事件应急，准确掌握生物安全事件应急中情报工作的发展与着力方向，这是生物安全事件应急工作的必然要求。

情报对生物安全事件应急的影响已然是一种客观存在，应清晰认识情报对生物安全事件应急的本质作用。为有效发挥情报在生物安全事件应急中的巨大效用，须实施"情报主导的生物安全事件应急"的理念。在生物安全事件的应急处置过程中，由于各类生物安全事件涉及的情报来源广泛，因此应根据生物安全事件应急在预防、准备、响应与恢复各个阶段的不同特征，尽可能全面地收集和组织各来源的基础信息，对情报进行统一规划和调配，分析多层次的情报，避免情报重复建设。在生物安全事件发生后，除根据事前预警与防控预案进行应对外，还须根据实际情况从各方及时收集融合相关基础信息和情报，以便帮助应急管理者做出针对性响应。在应对生物安全事件的过程中，结合情景因素，对各方情报快速做出正确判断，提取出可靠有效的情报。

二、情报主导的生物安全事件应急理论模型的构建

（一）情报主导的生物安全事件应急的含义

情报作为对生物安全事件应急有价值与意义的信息，直面生物安全事件不确定性与生物应急管理问题。基于情报的定义（包昌火，2009），可给出情报主导的生物安全事件应急的具体定义：广泛搜集生物安全信息，并对其进行综合深入分析，加工、生产、激活为影响生物安全治理的生物安全情报产品，在此基础上，生物应急人员通过应用情报采取具体策略和措施，指导一系列围绕生物安全事件而开展的行为活动。由此可见，情报主导的生物安全事件应急利用坚实的数据基础、先进的数据处理方法、及时有效的情报流和合理的情报分析评估手段，实时监测预警危险信息，可在第一时间阻止生物安全事件的恶化，应对重大传染病疫情、生物恐怖和生物战等生物威胁，充分发挥情报在生物安全事件应急全生命周期中的作用和价值。

从生物安全事件应急角度看，情报的核心功能和任务是为生物安全事件应急提供有效支持。当今我国生物安全事件应急工作正面临巨大挑战，与之相应的情报工作亟须进一步完善。随着时代的进步和新技术的普及，生物安全信息数量呈指数增长，而有价值的生物安全情报常湮没在海量的生物安全信息中。情报分析人员需要在海量生物安全信息中分析和提炼出最具价值和意义的生物安全信息，提高收集的生物安全情报的数量和质量，直面和服务于生物安全事件应急。情报主导就是依赖于情报的预警、监测和反馈等功能，服务于生物安全事件应急，支持生物安全事件应急行为。通过对信息进行收集、整理、分析和汇总获得精准的情报，加强对生物安全事件的应急响应和应急处置能力。

从情报视角看，生物安全事件应急的本质是生物应急人员运用情报实施生物安全事件应急行为。生物安全事件应急工作以生物安全事件为研究对象，以预防、控制和处理生物安全事件为着眼点和目标，以生物安全事件相关信息（包括生物安全事件数据）为基础，对信息进行加工、升级后将其激活为更具价值性和智能化效应的生物安全情报，并用于服务与支撑一系列生物安全事件应急工作活动。简言之，生物安全事件应急的实质是通过获取和运用生物安全情报开展生物安全事件应急相关活动，情报工作是生物安全事件应急工作不可或缺的内容。

（二）情报主导的生物安全事件应急系统分析

情报主导的生物安全事件应急的特征是将情报有效融入生物安全事件应急（王秉和吴超，2019e），利用通过信息收集和分析所获取的精准情报，开展生物安全事件应急工作，最大化发挥情报的主导作用，实现运用情报影响生物安全事件应急全生命周期的目标。就实践层面而言，情报主导的生物安全事件应急依据生命周期理论，在事前预警与防控、事中响应与控制和事后恢复与重建等各个阶段，利用情报服务和支持生物安全事件应急决策和研判，针对不同的发展实际情况采取相应战略，及时捕获各类生物安全信息，做到实时动态监测和预警。

情报主导的生物安全事件应急工作围绕生物安全事件全生命周期展开，是一项复杂系统工程。从宏观层面看，情报主导的生物安全事件应急属于社会科学领域，研究生物安全事件的成因、机理及其发生、发展的演变过程，涉及由生物安全事件引起的后果及应对措施，涵盖了应急管理部门、生物防御科研机构、情报部门及公众等利益攸关方。本节参考顾基发等（2007）提出的物理-事理-人理系统方法论，研究情报主导的生物安全事件应急模型中物、事、人三方面的内容。从微观层面看，情报主导的生物安全事件应急整个过程做到科学、标准、规范，需要有专业知识作为保障。霍尔三维（包括时间维、知识维与逻辑维）结构模式（Hall，1969）是解决复杂系统的规划、组织和管理问题的一种统一的思想方法论。情报主导的生物安全事件应急具有时间、逻辑、情报三维特征，其中时间维划分为生物安全事件事前预警与预控、事中响应与控制和事后恢复与重建，逻辑维划分为生物应急预防、生物应急准备、生物应急响应和生物应急恢复，情报维划分为生物安全事件情报规划、情报生成、情报分析、情报应用和情报反馈。情报维主要体现在面临生物安全应急问题时对生物安全事件应急有价值与有意义的信息。此外，每个阶段应采取对应的行为措施、评估管理策略来衡量情报主导的生物安全事件应急的综合成效。

（三）理论模型的构建

鉴于情报主导的生物安全事件应急特点，基于物理-事理-人理系统方法论分析情报主导的生物安全事件应急工作中物、事、人三者的复杂关系，利用霍尔三维结构模式构思涵盖时间维、逻辑维和情报维的模型，构建基于物理-事理-人理系统方法论与霍尔三维结构模式的情报主导的生物安全事件应急理论模型（图7-7）。

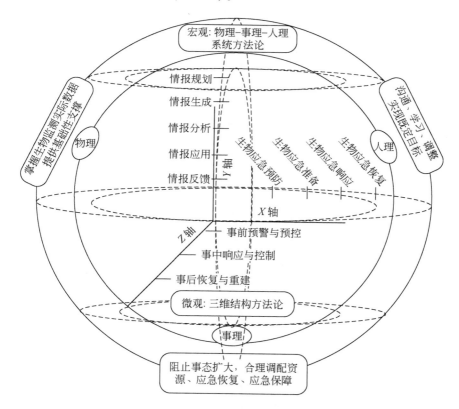

图 7-7　情报主导的生物安全事件应急理论模型

（四）理论模型的内涵解析

物理-事理-人理系统方法论用于处理主观性较强、含社会因素的非结构问题，在城市发展、风险控制、应急管理和生物治理等复杂问题研究中有着广泛应用（姬荣斌和何沙，2013）。

宏观层面上，本节从物理、事理、人理三个维度对情报主导的生物安全事件应急工作展开分析。从物理维对情报主导的生物安全事件应急进行探讨和分析，有效、系统地掌握生物监测的实际数据及状况，为生物安全事件应急全生命周期提供基础性支撑；生物安全事件的发生使得原有的安全平衡被破坏，带来生物危害或污染后果，从事理维看，需要及时阻止事态扩大，合理调配资源并做好高效应急恢复、应急保障等工作；就方法论而言，人理维是基于主体间的有效沟通、学习和调整，完成主要任务，在情报供给条件下完成生物安全治理，实现生物安全事件应急目标。

微观层面上，建立情报主导的生物安全事件应急三维空间结构，情报维、时间维与逻辑维三个维度的生物安全事件应急工作相互联系、相互影响，共同构成了一个完整的情报主导的生物安全事件应急工作体系。微观层面各维度的具体含义见表7-2。

表7-2　微观层面的三维含义

维度	具体环节	含义
时间维	事前预警与预控	生物安全事件的发生一般是由于生命科学和生物技术的滥用，生物安全风险积累引起的质变。为减少生物安全事件的发生概率，在事前识别可能会引起生物安全事件的危险因素，分析危险因素的起因、特点、相关性及发展趋势等，评估生物安全风险。将分析和评估结果反馈给生物应急人员，做好生物威胁的早期预警和态势感知工作，以及应对生物安全事件的技术储备
	事中响应与控制	当生物安全事件经演变而发生时，事中响应与控制的效率和方式会切实影响到生物安全事件的后果严重程度。为防止事件事态的进一步扩大，通过监测追踪已知暴发事件的代表性征候，快速做出响应，对生物安全事件的变化过程加以严密控制，采取有效措施解决生物安全事件
	事后恢复与重建	生物安全事件发生后，对生物安全事件应急过程进行相应的反馈与补充。全面、彻底地审视生物安全事件的起因和发生过程，总结经验教训。尽量降低或消除生物安全事件的不良影响，以最大限度地降低发病率和死亡率。对整体的生物应急处理进行合理的评价，并总结经验做出改进
逻辑维	生物应急预防	开展生物安全监测预警关键技术研究，对致病性生物因子进行生物风险评估，调整、优化对生物安全风险的管控，拟将生物安全风险控制在可接受状态。加强对新发突发群体性不明原因疾病和重大传染病的预防，消除或降低生物安全事件发生的可能性，通过采取有效合理的措施，避免事态的进一步恶化

维度	具体环节	含义
逻辑维	生物应急准备	及时预判生物安全事件发生的可能性，结合实际情况制定完成生物应急预案，包括研制生物安全事件应急药物与装备、快速发布准确的消息，以及适当的人员防护和必要的医学预防措施等。生物应急人员需要随时准备好应对可能发生的生物安全事件，跟踪事态发展；研究病原体跨种传播方式，建立生物威胁关键病原体溯源技术；开展生物入侵防护相关技术探讨
	生物应急响应	生物安全事件发生时，为有效应对生物安全问题，立即开展相关工作做出统一的安排和部署。首先，迅速鉴别确认病原体和探测引起暴发的生物剂；其次，判断和评估生物剂的有效传播方式，确定公共卫生和医疗资源；最后，锁定受影响的群体，并进行预防及治疗。在极度有限的时间内控制事件态势，最大限度减少生物安全事件带来的损失和危害
	生物应急恢复	生物安全事件发生后，补充地方健康和医疗资源，通过适当的公共卫生和医疗行动保护人群。在可能的情况下，控制流行或降低流行的影响，并进行环境评估与洗消，将各项指标恢复到事前的常规状态。优化生物应急预案，跟踪和预防另一次或其他的疾病暴发
情报维	情报规划	在生物安全事件处于潜伏期时，察觉获取有关暴露范围、高危人群、热点区域、时间变异、发展趋势等的信息，明确情报采集目的和需求范围。在短时间内尽可能掌握疫情态势和时间特征，据此对生物安全信息进行分析和处理，为有效开展生物安全事件应急工作奠定基础
	情报生成	根据对生物安全事件流行特征和规律的了解，按照信息处理要求和情报需求（吕雯婷等，2021），对生物安全数据和信息进行转化，生成服务于生物安全治理的情报，并传递给生物防御科研机构和生物安全事件处置机构等，为生物安全事件应急各阶段提供支撑
	情报分析	针对生物安全事件应急对情报信息服务的要求，以及生物安全治理的目标，在情报的加工过程中进行实时过滤和筛选。据此，降低信息的混乱程度和无序性，为生物安全治理提供相应的情报服务和支持，解决生物安全治理过程的信息不完备问题

维度	具体环节	含义
情报维	情报应用	运用生物安全情报引导和统领生物安全事件应急全局全流程。首先,在生物安全风险增加或产生生物恐怖袭击传言时,提供是否发生生物安全事件的可能证据;其次,提高监测生物安全事件的效率,包括快速发现、判定数量、确定位置等;最后,评估生物安全事件应急防控的效果
	情报反馈	针对生物安全情报的应用效果,进行相应的情报完善和补充,提供与病原体和生物剂相关的生物安全事件发生发展的动态情报,将如何分配生物资源的指导性和评估性情报反馈至生物安全事件应急处理部门,从而进行必要的公共卫生肯定或否定的再确认。对于在此次生物安全事件应急中收获的经验和教训,更新补充至生物安全情报库中,实现情报的增值和循环利用

三、情报主导的生物安全事件应急实施模型的构建

(一)情报主导的过程度量

生物安全事件应急工作的开展是一个复杂而艰巨的过程,往往涉及国家安全委员会、国家反恐怖工作领导小组、突发公共卫生事件处置机构、生物防御科研机构和生物防御基础设施等。其中,生物防御科研机构包括中国医学科学院、中国疾病预防控制中心、中国科学院和军事医学科学院;生物防御基础设施又包括国家重点实验室、国家工程研究中心及高等级生物安全实验室。

为预测生物安全事件应急过程中情报主导的性能,减少过程结果的偏差,基于生物安全事件应急工作机构要素,对情报主导过程进行度量。情报主导的过程质量直接影响生物安全治理目标的完成。度量和评价情报主导过程可改进其服务和指导生物安全事件应急的效率,并为持续改善情报主导过程本身提供依据和反馈。生物安全事件应急中情报主导的过程度量指标见图7-8。

基于情报主导的生物安全事件应急理论模型(图7-7),有效实施情报主导的过程度量需要确保其可控性和可跟踪性。在图7-8基础上进行过程度量,提高度量的有效性。情报主导的过程度量的一般流程包括明确情报主导过程中存在的问题、搜集相关数据、分析相关数据、评估相关数

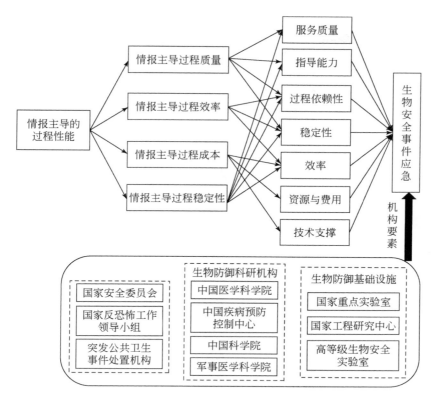

图 7-8　生物安全事件应急中情报主导的过程度量指标

据、汇报过程分析内容、提出过程改进建议、实施过程改进策略、落实控制和监督。通过这一系列过程的高质量执行，检测出情报主导实际性能与预期性能之间的偏差，进而对生物安全事件应急中情报主导过程进行改善，为情报主导的生物安全事件应急实施模型的构建奠定基础。

（二）实施模型的构建

本节拟构建的生物安全事件应急实施模型由情报主导，旨在充分获取、分析与有效利用情报来提升生物安全事件应急能力。以情报应用于生物安全事件应急全局全过程为切入点，基于物理–事理–人理系统方法论和霍尔三维结构模式，构建情报主导的生物安全事件应急实施模型（图 7-9）。

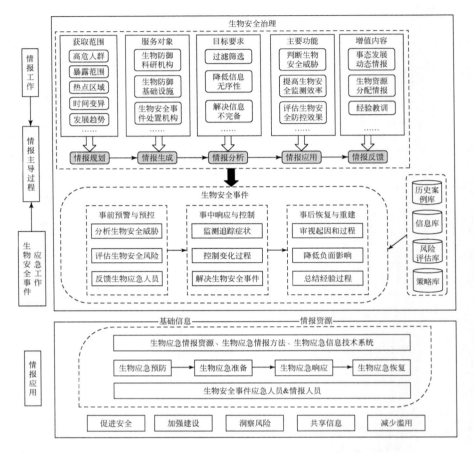

图 7-9　情报主导的生物安全事件应急实施模型

（三）实施模型的内涵解析

由图 7-9 可知，情报主导的生物安全事件应急实施模型由情报主导过程、情报应用两大部分构成，二者环环相扣，相互影响。根据图 7-9，将情报主导的生物安全事件应急实施模型的两部分内涵扼要解析如下。

1. 情报主导过程的内涵

确立情报工作流与生物安全事件应急工作流的映射，将情报工作环节与生物安全事件应急工作流程进行相应匹配。该层描述实施情报主导的生物安全事件应急需要根据不同发展阶段情报需求差异，探寻生物安全情报需求的动态变化走向和规律。面向生物安全事件应急的海量复杂问题，以快速响应为目标,从时间维度聚合情报资源和分阶段动态作业。考虑成本效益,为达到情报供给最大化,需要对生物安全事件的实际经验进行相应积累(姚乐野和范炜,2014),形成生物安全事件应急历史案例库、风险评估库、信息库和策略库,以备将来利用现有知识实现情报及时转换,应对类似生物安全事件的发生。

2. 情报应用的内涵

在情报主导的生物安全事件应急中,为通过成功的生物安全事件应急防范未发生的生物安全事件,不仅需要研究情报,还需要探讨情报运行过程中相关人、事、物。借鉴物理-事理-人理系统方法论(顾基发等,2007),研究情报主导的生物安全事件应急实施模型中物、事、人三方面的内容。根据文献(姚乐野和范炜,2014),"物"主要指生物应急信息技术系统、生物应急情报资源和生物应急情报方法,其中生物应急情报资源是主体,生物应急情报方法与生物应急信息技术系统辅助生物应急情报资源实现生物应急管理目标;"事"主要指生物安全事件应急相关职能部门,以及组织间的协同配合机制等,研究事理的目的在于提高生物安全事件应急全流程中的情报运行能力;"人"主要指情报主导的生物安全事件应急中的相关人员,主要包括生物安全事件应急预防人员、应急准备人员、应急响应人员、应急恢复人员与情报人员等,研究人理的目的是实现不同生物安全事件应急人员角色的相应情报供给,有效防范生物安全事件。

四、实例分析:以疫情防控为例

本节面向疫情防控,开展情报主导的生物安全事件应急方法实例分析。为有效阐述情报在疫情防控中的重大作用,最大限度应对疫情防控过程的情报缺失现象,本节从生物应急和疫情情报学双重视角发现目前疫情防控中的优势与不足,挖掘分析疫情防控不同发展阶段的情报需求,在上述情报主导的生物安全事件应急理论模型与实施模型的基础上,构建情报主导的疫情防控模型(图7-10)。结合疫情防控者自身技能、经验和知识,考虑当前疫情防控的任务、资源等相关约束条件,充分运用疫情情报主导疫情防控全流程的开展,以期制定和采取最优方案完成疫情防控的目标。

在情报主导的疫情防控全生命周期中,要加强利用科技创新提升国家生物安全治理能力。基于情报维视角,加大人工智能、云计算、大数据、区域链等技术在疫情防控及生物安全治理等方面的应用,对疫情进行精准

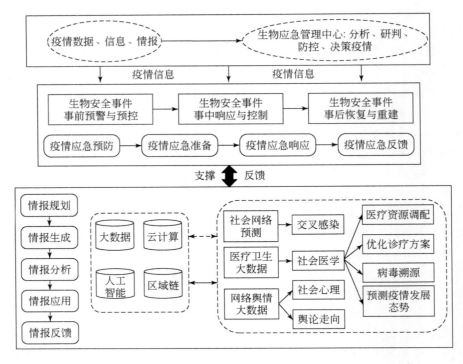

图 7-10　情报主导的疫情防控模型

地分析、研判、防控和决策，以可靠、全面、准确的数据信息作为前提，挖掘能够为疫情防控提供基础依据和有力支撑的情报。

一是利用社会网络预测分析在一定的地理空间中交叉感染的概率与风险，防止疫情扩散；二是运用医疗卫生大数据开展社会医学研究，为疫情防控提供优化方案，在医疗资源调配、优化诊疗方案、病毒溯源、预测疫情发展趋势等方面发挥作用（谢熠和罗教讲，2020）；三是基于网络舆情大数据表达因疫情对人们社会环境造成冲击而引起的社会心理应激反应，预测疫情对公众认知的影响，即公众社会心理和舆论走向。根据图 7-10，情报主导的疫情防控以时间维、逻辑维和情报维三维作为基础要素，以三者相互间影响和协同为条件和动力，旨在将疫情防控工作与疫情情报工作进行有机结合，使疫情情报充分融入疫情防控工作过程中。

第四节　情报主导的生物安全监管

自新冠疫情的暴发和全球大流行起，生物安全在全世界范围内引起重大关注。习近平总书记于 2020 年 2 月 14 日提出，把生物安全纳入国家安全体系，系统规划国家生物安全风险防控和治理体系建设，全面提高生物安全治理能力①。各相关研究机构和管理部门纷纷着手相应的生物安全管理工作，目的是规范监管行为，合理运用技术防范化解生物安全治理风险。生物安全监管体系是生物安全治理的具体实践，其效能必然会受到情报工作的影响，具体表现为对生物安全监管有价值的生物安全相关信息的搜集、处理、分析与运用（刘建义，2019）。《中华人民共和国生物安全法》明确指出，"国家建立生物安全风险监测预警制度。国家生物安全工作协调机制组织建立国家生物安全风险监测预警体系，提高生物安全风险识别和分析能力"。生物安全监管可实现生物安全风险的监测，以情报为联系枢纽，可实现监管体系的事前预警、事中补充与事后预防的功能。由此观之，开展情报主导的生物安全监管领域研究具有一定的理论与现实意义。

本节阐述当下生物安全监管的概况，分析新形势下生物安全监管的情报需要与内涵；为解决生物安全治理所面对的生物安全问题，立足安全情报视角，以情报工作周期为依托，构建情报主导的生物安全监管体系，详细论述体系的要素分析，解析体系的情报价值与运行机理；在多种规制手段与多元主体相互配合的基础上，深入论述开展生物安全监管研究与实践的必要性与迫切性。

一、情报主导的生物安全监管背景

近年来，全球人口剧增、生态环境破坏及异常气候频发，同时，伴随着科学技术的快速发展，全球范围内的生物安全风险加剧。自 2019 年底的新冠肺炎疫情暴发以来，生物安全问题越发突出，生物安全形势愈加严峻，生物安全在全球范围内受到了极大的关注，面向生物安全治理的生物安全监管工作得到高度重视。生物安全问题的日益多样化与复杂性造成了大规模人员伤亡、心理恐惧和社会混乱，给生物安全治理工作带来了新的

---

① 温志强：《完善重大疫情防控体制机制 健全国家公共卫生应急管理体系》，《天津日报》2020-03-23 第 9 版.

难题。新形势下生物安全治理范围逐渐扩大、难度持续增加，受到前所未有的挑战。情报主导的生物安全监管是实现生物安全治理的重要手段，可为当下的生物安全治理所面临的严峻生物安全问题与现存治理难题提供解决渠道。

1. 生物安全意识薄弱，生物安全监管能力有待提高

目前，我国还未对生物安全相关领域的从业人员形成全面系统的生物安全法律法规、行为规范、伦理道德等方面的教育培训体系。我国的《中华人民共和国生物安全法》奠定了生物安全在总体国家安全观内的地位，但纵观全局，多数国家的生物安全立法与制度建设不足，不能满足保障公众健康、生态安全的需求。只有在完善的生物法律体制的保障下，生物安全监管才能得以重视，全面化、现代化发展才能得以实现。生物安全涉及内容广泛，致使不同职能部门对生物安全的理解不同，监管执行力难以提高。自 2019 年底新冠肺炎疫情暴发以来，许多国家纷纷将生物安全纳入国家总体安全体系，针对生物安全问题开展的一系列安全管理工作算是一个全新的开始。特别是在生物安全监管这一新领域，可借鉴经验不充分。

2. 生物安全信息泛滥，新兴科学技术在生物安全监管中的运用不到位

大数据时代的到来实现了生物安全治理的变革，同时也带来了难题与挑战。一方面是应用大数据技术可提升生物安全信息的治理与监管能力，提供小数据无法获取的价值情报；另一方面是大数据导致信息的井喷式增长，有价值的生物安全信息无法被准确地获取。因此，生物安全信息不能直接用于生物安全监管，需要借力于生物安全情报。以互联网、大数据、人工智能为代表的新兴科学技术在生物安全监管工作中的运用不到位、不精通。多数政府监管部门只是运用新兴科学技术进行部门内部的信息搜集、分析与处理，未与其他职能部门进行实时对接与分享，对生物安全监管的运行形成障碍。科学技术的高度与生物监管的体系、机制和能力等方面存在的短板矛盾突出，部门之间业务协同与数据共享程度不够。

3. 生物安全监管形势的急迫需要

生物安全形势日益严峻，生物安全问题是涉及多个领域的综合交叉问题。生物安全的范围主要涉及生物实验室安全、生物技术两用性、重大传染病、生物武器研发与使用、外来有害生物引进或扩散、生物资源流失等多方面（瑞安，2020）。当下，实现生物安全的防控与监管离不开生物安全情报的支持，不仅要解决传统的生物安全威胁，还要预防新型生物安全威胁。

交通系统的全球化发展给突发传染病、外来生物入侵等提供了便捷渠道，对各大交通枢纽进行严格的生物安全监管是守护国家安全防线的需求。对关口实行外来物种信息筛查、境外人员行程监测等，其实质是数据筛查、信息处理和分析运用情报的过程。迄今为止，仍存在实验室科学家蓄意盗取受控生物制剂或实验数据和材料的案例。例如，日本实验室Mayo 诊所发生其供职的研究员窃取诊所的实验数据和相关材料的事件（Cass，1999）。生物安全形势要求生物安全监管不仅要解决物理安全屏蔽和暴露的风险，还要面对远程窃取数据的挑战。生物技术被恶意谬用或误用（微生物耐药性等）可能会带来巨大的安全隐患。通过生物安全监管进行研究方向的把控，保障生物技术的开发利用遵循正确的价值导向。生物恐怖主义一直以来都是生物安全领域关注的焦点，是生物安全监管的重点对象。当下，大规模的生物恐怖袭击事件是小概率事件，而小规模的生物恐怖袭击事件和生物犯罪是时常发生的。通过实行生物安全监管，提高对生物恐怖主义的抵御能力。生物安全监管面临的生物安全内容复杂广泛，作者仅选择部分典型内容来阐述生物安全形势的急切需要。

二、情报主导的生物安全监管概念界定

生物安全监管是解决生物安全问题的重要手段，是提升生物安全治理能力的关键。自新冠疫情暴发以来，生物安全已成为人类生存和发展的主要威胁之一，生物安全问题在全世界范围内引起了极大关注。新冠疫情暴露出世界各国生物安全治理体系的法律法规不完善、风险防控能力不足、危机意识薄弱等短板（司林波，2020）。面对日益复杂和严峻的生物安全形势与生物安全治理风险，生物安全监管失控后，人类无疑是最大的受害者，给世界各国带来严重的损失。

（一）生物安全监管

安全监管隶属于安全管理的范畴，是对安全活动过程中一系列行为进行监督与管理的行政活动，包括自然发生与蓄意为之的行为。安全监管不仅包括基本的应急管理，还包括各行业组织、社会公众监督和社会舆论等外部监督与企业内部的自律管理，外部监督与自律管理对安全监管工作形成有益的完善与补充。

生物安全监管是解决生物安全治理所面对的生物安全问题的关键。一般而言，系统可用"物质流、能量流、信息流及行为流"来表征（吴超，2018），信息流在其中起传递连接的关键作用。因此，信息在生物安全监

管系统中占据不可估量的地位。生物安全相关的政策法规中多次使用到"生物安全信息"一词，生物安全信息是生物安全状态及其变化方式的自身显示（王秉，2020a）。生物安全监管是指通过搜集、处理、分析和应用影响人类和动植物的生物安全信息，以形成生物安全态势的感知，支持生物安全治理的一种监督管理手段。

促进生命健康、保障社会稳定和维护国家安定是生物安全监管的职能所在。生物安全情报是对生物安全监管真正有价值的生物安全信息。情报在国家安全的多个领域已有显著进展和贡献，生物安全在引起重视后，迅速被融入生物安全治理。当下，以情报为枢纽的协作互动形式主要包括互联网数据、物联网数据和移动终端数据三大类。例如，利用卫星定位技术实现手机位置定位来确定人员的行动轨迹，确保每个人的活动路线是可监控的，便于监督管理；实现政府对社交网络舆论话题的监控，能迅速定位"疑似确诊"等不实或引起恐慌的消息。把握当下生物安全面临的复杂形势，利用情报主导，构建生物安全监管模型，直面生物安全问题，努力提高生物安全监管整体水平，实现高水平生物安全治理能力。

（二）生物安全监管情报的内涵

安全情报学是重点面向安全管理的一门大交叉大融合的学科，是支撑安全管理工作的基础与关键（王秉和吴超，2019b）。生物安全信息流动于生物安全监管全过程中，其中生物安全信息是生物安全状态及其变化方式的自身显示（王秉，2020a）。从情报学的角度，生物安全情报是对生物安全监管真正有价值的生物安全信息。其内涵包括生物安全情报可用于多元主体（政府、不同职能的部门、情报分析人员等）对生物安全问题的了解，以预先解决和消除引发生物安全事件的各种不安全因素；系统的生物安全情报反馈可直观体现生物安全监管体系的安全状态程度。

生物安全监管是多元主体对生物安全情报工作的全周期进行信息流的控制（对生物安全信息进行搜集、整理、分析和应用），实现全面采集、科学分析、准确沟通和及时使用有价值的生物安全信息，同时运用多种规制手段实现情报化管理，提高生物安全监管的风险防控和生物安全治理的治理保障。在生物安全监管中运用生物安全情报可有效防止生物安全事件的发生，生物安全监管的情报来源流程图见图7-11。

生物安全情报是被分析处理后的生物安全信息，故完整而准确的生物安全信息集合是获取和生产高质量生物安全情报的基础。生物安全信息是生物安全监管的基础要素和资源，生物安全情报是生物安全信息的价值体

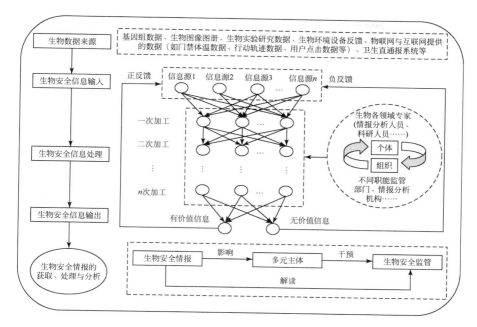

图 7-11　生物安全监管的情报来源流程图

现。因此，探究生物安全情报的来源，对基于情报视角开展生物安全监管研究尤为重要。搜集多方面的生物安全数据（如生物基因组、生物图像、生物研究成果等）可提高生物安全信息的完整性，准确、齐全的生物安全信息可更好地表征生物安全监管的安全状态。生物安全数据作为生物安全的基础信息来源，经输入环节进入信息流。生物安全信息在处理环节被多元主体进行加工处理，经"人脑的智慧分析"内化成知识，以"有/无价值"的生物安全信息形式输出，生物安全情报的实质是经多元主体加工分析后获取的有价值生物安全信息。在输出环节以反馈的形式作用于输入环节，有价值的生物安全信息具有正向调节作用，无价值的安全信息则起负向调节作用。有价值的生物安全信息作为生物安全情报被产出利用，无价值的生物安全信息干扰信息流动，被视为干扰噪声，易诱发情报失误，增大生物安全监管的风险。生物安全情报的获取、处理与分析直接影响多元主体的判断决策，进而影响生物安全监管工作开展的效率。

三、情报主导的生物安全监管模型

　　生物安全情报是生物安全监管的基础，生物安全情报质量的高低将直接影响生物安全监管的绩效，抓好生物安全情报在生物安全监管的每一环节的运用，保障情报的质量，进而降低生物安全监管障碍的风险。生物安全是一个涉及多领域的综合性安全问题，治理范畴涉及多个领域：生态安全、资源安全、科技安全、军事安全、信息安全、经济安全与社会安全等（王秉，2020a）。生物安全情报分散在不同职能的国家部门，涉及应急管理、医疗卫生、科学技术等多个社会相关系统。为更科学高效地开展生物安全监管工作，最大限度地发挥情报对生物安全监管工作的支撑作用，需要构建情报主导的生物安全监管模型。

（一）情报主导的生物安全监管模型的构建

实现生物安全的有效防控与监管离不开生物安全情报的支持。因此，本节提出在生物安全监管过程中，以生物安全情报为主导，结合新兴科学技术的使用，强化生物安全监管能力，发挥生物安全情报对生物安全监管的支撑和服务，从而应对传统和新型生物安全威胁。

情报主导的生物安全监管可分为生物安全情报工作和生物安全监管内容，前者为后者提供支持，是后者的工作基础。构建情报主导的生物安全监管模型（图7-12），以生物安全情报工作为研究主线，解析情报主导的生物安全监管模型，结合多种规制手段并与多元主体相互配合，运用生物安全情报工作驱动监管，建设数字生物监管，实现生物安全的动态监管、协同监管、全面监管、智慧监管与精准监管，创新生物安全监管模式，落实生物安全监管风险防控，达到完善生物安全监管机制的目的。

（二）情报主导的生物安全监管模型的解析

1. 生物安全情报规划是生物安全监管的前置条件

明确生物安全监管面对的生物安全治理内容与所要解决的生物安全问题，是生物安全监管工作的起始点。该阶段的任务是总结生物安全治理的内容，确定生物安全监管的情报需求和工作要求，明确所要解决的生物安全问题，分析生物安全监管的情报工作任务，进行初步规划，界定生物安全情报发挥作用的范围，指导生物安全监管的总体方向。

2. 生物安全情报搜集是生物安全监管的运行开端

此阶段的主要任务是在多元主体采取措施解决生物安全问题前，生物安全监管部（政府职能部门）多手段多渠道地搜索、收集、发现和接收各种生物安全相关信息，特别是有关违规违法的行为线索，为即将开展的

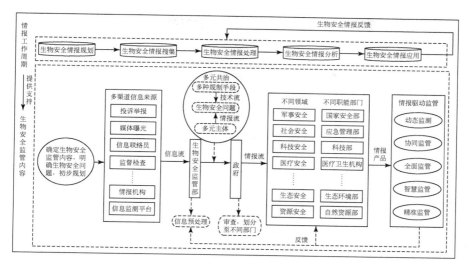

图 7-12　情报主导的生物安全监管模型

工作提供情报信息，调整监管方向。政府主动开展多渠道信息搜集工作，明确清晰的工作指导思想，设置独立专业的情报搜集机构（如设立生物安全监管部，内置专业情报分析员）。根据各职能部门工作方式和情报来源的不同，生物安全监管情报的搜集可被划分为主动搜集和被动搜集两大块（陈铭，2014）。主动搜集情报的渠道包括政府监督检查发现、发展情报联络员搜集、利用先进技术监测等多种方式，被动搜集情报主要来源于群众投诉举报、媒体曝光等传统方式。

生物安全监管部可利用新兴科学技术实现智能化情报的搜集。例如，建立配套的"网络信息监测平台"，实现自动筛选国内各网站的生物相关信息、生物安全治理范围内的各类舆情和突发生物安全事件信息、国际网站的先进管理经验，剔除重复信息后生成一份网络监测数据，由专业的情报分析人员进行针对性分析。该部门对外挖掘情报来源，对内负责情报工作的协调，经相关领域的生物安全技术咨询专家委员会和专业情报员对信息进行初步筛选与预处理。情报搜集工作是生物安全监管工作的运行开端，对违规违法行为查处具有导向作用；情报搜集工作可促进生物安全监管的提前介入，提升生物安全监管的主动性。

3. 生物安全情报处理分析是生物安全监管的关键

大数据时代为生物监管提供海量数据，多元主体（如科研人员、各部门监管者、情报分析人员等）通过挖掘数据、分析信息来发现其背后蕴含的情报价值，这可避免出现统计数据下的主观臆断和扭曲，从而有效提高监管的客观性、系统性和科学性。情报的处理分析具体指依据初步处理后的生物安全信息在生物安全监管中所体现的价值，多元主体对存在的生物安全问题进行多维度思考与更深入的处理加工，利用情报流识别现阶段生物安全监管障碍风险，运用多种规制手段进行技术规避。基于生物安全涉及内容复杂、领域广泛的特殊性，对生物安全监管行为的判断需要依靠新兴科学技术和学科专业技术等多种手段的共用，形成多元共治的支持局面。

通过多主体的主观能动性实现对生物安全信息的识别和筛选，可大大减少有价值信息的偏离和丢失，从而更好地获取有利于生物安全监管的情报。面对综合复杂的生物安全监管形势，兴起的新一代科学技术可完备生物安全监管的情报分析工作，降低监管障碍的不确定性，提供技术硬支撑。多元主体利用自身的知识结构与人脑的智慧判断对技术设备获取的照片、高端仪器处理后的结果等原始数据进行识别，将有价值的信息加工成可阅读或便于理解的形式，从而有效避免生物安全监管失误的出现。对经处理分析后呈现的情报内容加以整理，激活成为更具价值的生物安全情报，并传递到政府部门。由政府完成情报信息的审查和分派，统筹分配至隶属的职能部门，不同部门针对传递而来的生物安全情报进行分析应用。

4. 生物安全情报应用是生物安全监管的具体实践

生物安全监管面对的是涉及多领域的安全风险。情报应用工作的主要任务是结合多学科知识与新兴科学技术，将针对不同生物安全问题的安全情报产品回归至对应的职能部门（如生态安全情报回归至生态环境部、军事安全情报回归至国家安全部等），运用不同领域的生物技术进行进一步的帮助解决，实现情报驱动监管。应用阶段的关键在于提升情报在监管过程中的传递效率，弱化干扰噪声，打破各主体间情报的"孤岛效应"。一方面，随着网络化和信息化的快速发展，数据共享已常态化。另一方面，情报在生物安全政策中的地位越发重要。例如，《中华人民共和国生物安全法》强调，"国家生物安全工作协调机制组织建立统一的国家生物安全信息平台，有关部门应当将生物安全数据、资料等信息汇交国家生物安全信息平台，实现信息共享"。政府要加以引导各职能部门、开展不同部门之间的信息交流合作，在情报的处理、分析和运用等方面发挥优势。

生物安全情报能够便于多元主体更好地识别生物安全监管环境中存在

的障碍威胁，情报的应用弥补了跨部门信息传递不对称的缺陷，以及在横向与纵向上的流通性不足，提升了监管的信息传达的及时高效性与便利快捷性。立足于"多学科跨学界"的视角，着手解决不同类别的生物安全问题，各部门在生物安全情报支持下根据实际情况，制定和实施切实对应的生物安全问题防控对策，进行全过程的监测监控，降低生物安全监管障碍风险。在生物安全监管情报应用过程中，着重强调要在对的时间内进行生物安全监管，落后于生物安全监管风险防范化解决策的生物安全情报没有任何实际作用。

5. 生物安全情报反馈是生物安全监管的行为调节

情报的反馈功能主要体现在根据生物安全监管模型中情报应用的工作效果进行输出，反馈至前期的输入环节，消除监管环节中影响情报运转的不安全因素，控制监管模型的运行保持在预期轨道内，调整完善生物安全监管的内容和方法，尽早避免产生不良后果。只有通过生物安全情报反馈环节发挥作用，才能及时发现生物安全问题的变化，修改监管的原决策或做出新的决策，达到改进和完善生物安全监管模型的目标。

（三）情报主导的生物安全监管模型的运行保障

面对当前生物安全监管的局面和形势，必须具备充分认识和应对生物安全治理威胁的能力，这样才能有效地瓦解造成生物安全事件的不安全因素。而这种能力源于生物安全监管模型构建的科学性及运行的规范性和有效性。安全监管的不确定性可分为技术上的不确定性和认知上的不确定性等类型，各种类型的不确定性之间存在协调关系（薛达元，2009）。新兴科学技术的发展可解决技术上的不确定性，情报作为联系枢纽贯穿生物安全监管的重要部分可降低认识上的不确定性。

生物安全监管模型运行的规范性和有效性是确保生物安全监管准确率与降低监管障碍的保障。提升情报主导的生物安全监管模型的精确程度，需要加强法律、理念、体制与技术等方面的共同建设（图7-13）。

1. 法律层面：加强生物安全法律制度的体系建设

出台生物安全相关法律，完备生物安全法律体系，可直接给予生物安全监管有力保障。生物安全监管者需要坚持法治化建设，打破管理体制内的信息壁垒；形成风险预防理念，系统地贯穿生物安全法律制度的建设；促进生物安全策略的制定，不断建立健全生物安全法律制度建设，整体推进生物安全监管工作的开展，促进国家生物安全工作顺利开展。

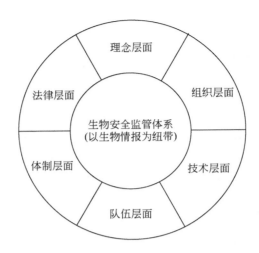

图 7-13　情报主导的生物安全监管模型的运行支撑图

2. 理念层面：提升多元主体的生物安全意识与信息处理素养

对于广大的生物安全从业者来说，将生物安全相关意识内化到技术职业的责任伦理中，提高专业人员和公众的生物安全意识，是完善生物安全监管预警预测机制的前置条件。提高监管主体对数据的敏感性，可提升对数据的收集能力、信息的分析处理能力和情报的利用决策能力，推动生物安全监管的高效运行。《中华人民共和国生物安全法》《中华人民共和国野生动物保护法》《全国人民代表大会常务委员会关于全面禁止非法野生动物交易、革除滥食野生动物陋习、切实保障人民群众生命健康安全的决定》等提到，国家要加强基层群众的宣传教育，在全社会范围内普及生物安全法律法规和生物技术伦理道德，强化生物安全意识。

3. 组织层面：构建一个能够统一领导和指挥的组织

成立一个可统筹管理生物安全治理局面的组织，可提高生物安全监管灵活度。首先，组织（如生物安全管理部）直接进行生物安全情报的搜集、处理与初步分析；然后，政府将生物安全情报统筹分配到对口的职能部门，各职能部门提出具有针对性的生物安全问题解决方案；最后，各部门进行信息互通、成果共享，进而提高情报传递效率。在政府领导、一方统筹、多元协同的管理模式下，实现资源的有效整合，提高生物安全监管整体水平。

4. 技术层面：情报主导的生物安全监管离不开新兴科学技术的支持

新兴科学技术（如大数据、区块链、云计算和人工智能等技术）一方面可为生物安全监管提供海量数据，另一方面可对数据进行多维度的清洗、加工和初步处理。充分利用新兴科学技术实现多部门和各情报主体之间的软关联，消除信息交流屏障，实现目标统一、分工明确的高效协作（王秉和朱媛媛，2021）。利用互联网+数据管控实现生物安全监管的与时俱进，根据不同的生物安全问题，建立智慧分类监管平台，不同部门结合对应的生物安全情报反馈的价值，采取不同的应对之策，以提高生物安全监管的针对性、有效性和灵活性。

5. 队伍层面：培养"生物+情报"复合型人才队伍

生物安全内容涉及多个领域，意味着国家对人才队伍建设的综合能力要求高。立足生物安全的发展规划，结合实际，建设全方位、高素质的人才队伍。"生物+情报"复合型人才是T字形高端人才，即一方面在专业方向上达到一定深度，另一方面有广泛的知识面，有较强的动手能力、自学能力和分析能力，是推动生物安全监管建设的助手。

6. 体制层面：生物安全政策法规支持下的监管体制完善

明晰情报观对生物安全监管与政策法规建设的保障作用，进而完善高效的体制建设模式。情报思维要求从国家战略高度的层面重视生物安全信息的搜集、整理、分析和应用，促进大环境中生物安全防御的牢固和稳定，从而推动生物安全监管的有效运行。以《中华人民共和国生物安全法》为中心，开展法律内容的补充，规范监管行为；以生物安全情报为枢纽，明确监管目标和方向，协助生物安全政策法规的内化，强化国家生物安全监管体制的协调。

生物安全监管工作的顺利开展需要多方面的协调共治，因此应构建一个共建、共治、共享的多元主体参与、多种规避手段协同共治的生物安全监管模式。安全情报主导的生物安全监管可将生物安全治理工作提前化，帮助生物安全监管者完善生物安全的相关信息知识，增强情报的智能预判，做好相应的监管防护工作，将生物安全事件的发生概率降到可控范围内。

第五节　情报主导的疫情防控

新冠疫情的暴发严重影响了公众生命健康及社会正常秩序，也是对我国政府治理能力与情报体系的一次考验。新冠疫情不仅是对我国医疗水平的挑战，同时也是对我国国民经济、国家安全制度、应急管理能力、各地区数据收集能力、人民凝聚力和响应能力的挑战。针对突发公共卫生事件，及时有效地传达各类疫情情报对疫情防控工作的顺利开展极为重要。大数据时代的到来为安全情报的生产提供了强有力的支撑，为我国公共应急管理提供了新思路。在疫情防控期间，大数据无时无刻不在为其助力，这些数据不仅集中于新冠疫情的传播状况，还聚焦在疫情防控期间资源调配、人员迁徙轨迹、各地区社会行为及交通管制措施等方面。鉴于此，本节将大数据与安全情报相结合，通过二者在此次疫情防控中发挥的作用来开展疫情的防控模型研究，促进我国在大数据时代背景下对公共卫生事件的预警、分析、处理、总结和评估能力。

一、情报主导的疫情防控概念界定

1. 疫情防控

2020 年 1 月 30 日，世界卫生组织总干事谭德赛在日内瓦举行新闻发布会，说明新型冠状病毒感染的肺炎疫情已构成国际关注的突发公共卫生事件，并在 3 月 11 日宣布，新冠肺炎疫情"从特征上可称为大流行"。新冠肺炎疫情具有突发公共卫生事件的一般特点：①突发性，表明此次疫情发生的时间、地点及规模等都是始料未及的，其诱因具有潜在性和隐蔽性；②复杂性，疫情呈现一果多因的性质，因果联系复杂，其状态也会随时空不同而发生变化（李传军，2020），从社会关系的高度复杂性来看，其所涉及的社会组织、政府职能部门也较为广泛；③破坏性，疫情渗透性极强，不仅带来严重的人员伤亡、财产损失，还对经济、社会及个人心理造成极大负面影响；④持续性，事件从潜伏、暴发到稳定、消退是一个长期过程，解决其随之造成的经济、政治等串联事件并修复社会秩序等过程耗时长；⑤可控性，疫情是可以通过采取正确手段、措施进行控制的。从系统的角度来看，防控指的是通过对系统进行调节来克服其不确定性，使其达到并保持所需状态的活动过程。

因此，基于疫情的特点，这里提出疫情防控的定义：疫情防控是指能根据疫情现阶段趋势，通过疫情监测溯源、制度合理制定、资源合理调配、人员迅速响应等活动，可预见地使疫情态势稳定并最终达到安全。这里需要指出的是，定义的疫情防控是以结果为导向的过程事件，在研究时应将重点放在过程研究上，即怎样利用相关大数据、信息、情报等资源来服务防控过程。

2. 疫情大数据

基于安全科学性质定义的大数据指的是通过主流工具和技术，分析、整合复杂的安全数据集合，从而预防和控制生产活动中的危害（欧阳秋梅和吴超，2016b）。基于上述概念提出疫情防控安全大数据定义：通过主流工具和技术，分析整合疫情相关安全数据，并达到能对疫情状态进行描述、监控疫情发展的目的。

根据图 7-14，上述定义中"分析整合疫情相关安全数据"的方法总体可分为"纵向整合"与"横向集成"，这两种安全大数据融合思路是对疫情不同角度的分析，都能为防控提供有效参考。

在新冠疫情防控中，疫情大数据与人工智能并发执行，如医疗机构利用数据对患者进行危险评估，筛查医学影像，以此进行分级诊疗，实现医疗资源的高效配置；各社区居民主动登记个人信息与近期出行范围，并进行线上录入，各省推出"健康码"来跟踪监测居民的活动轨迹、消费记录等，用人工智能估计居民疫情健康风险；互联网公司通过用户授权的定位信息，利用 GPS 数据、基站数据等溯源患者活动轨迹及接触人群，并通过国家卫生健康委员会发布的确诊病例制成疫情地图；各地区建立医疗物资信息管理系统，对各类医疗物资的运输、入库、日常消耗、库存量进行实时监控；人口流量较大场所采用 AI 人脸识别红外测温能实时采集数据，具有较高测查效率。

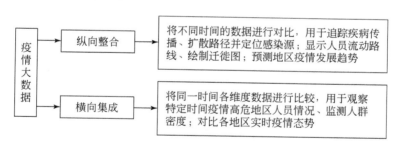

图 7-14 疫情大数据融合思路

3. 疫情情报

普遍认同安全情报是一种加工过的安全信息（本质为信息），并为管理提供服务，在公共卫生突发事件中融入医学情报、政府情报、社会情报（王秉和吴超，2019a），能为安全管理者提供决策方向、加强应急科学认识，属于安全情报的实践应用（苏新宁和蒋勋，2020）。基于此，提出疫情情报定义：疫情情报是指能为疫情防控全过程提供指引的安全信息。上文提到疫情防控是一个过程，安全情报作为应急的普适性变量（郭勇和张海涛，2020），其服务对象应是整个防控过程，即应将疫情情报转换为预警、处置、救援等行为，具体内涵如下。

1）疫情防控前期，表明该事件处于潜伏状态，该阶段情报工作重点在于对突发事件的感知与预警，即通过对疫情特征（如病毒特性、案例知识、诊疗数据等）（马费成和周利琴，2018）的分析来设计多个针对性的情报采集点（李纲和李阳，2016b），利用安全情报感应风险信号，提前对疫情进行鉴别、评估并进行应急准备（物资筹备、救援培训），从而达到预防、规避的目的。

2）疫情防控中期，表明突发事件已经发生，该阶段情报工作重点在于对突发事件的应对，即跟踪事件进程、协调指挥、做出应急决策并尽力减少损失。这一阶段大量确诊病例出现，疫情态势更复杂，情报流速度加快，情报也更加复杂，易发生情报紊乱，对情报的传递、利用、凝练的能力要求高，如何有效筛选疫情安全情报，使各维度的安全情报相互关联，并支撑安全决策制定是该阶段的关键。

3）疫情防控后期，表明突发事件进入尾声，该阶段情报工作重点在于对突发事件情报流进行梳理，并对疫情总体伤亡人数、治愈人数、造成的经济损失进行评估，对疫情防控经验进行总结（常玲慧和马斌，2013），此外，疫情情报还应涉及疫情后的社会管理、康复患者追踪、疫情模型构建等过程。

二、疫情大数据、疫情情报与疫情防控的关系分析

随着大数据时代的到来，已有许多学者在此背景下对大数据与情报之间的关系进行了研究，如 Bommel（2004）、化柏林和郑彦宁（2012a）说明了数据、信息之间的转化路径，并提出数据是信息的基础；化柏林和郑彦宁（2012b）归纳了信息转化为情报的途径；王秉等（2019b）、王秉和吴超（2019d）将数据、信息、情报之间的关系融会贯通。基于上述研究成果，给出疫情大数据、疫情情报与疫情防控的关系链（图7-15），并做出相关解释。

1. 疫情大数据

疫情大数据作为疫情状态描述、监控的素材，其总价值很高，但其数量多、种类复杂，导致其价值密度低，而新冠肺炎疫情的暴发又具有高度复杂性与不确定性（李传军，2020）。此外，由于2020年新冠肺炎疫情涉及中国多个省（直辖市、自治区），疫情大数据类型复杂且分布范围广

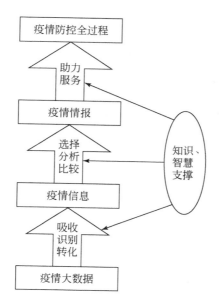

图 7-15　疫情大数据、疫情情报与疫情防控的关系链

泛、公布渠道分散，不利于各部门统筹防控。因此，在爬取疫情大数据时，应广泛利用人工智能、云计算等数据分析技术（李传军和李怀阳，2015），针对性地筛选出有助于疫情的安全大数据，加强各地区数据对接，提升数据获取效率，对各类型疫情大数据进行汇总，营造有价值的疫情大数据环境，为获得高质量疫情信息打下基础。

2. 疫情信息

疫情信息是影响疫情防控的关键因素之一，疫情大数据到疫情信息的具体转化需要在某方面有经验的或专业人员（即知识、智慧支撑）对数据进行"加工提纯"（吸收、识别、转化等）（化柏林和郑彦宁，2012a）。为防止数据丰富和信息不足（Data Rich and Information Poor，DRIP）现象，需要指出以下两点。

1）疫情大数据作为疫情战略资源，是随着疫情发展不断变化且增加的，某一数据在特定环境里所具有的意义可能只是表层信息，在整体大数据环境下，应对有价值的数据进行再利用（吴承义和唐笑虹，2020），使不同时空下某一数据相互联系、形成对比，通过这样的数据分析方法转化成的安全信息内涵更丰富，能更好地服务于疫情全过程。

2）在对疫情大数据进行加工时，不应局限于对单一类型疫情数据进行纵向分析造成"数据烟囱",而应以该疫情数据为中心点,扩散式地结合并综合分析相关疫情数据链,即在疫情防控工作中,各防控部门之间应建立数据共享平台,加强部门数据交换、协作,实现疫情宏观分析,避免数据在"加工提纯"后形成"信息孤岛"。例如,每时段更新的确诊病例数据能直观地反映疫情的传播速度及严重程度,而其背后相关的数据链(各地区人口流动量、防控强度、确诊人员接触史等)可以为疫情发展趋势分析和防控提供有效信息。此外,不同职能的部门之间的疫情大数据共享和疫情信息整合能使疫情发展脉络更加清晰。

3. 安全情报

安全情报是被"激活"了的信息,所以其本质仍是安全信息(王秉和吴超,2019c),与疫情信息不同之处在于它经过选择、分析、比较等过程后能为疫情防控全过程提供建议,从而提高疫情防控能力,安全信息能反映疫情发展及现状,而安全情报能指导疫情防控决策(如人员管控、物资调度、诊疗方案选择等)。疫情情报的价值体现利用疫情大数据和疫情信息效用的程度。同时,疫情大数据和疫情信息是疫情情报的重要来源。

综上,图 7-15 显示的关系链表明,每一个下层要素的收集、选择都为其上层要素奠定了基础,构成逐层规范化、层层关联的关系链,而知识、智慧支撑着层级间的转化,贯穿疫情防控全过程。

三、大数据环境下情报主导的疫情防控模型

根据图 7-16,通过上文对疫情大数据、疫情情报、疫情防控定义的分析,以及对疫情大数据、疫情情报与疫情防控结构相关关系的分析,结合疫情的基本特点,构建大数据环境下情报主导的疫情防控模型,具体内涵如下。

1. "数据驱动"部分

该部分的主要任务是疫情大数据的收集及其价值的提升过程。根据图 7-16,突发的疫情会产生大量的数据,这些数据由相关部门接收统计(如医疗部门对医疗物资的调度情况、对病理特征的统计,交通部门定位人员近期的交通工具及接触人群,工业和信息化部门统筹电信运营商定位人员所在地区等)并集中上传到数据共享平台,该平台将原本分散的数据集中,有利于数据的存储和调取,使整个数据链更加完整并环环相扣,形成"数据蜂窝",即各部门、各种类的安全大数据都有相互接触面,更有利于数据互通、关联。例如,病理特征、医疗物资情报的互通可帮助医

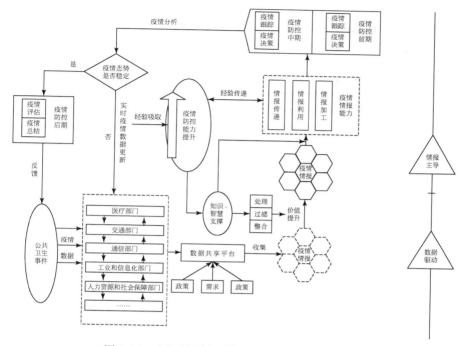

图 7-16　大数据环境下情报主导的疫情防控模型

疗机构更好地筛查患者并高效分配物资；患者活动轨迹的公开也可为高危地区的划分提供参考，实现风险可视化；各类疫情大数据的共享与 AI 数据的自动分类又能使疫情大数据在各自范围内发挥效用。而这一过程的完成需要国家政策的扶持、需求的导向及技术的支持。

2. "情报主导" 部分

该部分主要任务是利用疫情情报来指导疫情防控全过程（即疫情防控前、中、后期），并达到疫情态势稳定的目标。疫情大数据作为获得疫情情报的基础，其"蜂窝"特性也将传递到疫情情报，并且经过价值提升后，情报中疫情信息的"纯度"和利用价值更高，其关联程度也更好。利用加工后的疫情情报，指导疫情防控的前期与中期。通过疫情发展情况分析（如判断疫情态势是否稳定），确定疫情防控的后期工作。若疫情态势不稳定，则有关部门结合实时更新的疫情数据，进行新一轮的数据收集、处理，直至疫情稳定。该过程的关键因素为疫情情报能力，本节将疫情情报能力归纳为情报传递（各部门间情报的协同、交流）能力、情报利用（情报指导疫情处置、应急决策）能力、情报加工（疫情情报的分析、信息提取）能力，疫情情报能力是疫情防控能力的体现，同时也与情报处理人员和机构的知识、智慧水平有关。

在疫情全过程中，疫情情报能力主要体现在：①疫情前期（感知与预防），疫情情报能力即及时对疫情情报感应到的风险程度进行分析，并将信息传递给有关部门，各部门以此采取相应措施；②疫情中期（跟踪与决策），疫情情报能力即应对此阶段产生的大量情报，并做出正确应急决策；③疫情后期（评估与总结），疫情情报能力即对全过程情报进行汇总评估，储备疫情经验，并逐步展开应急恢复。

3. 有关"防控能力提升"的有关解释

疫情防控能力主要包括：①疫情决策方案的选择，即在疫情潜伏期、暴发期、缓解期各阶段采用不同防控手段的效果不尽相同，对防控方案的优选是保障疫情安全的根本；②疫情方案执行能力（包括部门执行能力与个人执行能力），当疫情防控方案下达时，各相关部门能贯彻方案意图，并根据方案要求快速分工，且相关人员严格执行命令；③疫情科学认识的能力，包括对疫情病毒原理的研究进展、有关药物的作用机制探讨，以及群众对疫情病毒的认知能力等；④疫情经验吸收能力，在疫情防控期间能对上一阶段的处理方案、措施进行归纳总结，对比各类措施的权重，并将经验用于下一阶段的疫情处理中。疫情防控能力可在整个防控流程的循环过程中不断提升，而这种提升又可促进疫情知识和智慧（数据价值提升的重要支撑），以及疫情情报能力的增长，三者呈现积极正反馈。

综上分析，大数据环境下情报主导的疫情防控模型构建的关键在于疫情大数据转换为疫情防控安全情报的过程，以及疫情防控能力在整个流程中的重要作用，其目的在于研究大数据、情报与公共卫生突发事件的逻辑联系与实际意义。模型不仅可以参与疫情防控全过程，当此次疫情稳定后，它所反馈的全部决策措施和经验还能为以后类似突发公共卫生事件提供帮助，构成完整闭环。

第六节　情报主导的转基因生物风险防控

20 世纪 80 年代以来，基因重组技术的快速发展及其广泛的应用，致使全球生物科技得以迅速发展，基因技术迈入前所未有的崭新阶段。转基因生物在科学上具有较大的不确定性，从而使得转基因生物的大规模使用与商业化生产存在较大风险，因此如何评估这些风险并对风险进行管控，是目前科学管理和可持续发展的迫切需求。因此，可以预见，我国将面临转基因生物所带来的更为严峻的考验。转基因生物风险管控方法研究已刻不容缓，并且具有重大的理论与现实意义。

转基因生物风险管控研究涉及多学科交叉领域，单一的学科研究领域不足以支撑管控活动。近年来，学界众多学者开展了大量有关突发事件的情报研究，但尚未就如何将情报有效运用在转基因生物风险管控方面进行研究。情报领域是转基因生物风险管控活动的先锋，转基因生物风险管控依赖于情报与情报工作。因此，亟须开展情报主导的转基因生物风险管控方法研究。本节将情报主导的管控理念运用在转基因生物风险管控中，以期实现情报在转基因生物风险管控中的创新应用，为未来情报主导的转基因生物风险管控研究与工作提供理论依据，从而全面提升国家转基因生物风险管控能力，完善管控体系。

一、转基因生物风险管控的理论基础

（一）科学上的不确定性和复杂性

将任何一个活体有机物或转基因 DNA 释放进入一个新的地点或生态系统中时，首先要考虑的便是其对环境与人类健康的影响。一些假设的有益或者有害的效应，由于缺乏相应的研究，其科学的支持程度也不同。目前，关于证明和反对这些假设性观点的研究很少，没有完备的信息数据是无法科学有效地评估对环境和健康的影响的，更不能给出暴露水平的建议。

1. 早期风险预警研究的必要性

早期欧洲对转基因生物风险评估报告没有足够的重视，致使一些报告中缺乏科学证据，最终造成了人类健康的损害，以及生态和经济上的巨大损失。例如，在合成雌激素己烯雌酚事件的整个过程中，政府是确信其安全性的，没有转入胎儿的风险。但事实是己烯雌酚从 1947 年开始就因为其化学作用会导致孕妇流产而被禁用，然而所有的药物企业、科学家和管理者从来都没有给出其具有危害性的风险评估报告。很早之前，便有研究表明（黄芬等，2007），己烯雌酚会对实验室的小白鼠产生致癌作用，后续相关研究证明了己烯雌酚会导致啮齿动物物种罹患子宫颈癌，然而直到 1971 年，己烯雌酚才最终被承认具有致癌作用，并且是子宫的致癌物。这个案例表明转基因生物风险评估框架非常狭隘。

2. 还原论、科学不确定性和复杂性

"中心法则"是分子生物学和转基因工程的基础,以还原论为基础的方法在基因工程的最早研究阶段是非常有效的,也是不可避免的。在DNA–RNA–蛋白质的关系中不能预期的复杂性和科学不确定性越来越多地被接受。新的技术,如基因组学、蛋白质组学、代谢组学等都已经发展起来并且之间都有相互的联系,能够解决多种基因及整个基因组活性的合作和协调的问题。这并不是否认还原论方法研究这些现象的有效性,但是一些还原性假设的结果,如大范围内转基因生物的行为影响能够通过小范围内的案例研究来实现,这种观点其实是不清晰的,也常常与实际问题有出入。由于转入基因组和受体基因组的相互作用或转基因生物与其所处生态系统之间的作用可能出现的使用转基因或释放转基因作物之后所产生的不能预测的后果,很多时候事情的结果无法预测。因此,解决这种不确定性和复杂性需要更多的对转基因生物使用的生态影响的研究,并且需要更多的学科参与其中,从多个角度来考虑才能使得转基因生物风险评估的方法、过程及结果更加严谨。相较于情报主导的转基因生物风险管控,以传统的还原论方法,采用层层解构的方式来研究转基因生物风险问题具有较大的局限性,情报主导的转基因生物风险管控与传统还原论方法的各个维度对比见表7-3。

表7-3 情报主导的转基因生物风险管控与传统还原论方法的对比

比较维度	情报主导的转基因生物风险管控	传统还原论方法的转基因生物风险管控
管控认知	认为转基因生物风险管控的决定因素为情报是否缺失,旨在解决转基因生物风险管控活动中的情报缺失问题	认为转基因生物风险管控的重要因素为对生物结构的认识程度,旨在解决转基因生物的结构认识问题
管控依据	可获取的转基因生物风险情报	对生物结构的现有认知
情报来源	考虑有关转基因生物安全的所有情报来源	仅考虑有关转基因生物安全的部分情报来源
情报获取	全面、系统地获取情报	情报获取不全面、缺失
情报分析与应用	着重使用情报作为数据与信息支撑	不使用情报作为支撑材料
管控模式	综合考虑风险、情报及管控人员	以管控人员的认知为核心
管控特点	智能、精确、科学	局限性

（二）转基因生物风险的科学不确定性和复杂性的来源

转基因生物除了能够带来很多预料之中的好处之外，其研发进程中和释放、使用、加工等一系列过程中都存在着不可逆的、不可预见的、难以度量的风险，这些风险经过积累会变得越来越严重。在给定的问题之下，从不同的视角去观察问题能够做到相互补充，更为全面地认识问题。后现代科学是基于科学不确定性和复杂性，同样转基因生物风险也具有科学不确定性和复杂性，因此这两个方面也正是转基因生物风险管控的核心问题。《卡他赫纳生物安全议定书》（黄嘉珍，2009）将转基因生物风险管理评估的步骤归纳为如下六点。

1）鉴别在可能的潜在接收环境中可能会对生物多样性产生不利影响的新型变异基因和表型性状，同时估计其对人类健康可能构成的风险。

2）基于考虑所涉及改性活生物体暴露于可能的潜在接收环境的程度和暴露类型的情况，科学评价产生不利影响的可能性。

3）评价一旦产生此种不利影响而可能导致的后果。

4）根据对产生不利影响的可能性及其后果进行的评价，评价改性活生物体所构成的总体风险。

5）对涉及风险是否可以接受或是否可设法加以管控等问题给出建议，如制定此类风险管控的措施与战略。

6）在风险程度无法确定的情况下，可要求针对令人关注的具体问题提供进一步资料，或采用适宜的风险管控战略对所改性活生物体进行实时监测与监控。

转基因生物风险的不确定性来源于相关信息的缺乏。转基因生物风险管控的不确定性可以分为技术上的不确定性与认识上的不确定性等类型，各种类型的不确定性之间存在着协调，如果接受高水平的技术不确定性，允许模糊的、不精确的、定性的信息存在，则可以在一定程度上减少认识上的不确定性。通常来说，摒弃某些被认为是"不科学的"证据只是因为这些证据没有通过严谨的方式获取。情报主导的转基因生物风险管控非常重要，通过对信息的处理与搜集，将低价值密度的信息转化成高价值密度的情报，应用在风险管控活动中，从而降低转基因生物风险的不确定性与复杂性。

二、情报与转基因生物风险管控的关系分析

转基因生物风险管控的实质就是安全管理在转基因生物方面的重要内

容与任务之一。学界早已对情报与安全的相关性进行了相应的研究与讨论。情报与安全两者相互交叉互融，进而形成了安全情报这一新概念，与此同时，安全情报学也应运而生，其以情报与安全两个主题作为专门研究对象（王秉和吴超 2019b）。简而言之，安全与情报之间的关系具体体现在以下四方面。一是，情报是实现安全的必要资料，在安全管理中，导致其失败的根本原因在于安全情报的缺失，致使安全管理人员在管理活动中做出错误的判断与行为，情报的存在会促进管控人员能更好地做出正确决策与判断，从而确保管控活动的顺利开展；二是，安全管理工作与情报之间的契合度非常高，安全管理促进情报的生产，情报反过来促进安全管理更好地运行，二者相辅相成（王秉和吴超，2019a）；三是，情报科学与安全科学的关注点高度一致，即都重点关注重大风险的预判、警示及管控（王秉和吴超，2019a；包昌火，2009）；四是，安全科学强调预防为主的理念与情报的动态性、可预见性等特点非常吻合。

转基因技术发展伊始，各种有关研究和管理机构就开始着手制定相应的风险管控原则和机制，其目的就是为了规范相关的转基因研究行为，更好、更合理地利用转基因技术服务于人类。但是直到现在，相关的管控政策和机制还没有达到完善的程度，其中最主要的原因在于生物本身是一个十分复杂的巨系统，以传统的还原论方法，采用层层解构的方式来研究转基因生物，不能够清楚地认知外源基因在生物体内的活动，正是这种不确定性，使得预防为主这一基本原则在转基因生物风险管控中扮演着重要地位。转基因生物风险管控的核心内涵就是通过对改性活生物体的生态风险和人类健康风险进行评估，制定并实施一系列适当的制度、措施和战略的管控活动，通过上述活动或行为来控制和管控可能存在的风险。转基因生物风险管控活动是基于对改性活生物体的科学合理的风险评估，旨在防止改性活生物体对全球生物多样性保护、可持续使用及人类健康产生不利影响。

转基因生物风险管控工作是一种典型的复杂巨系统工程，因此在该管控过程中需要运用系统工程的方法与理论来提供理论基础与指导。霍尔三维结构模型（Hall，1969）是一种经典系统工程方法论，可以有效地解决复杂巨系统中的组织、规划以及管控等问题。王秉和吴超（2020b）将其应用在情报主导的城市安全管理研究中，并取得良好的应用效果。因此，霍尔三维结构模型可为转基因生物风险管控提供有价值的方法论指导。在时间维与逻辑维的基础上，依据情报视角下的转基因生物风险管控的含义，提出转基因生物风险管控的第三个维度，即情报维。转基因生物风险管控的情报维类似于霍尔三维结构模型中的知识维，为管控工作提供知识支撑。依照情报工作的一般流程（循环）（王秉和吴超，2019a；李国秋和吕斌，2012），转基因生物风险事件情报工作主要包括情报规划、情报搜集、情报分析、情报生产、情报应用及情报反馈。根据图 7-17，基于上述理论基础，构建转基因生物风险防控三维结构，而各维度的具体内涵见表 7-4。

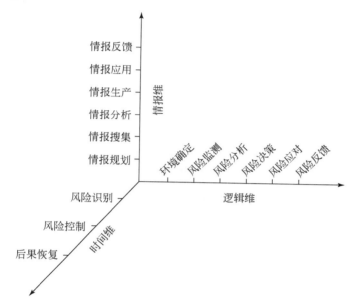

图 7-17　转基因生物风险管控三维结构

表 7-4　**转基因生物风险管控三维空间各结构内涵**（王秉和吴超，2020a）

序号	维度	环节	内涵
1	时间维	风险识别	在早期风险管控过程中，导致转基因生物安全事件的因素有很多，如偶然因素与突发因素。转基因生物安全事件的发生是一个渐变的过程，若管控者能在早期发现或识别风险因素，并采取有效的管控措施与方法，便能够避免事件的发生
		风险控制	指在转基因生物安全事件发生之后，采取应急手段与方法，有效控制导致该事件进一步升级恶化的风险，降低事件的后果严重性
		后果恢复	指转基因生物安全事件发生之后，及时采取有效措施与方法，尽可能降低不良影响与后果，使受其影响的组织和系统能尽快恢复正常运行

续表

序号	维度	环节	内涵
2	逻辑维	环境确定	了解风险管控的目标及工作重点
		风险监测	借助各类仪器设备或其他技术与资源，系统而全面地搜集与转基因生物风险有关的数据与信息，为风险管控提供数据支撑
		风险分析	根据风险监测所得到的数据与信息，进一步分析导致转基因生物安全事件发生的风险因素，找出事件发展的规律，研判当前风险因素可能导致的后果，为风险决策提供支撑
		风险决策	指风险管控者在现有条件下，就转基因生物风险管控的活动做出一系列具体方案的过程
		风险应对	指转基因生物安全事件发生后，管控人员依据制定的管控方案所开展的应对事件发生的一系列活动与行为，简而言之，就是对风险管控的具体实施过程
		风险反馈	指事后对风险管控的方案进行综合评价，总结优缺点，发现现有问题与不足，以期进一步提高今后的风险管控水平
3	情报维	情报规划	指指定风险管控中情报所起的作用，从而制定所要搜集的情报目标与内容
		情报搜集	依据转基因生物风险管控的目标与要求，通过各类仪器设备与技术手段搜集有关数据信息
		情报分析	指对通过各种渠道所搜集到的数据与信息进行集合与综合评价、分析，将其转化成能够满足风险管控需求的情报
		情报生产	指将所搜集与整理的情报用于风险的辨识与评价结果，并将其提供给风险管控人员使用
		情报应用	指基于风险管控人员的需求，将情报产品提供给风险管控人员使用，落实风险管控工作
		情报反馈	指转基因生物风险管控中的情报应用效果评价，通过信息的方式进行反馈，以期完善情报应用于风险管控

　　对转基因生物风险管控中的三维坐标间的关系作如下阐述。情报是管控工作的支撑，因此情报维在转基因生物风险管控工作中是时间维与逻辑维的基石，贯穿整个管控工作的始末，故转基因生物风险管控工作的成功

与否，最重要的因素便是情报，导致管控活动失败的最根本原因便是情报的缺失。时间维与逻辑维在转基因生物风险管控过程中产生的各类数据信息是情报维的主要数据来源，为情报维的正常运行提供原料保障。此外，情报维与逻辑维在转基因生物风险管控过程中还存在着紧密的联系，具体见图 7-18。

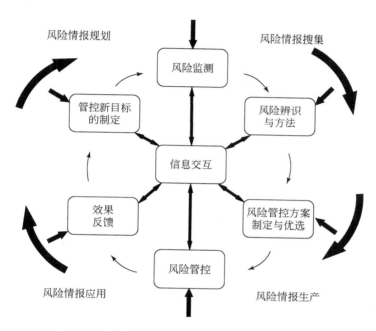

图 7-18　转基因生物风险管控逻辑维与情报维关系

三、情报主导的转基因生物风险管控模型

（一）情报主导的转基因生物风险管控理念

实现转基因生物风险管控的基础与支撑是转基因生物情报，若想在管控活动过程中发挥情报的特殊作用，就要倡导和实施情报为主导的管控理念与方法（王秉和吴超 2019b；赵冰峰，2014；董尹和刘千里，2016；董克和邱均平，2017）。当前生物大数据表现出类型丰富及价值密度低等特点（董克和邱均平，2017），这给转基因生物情报的创造带来了机遇，同时也带来了挑战。情报主导的转基因生物风险管控可理解为以转基因生物风险为研究对象，着眼于能够有效防控转基因生物带来的各种风险，以期

能够有效解决情报缺失导致的各类问题，结合转基因生物风险管控的特性，风险管控人员通过将情报作为风险管控的基础与支撑，以自身的管控技能与经验，考虑风险管控的实际情况与条件来制定出最有效的风险管控措施与方法。换言之，情报主导的转基因生物风险管控就是围绕能够有效管控风险引发的各类事件，以转基因生物风险、转基因生物情报及转基因生物风险管控人员为基础，以上述三个要素之间的相互沟通为桥梁，使用转基因生物风险情报来统领及引导转基因生物风险管控工作的全过程，具体见图 7-19。总之，情报主导的转基因生物风险管控强调情报在风险管控中的统领地位与主导作用。与此同时，还可以通过以下两个角度来对情报主导的转基因生物风险管控进行深入分析：一是转基因生物风险情报工作；二是转基因生物风险管控工作。

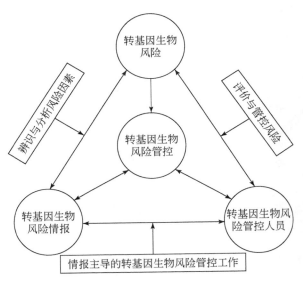

图 7-19　情报主导的转基因生物风险管控理念

1. 转基因生物风险情报工作的角度

转基因生物风险情报工作对转基因生物风险数据信息等进行深入挖掘与分析，最终将其加工成对管控工作有意义的情报，进而将其包装成转基因生物情报产品，以期支持管控工作的运行全过程。

2. 转基因生物风险管控工作的角度

转基因生物风险管控工作就是确定情报在转基因生物风险管控工作中的核心地位，转基因生物风险管控就是依据对情报的解析与运用。因此，在情报主导的转基因生物风险管控过程中，要充分发挥情报的主导作用，以此来不断增强情报对转基因生物风险管控工作的支撑能力。

（二）情报主导的转基因生物风险管控模型构建

基于情报与转基因生物风险管控的关系，以及情报主导的转基因生物风险管控内涵，构建情报主导的转基因生物风险管控模型，具体见图7-20。

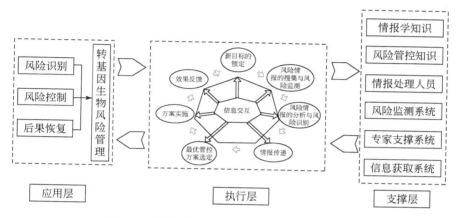

图7-20　情报主导的转基因生物风险管控模型

根据图7-20，情报主导的转基因生物风险管控模型由三部分组成，依次是支撑层、执行层及应用层，三者相互作用。其中，支撑层是模型的基石，为执行层提供支撑，执行层通过各项措施为应用层提供指导方式，三个层级之间通过反馈进而影响周围层级。情报主导的转基因生物风险管控模型各层级内涵的解析如下。

1. 支撑层

支撑层主要描述的是转基因生物风险管控模型需要以各类资源与相关学习知识为基础。其中，各类资源包括信息获取系统、风险监测监控系统、专家支撑系统及情报处理人员。相关学习知识包括情报学知识及风险管控知识。在情报主导的转基因生物风险管控过程中，两类具有专业知识背景的人员应充分发挥自身学科优势，实现互补、相互协同。

2. 执行层

执行层主要描述如何将情报工作通过各类方法过程融入转基因生物风险管控工作当中，使得情报能够在转基因生物风险管控流程中达到有效融合，借此来推动情报主导的转基因生物风险管控。情报主导的转基因生物风险管控过程的核心就是信息与情报在各个过程中不断地进行有效交互，通过风险情报的搜集与风险监测、风险情报的分析与风险识别，经由情报作为交互的桥梁，最终达到最优管控方案的制定与选择。方案实施后的效果通过反馈来进一步改善既定目标，实现全过程的良性循环。

3. 应用层

应用层主要描述的是情报主导的转基因生物风险管控可应用在转基因生物风险管控的全生命周期中，即以时间维为主要干线的风险管控工作，包括三部分，分别是风险识别、风险控制和后果恢复。

第七节　情报主导的生物安全事件调查溯源

生物疫情的发生危及人类生命健康和社会稳定，如何充分利用生物安全情报进行溯源，是疫情防控工作的重点。目前，关于疫情管控策略和生物技术的研究已经逐步得到重视，研究内容逐渐丰富，但是站在溯源过程的角度，对生物安全事件情报溯源方法的研究还不够完善。本节首先对生物安全溯源情报目标及其效益评判进行辨析，并对生物安全事件的情境进行辨识，在社会层次和自然层次上，基于四种情境，梳理溯源节点，构建溯源网络。结合实际情况，注重过程，从新的角度探究生物溯源方法，得出结论如下：①总结生物安全溯源情报效益评价的三角度，即质量评判、环境评判、情报需求者评判；②生物安全情报溯源包括社会层次的逻辑溯源和自然层次的技术溯源；③根据实际情况，把生物安全事件分为重大传染性疾病、生物入侵、生物武器使用、生物实验室泄漏四种情境，并分别梳理出溯源节点，构建溯源链条，贴合溯源实际。

一、生物安全溯源情报目标

生物安全溯源情报目标可以分为两个方面：①对可能发生或扩散的生物危害进行控制；②对已经发生的生物危害及时止损。生物安全溯源情报本质上就是对生物危害传播及作用过程的逆向信息传播研究，因此其目标也可以理解为阻止传播和阻止作用两个方面。

对于还没有发生的生物危害，生物安全溯源情报更加注重控制扩散的方法，因此溯源链条倾向于对轨迹的搜索。例如，管理组织框架的情报链条、货物流通的情报链条、人员轨迹的情报链条等。对于已经发生的生物危害，生物安全溯源情报更加注重整治医疗的方法，因此溯源链条倾向于对生物本质和机理的了解。例如，致病机理溯源研究、生态治理溯源研究及生物安全防御技术研究等。

二、生物安全溯源情报效益评价

生物安全溯源情报效益的实现与情报发出、传递和接收过程息息相关。因此，生物安全溯源情报效益可从生物安全溯源情报质量评判、生物安全溯源情报环境评判及生物安全溯源情报需求者评判三方面综合考虑（图7-21）。

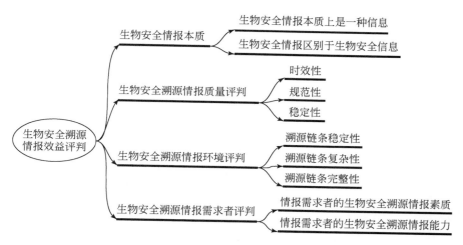

图7-21　生物安全溯源情报效益评价

（一）生物安全溯源情报质量评判

时效性，表征情报接收的时间要求。生物安全溯源情报可实现情报需求者对生物威胁的及时控制，这是生物安全溯源情报的主要目标之一。生物威胁的传播迅速，情报在时间上的推迟可能导致更大量级的伤害。

规范性，表征情报内容的完整性要求。生物安全溯源情报的内容要具有一定的规范性，如有明确的时间、地点、生物威胁传播机理与形式、主要的受害群体、伤害严重程度及未来发展态势等基本信息。

稳定性，表征情报可靠性要求。情报的有效时间很短，不够稳定，虽然在过去某一时刻真实地反映事实，但不能在一段时间内体现其价值。

（二）生物安全溯源情报环境评判

溯源链条稳定性，表征情报流通的稳定要求。生物安全溯源情报是根据溯源链条逆向追寻生物危害源头的信息，保障溯源链条的畅通，减少无用信息的干扰，增强溯源链条情报容量，稳定溯源链条上各个溯源节点的情报流通工作是至关重要的。

溯源链条复杂性，表征情报流通的复杂程度。当多条溯源链条相互交错，构成溯源网络时，达到溯源目标的可能性较大，因为情报的来源越多，互相重叠的部分越多，情报的可靠性就越高。但是，值得注意的是，当过多相同的情报进行重叠时，情报自身相对应的价值会有所降低，其对应的情报需求在紧迫性、重要性上也会相应降低。

溯源链条完整性，表征情报获取的完整性。溯源链条上有许多溯源节点，溯源节点之间具有一定的指向性，相邻的溯源节点之间具有一定的逻辑关系，如果溯源节点的情报不够，那么就无法通过推理判断找到下一个溯源节点，从而导致溯源链条中断，不具备完整性。

（三）生物安全溯源情报需求者评判

生物安全溯源情报需求者评判包括两个方面，一方面是情报需求者的生物安全溯源情报素质，生物安全溯源情报素质包括情报需求者的生物知识与生物溯源专业素质、生物溯源情报认知素质，以及面临生物威胁时的情感素质和情绪素质；另一方面是情报需求者的生物安全溯源情报能力，生物安全溯源情报能力包括情报获取能力、情报接收能力、情报决断能力和情报传达能力。

三、生物安全事件溯源情境辨识

综合考虑生物威胁的源头、动机和主要威胁的过程，可以把生物安全事件分为重大传染性疾病、生物入侵、生物武器使用和生物实验室泄漏共四种生物安全事件溯源情境。

1）从动机上看，四种生物安全溯源情境中，只有生物武器使用一定是主观人为造成的生物危害，其他三种人为和非人为均有可能，这使得情报信息源和情报获取方式会有所不同。

2）从作用的第一受害客体来看，四种生物安全溯源情境中，重大传染性疾病和生物武器使用的第一受害客体主要是人，生物入侵和生物实验室泄漏第一受害客体主要是环境。生物威胁具有传播迅速且危害性大的特点，分清第一受害客体对安全情报的重点获取至关重要。

3）四种生物安全事件溯源情境最大的区别是传播途径和过程的不同，找到情报在传播过程中的承载体、传递体是情报监控与溯源的关键。

重大传染性疾病一旦发生就会在人与人之间迅速进行传播，感染者行动轨迹就是最重要的情报链条；生物入侵随着现代高速度和广地域的交通发展而越发严重，海关的严格把控，以及外贸货物的分散轨迹是重要的情报链条；阻止生物武器的使用，最重要的过程就是对构成生物威胁的物品进行严格的管控，减少人员接触的机会，同时加强军事情报的搜集；避免生物实验室泄漏事故，应重视实验室的操作等级划分和流程规范。

（一）重大传染性疾病

2003 年 SARS 疫情、2009 年甲型 H1N1 流感、2013 年 H7N9 禽流感、2014 年埃博拉疫情，以及 2020 年新冠肺炎疫情等重大传染性疾病虽然在传播速度和危害程度上有一定的差异，但是整体具有传播速度快、死亡率高和难治愈等特点。目前，对于"重大"这种程度还没有明确的界定，我国《中华人民共和国传染病防治法》将传染性疾病分为甲、乙、丙三类。重大传染性疾病是生物安全威胁当中涉及范围最广、对人类身体健康和经济生活影响最大的。

（二）生物入侵

生物入侵指生物由原生存地经自然的或人为的途径侵入到另一个新的环境，对入侵地的生物多样性、农林牧渔业生产及人类健康造成经济损失或生态灾难的过程（戈峰，2008）。要特别指出的是，人类作为处于食物链顶端的生物，对环境的破坏也属于生物入侵的一种，但不属于本节所研究的内容。本节所研究的生物入侵主要从是否损害人类的利益进行判断。

典型案件为亚洲鲤鱼入侵美国水系，严重破坏其生态环境，2014 年美国亚洲鲤专家吉姆·加维（Jim Garvey）受大自然保护协会中国部之邀，来中国寻找解决亚洲鲤泛滥的方法[①]。截至 2013 年，入侵中国的外来生物已经确认有 544 种，危害严重的有 100 多种。在世界自然保护联盟公布的全球 100 种最具威胁的外来物种中，入侵中国的就有 50 余种。为保障国家安全，我国颁布《进境植物和植物产品风险分析管理规定》，国际上颁布《实施卫生与植物卫生措施协议》《技术性贸易壁垒协定》等并制定相关技术性文件。

---

① 新京报：《"亚洲鲤"之战美国来中国"搬救兵"》，https://www.bjnews.com.cn/inside/2014/09/30/335912.html？fromproxy=1（2014-09-30）[2022-06-01].

（三）生物武器使用

第一类是恐怖袭击事件生物武器的使用。例如，2011 年美国"炭疽粉末邮件"事件等。中国作为人口大国，依然有恐怖主义的危险隐患。

第二类为战争中生物武器的使用。1975 年联合国通过了《禁止生物武器公约》，但是部分国家对生物武器的研究仍在继续。第二次世界大战期间，多个国家开始研制并使用"细菌武器"。常见的生物细菌有炭疽杆菌、马鼻疽杆菌和鼠疫杆菌等。

防御生物武器威胁对维护国家安全来说至关重要，生物武器所带来的毁灭性打击，可能会造成大量的人员伤亡，威胁社会稳定，甚者使得文明消亡。其通常具有隐蔽性，这导致情报溯源工作的开展异常艰难。

（四）生物实验室泄漏

1967 年的德国马尔堡病毒实验室感染事件、1979 年苏联斯维尔德洛夫斯克炭疽泄漏事件（许晴等，2012）等实验室泄漏事件是生物安全事件的一部分。世界卫生组织在 1983 年颁布《实验室生物安全手册》，确保研究和流行病学等各项工作的安全进行。2004 年我国颁布了《实验室生物安全通用要求》和《病原微生物实验室生物安全管理条例》，并在之后不断进行修改。《中华人民共和国生物安全法》已由第十三届全国人民代表大会常务委员会第二十二次会议于 2020 年 10 月 17 日通过，自 2021年 4 月 15 日起施行。

四、四种情境下生物情报溯源链条构建

该部分是逻辑溯源与社会层次的体现。溯源链条的构建包含对四种情境下溯源链条上溯源节点的梳理。为了增强溯源能力，溯源链条不是单一的线性结构，在部分溯源节点上会产生一级或多级的分支。构建重大传染性疾病、生物入侵、生物武器使用、生物实验室泄漏四种生物安全溯源情境下的溯源链条。

（一）重大传染性疾病生物情报溯源链条构建

重大传染性疾病的暴发往往是不可预测的，其危害也是难以计量的。通过对天然宿主和中间宿主与感染者之间的流行病学及病原学关联进行调查，建立病毒从天然宿主到中间宿主，再到人的因果关系，是谓

病毒溯源①。针对重大传染性疾病溯源链条的构建往往也是在重大传染性疾病暴发以后采取一系列的生物情报溯源措施。溯源链条的威胁过程主要分为两个部分：疫情暴发和快速传播，具体内容见表7-5。

表7-5　重大传染性疾病生物情报溯源链条

威胁过程	溯源节点	节点一级分支	节点二级分支
疫情暴发	首位患者就诊医院	感染者病状	临床表现； 病毒特性及致病机理； 治疗方法
快速传播	天然宿主的确定	同源性对比	基因测序； 基因数据库比对分析
		进化分析	
	中间宿主的确定	流行病学调查	感染者活动范围； 搭乘交通； 感染密接人员

（二）生物入侵生物情报溯源链条构建

生物入侵的途径可以分为自然途径和人为途径两种，其中自然途径的生物入侵要注重应用生物防控技术，人为途径的生物入侵要注重严格把关交通运输和海关监测两道防线。生物入侵本质上是生物从原生地到新环境破坏生物平衡的过程，这一概念还有地域的概念，因此生物入侵这种生物威胁具有一个鲜明的特征，生物威胁的传播过程和地域有着明显的联系和对应关系。

我国针对生物入侵问题的规范还不是很完善，依据《中华人民共和国进出境动植物检疫法》，以及生物传播的途径，威胁过程主要涉及四个主体部分：外来生物携带、外来生物传播、新环境的选择、大肆繁殖破坏生态平衡（表7-6）。

表7-6　生物入侵生物情报溯源链条

威胁过程	溯源节点	节点一级分支
外来生物携带	自然传播	风、雨等自然力； 动物的主动迁徙
	人为传播	无意的生物黏附； 可以的生物携带

---

① 吴志强：《病毒溯源：向传染病传播"上游"追寻》，《健康报》2020-04-06 第8版.

续表

威胁过程	溯源节点	节点一级分支
外来生物传播	飞机等空运	交通工具行程； 途经地域生物情报； 携带人员行程； 海关生物监测及检疫
	货轮、游轮等水运	
	汽车、高铁、客车、火车等陆运	
新环境的选择	合适的生存条件	生物链构成； 外来生物的生长繁殖特性
大肆繁殖破坏生态平衡	当地的生物状况	当地物种变化情况； 当地生态环境变化； 生物克制技术及方法

（三）生物武器使用生物情报溯源链条构建

生物武器使用生物情报溯源链条的构建主要针对第一类恐怖袭击生物武器的使用，威胁过程主要涉及四个主体部分：确定目标、获取资金、招募和训练执行者、隐藏身份并进行有组织的袭击活动。针对这四个部分，溯源节点应包含：袭击动因及潜在的反动组织情报、国内外反动组织的资金转移情报、基层违法组织的运转现状情报、具体袭击活动及生物武器情报，具体解释见表7-7。

表7-7 生物武器使用生物情报"溯源链条"

威胁过程	溯源节点	节点一级分支	节点二级分支
确定目标	袭击动因及潜在的反动组织情报	社会矛盾背景	利益冲突； 国外反动势力； 文化教育
		潜在群体	主体人群； 代表人物； 社会资源
获取资金	国内外反动组织的资金转移情报	银行账户及其转移主体	账目金额； 接收主体
		购置记录及花销去向	购买物品； 时间及地址

威胁过程	溯源节点	节点一级分支	节点二级分支
招募和训练执行者	基层违法组织的运转现状情报	宣传及招募手段	网络媒体； 线下宣传
		组织运作	组织架构； 活动模式； 主要地点； 威胁规模
隐藏身份并进行有组织的袭击活动	具体袭击活动及生物武器情报		生物武器来源； 生物武器的运输途径及其关卡； 生物武器的详细信息

（四）生物实验室泄漏生物情报溯源链条构建

实验室泄漏事件往往不是由组织导致的，而是个人无意或有意造成的结果。该情境最大的特点就是生物威胁的全过程在政府管理范围内，换而言之，全过程都是可监控、可管理、可预防、可问责的。根据我国《中华人民共和国传染病防治法》《病原微生物实验室生物安全管理条例》《医疗废物管理条例》，以及实验动物生物安全法规标准等相关文件，威胁过程主要涉及 5 个主体部分：运输泄漏、操作基础设施条件不达标、生物资源管理混乱、操作过程防控松懈、废物未经处理随意排放，具体内容见表 7-8。

表 7-8　生物实验室泄漏生物情报溯源链条

威胁过程	溯源节点	节点一级分支	节点二级分支
运输泄漏	运输安全	运输物品分类	第一类病原微生物； 第二类病原微生物； 动物
		运输要求	采集； 容器； 包装及标注； 许可证明； 相关资质证明

续表

威胁过程	溯源节点	节点一级分支	节点二级分支
操作基础设施条件不达标	生物实验室基础设施	实验室建筑	实验室分级；新建、改建、扩建要求；环境评价
		生物安全柜等防护设备	操作规范；监测维修
		个人防护	防护物品；防护
生物资源管理混乱	实验室生物管理	实验室动物管理	包装；保藏
		实验室微生物管理	档案记录；保卫及准入制度
操作过程防控松懈	实验室操作的监督管理	操作前申请手续及规范	资格审批；活动审批
		操作中生物威胁防控手段	操作流程及其防护；监测方案；意外发生的报告制度；环境保护责任体系；监督管理内容
废物未经处理随意排放	废物管理	废物包装及警示标准	包装；标注
		废物的集中处理	处置规模；处置技术；处置标准

五、生物安全情报溯源技术方法

该部分是技术溯源与自然层次的体现。生物安全情报溯源技术方法是对溯源节点进行情报发掘、分析的工具与手段。溯源链条的构建是从抽象的角度进行生物安全溯源情报流通的逻辑推演，生物安全情报溯源技术是从具体实施的角度进行情报溯源，挖掘对情报需求者有用的情报。

（一）人员轨迹监控方法

在 2020 年之前，人员轨迹的追踪主要是通过交通卡口身份 ID 与面部识别技术、监控录像、车辆行程记录、企业人员出入记录等综合判断人员的出行轨迹，但是在生物威胁溯源的应用上没有显著的发展。人员轨迹监控技术在 2019 年底新冠肺炎疫情暴发后，得到了深入的发展和广泛的应用。

在中国，在新冠疫情得到有效控制之后，人员在乘坐主要交通工具（如飞机、高铁、地铁、动车、轮渡、公交车等）进行流动时都要出示健康码和行程码，除此之外，在人流密集的场所，如大型购物商场、医院和旅游景点也要出示健康码和行程码。2020 年，国家卫生健康委员会、国家医疗保障局、国家中医药管理局联合发布《关于深入推进"互联网+医疗健康""五个一"服务行动的通知》，明确要求各地落实健康码全国互认、一码同行。行程码可通过国务院客户端进行查询。行程码是由中国信息通信研究院联合中国移动、中国联通、中国电信利用手机接收的数据。通过手机定位，用户可查询本人前 14 天途径所有地市信息。

（二）生物扩散模拟技术

当生物威胁没有发生或真实溯源遇到障碍时，模拟技术对事件预防、物资储备、溯源分析就有重要借鉴意义。人工人口生成技术可支持生物事件仿真，人工人口是在计算机中对现实人口进行模拟而生成的虚拟人口数据集（刘列，2016）。通过数据收集（包含人口社会属性、交通、地理、防控资源等）构建虚拟环境，如人口、城市、地理系统，建立个人决策、人群接触、城市扩散等模型，进行预测与评估。支持生物仿真的还有 Episims 传染病仿真系统、CT-AnalyST 系统（Boris et al., 2004）、GLEaMviz 系统（Broeck et al., 2011）、MEDSim 系统（Tsai et al., 2011）等。

（三）数据分析技术

对生物安全情报而言，生物信息技术是数据分析技术的关键。生物信息技术的实现首先要有一定的生物信息资源积累。生物信息资源的积累主要依靠生物数据库的建立来实现，如核酸序列、蛋白质序列等据库的建立。国际上主要的数据库有美国国家生物技术信息中心的 GenBank 库，欧洲生物信息研究所的 EMBL 库，日本信息生物学中心的 DDBJ 和 dbEST。实现生物信息溯源除了需要构建足够丰富的数据库以外，还需要通过生物技术对信息进行分析处理和整理归纳，通过溯源得到需要的信息，从而保障安全。

生物可视化技术如三维立体分布图、层次树状图等，使得生物信息更加直观；数据挖掘技术如主成分分析、多维尺度分析，挖掘生物信息当中的规律，抓住生物特征；生物标记技术，增强对生物观察与追踪能力。可使用关联挖掘、情报文本挖掘、社会网络分析等技术分析恐怖主义网络和生物安全研究者网络。

参 考 文 献

一、专著

陈永平：《传染病学》，北京：人民军医出版社，2013 年．

高金虎、吴晓晓：《情报思想史》，北京：金城出版社，2014 年．

戈峰：《现代生态学》，北京：科学出版社，2008 年．

〔美〕杰夫·瑞安著，李晋涛、邱民月、叶楠等译：《生物安全与生物恐怖：生物威胁的遏制和预防（原书第二版）》，北京：科学出版社，2020 年．

李霞、彭静、梁海：《商业情报实务》，上海：上海财经大学出版社，2015 年．

梁慧稳：《公安情报学学科体系研究》，北京：中国法制出版社，2018 年．

龙小农：《跨国危机管理——理论、方法及案例分析》，北京：中国传媒大学出版社，2005 年．

〔美〕洛克·约翰逊著，李岩译：《国家安全情报》，北京：金城出版社有限公司，2020 年．

谭万忠、彭于发：《生物安全学导论》，北京：科学出版社，2015 年．

吴超：《安全科学原理》，北京：机械工业出版社，2018 年．

〔美〕谢尔曼·肯特著，刘微，肖皓元译：《战略情报：为美国世界政策服务》，北京：金城出版社，2015 年．

薛达元：《转基因生物安全与管理》，北京：科学出版社，2009 年．

赵蓉英：《竞争情报学》，北京：科学出版社，2017 年．

郑涛：《生物安全学》，北京：科学出版社，2015 年．

周永生：《企业危机预警评价系统构建研究》，桂林：广西师范大学出版社，2005 年．

二、论文

（一）期刊论文

安璐、周亦文：《大数据环境下安全情报工作协同研究——以反恐情报工作为例》，《图书情报工作》2020 年第 19 期．

包昌火：《这里的黎明静悄悄——再谈 Intelligence 与中国情报学》，《图书情报工作》2009 年第 8 期．

鲍芳芳：《供需视域下新时期我国科技情报工作创新思考》，《情报探索》2019 年第 4 期．

毕建新、黄培林、李建清：《基于协同理论的高校协作服务模式探索——以东南大学为例》，《中国高校科技》2012 年第 4 期．

边文越、冷伏海：《面向突发重大公共卫生事件应急决策的境外公共卫生战略情报体系研究——以应对新冠肺炎疫情为例》，《图书与情报》2020 年第 2 期．

曹华明：《转基因技术安全性问题和思考》，《天津农业科学》2014 年第 3 期．

曹亚铂、冷沙、任双堂：《专常兼备，枕戈待旦——直面应对生物战挑战》，《军事文摘》2020 年第 7 期．

昌增益：《生物化学与分子生物学名词的准确中文表述问题》，《中国生物化学与分子生物学报》2020 年第 4 期．

常玲慧、马斌：《突发公共卫生事件应急决策中的知识管理研究》，《科技管理研究》2013 年第 4 期．

陈昌福、周鑫军：《浅谈 21 世纪人类面临的危机与应对微生物耐药问题》，《当代水产》2021 年第 1 期．

陈超：《情报的本质》，《竞争情报》2017 年第 2 期．

陈超、展进涛、廖西元：《国外转基因生物安全管理分析及其启示》，《中国科技论坛》2007 年第 9 期．

陈方、张志强、丁陈君等：《国际生物安全战略态势分析及对我国的建议》，《中国科学院院刊》2020 年第 2 期．

陈峰：《论面向高端用户提供情报服务的四个层次》，《情报杂志》2016 年第 10 期．

陈桂菊：《基于群智大数据的非常规突发事件价值情报感知研究》，《无线互联科技》2021 年第 1 期．

陈涛：《中国第一台 II 级 A 型生物安全工作台》，《建筑技术通讯（暖通空调）》1983 年第 2 期．

大海：《从生物武器谈到炭疽恐怖事件》，《现代军事》2001 年第 12 期．

邓要然、李少贞：《美国高校数字人文中心调查》，《图书馆论坛》2017 年第 3 期．

董克、邱均平：《论大数据环境对情报学发展的影响》，《情报学报》2017 年第 9 期．

董妍、夏佳慧：《基因编辑技术的制度规制路径探析》，《沈阳工业大学学报（社会科学版）》2019 年第 2 期．

董尹、刘千里：《情报主导的供应链风险管理研究》，《情报理论与实践》2016 年第 4 期．

窦悦：《信息生态视角下 "3×3" 应急情报体系构建研究》，《图书情报工作》2020 年第 15 期．

段子渊、黄宏文、刘杰等：《保存国家战略生物资源的科学思考与举措》，《中国科学院院刊》2007 年第 4 期．

樊舒、孙鹏：《基于实时视频的应急决策情报体系构建》，《情报杂志》2019 年第 6 期．

甘翼、王良刚、黄金元等：《大数据和人工智能时代的情报分析和技术探索》，《电讯技术》2018 年第 5 期．

高德胜、周笑宇：《美国〈国家生物安全防御战略〉文本解读及其对我国生物安全建设的启示》，《求是学刊》2020 年第 2 期．

高东旗：《生物恐怖袭击防护探讨》，《灾害医学与救援（电子版）》2012 年第 3 期．

高金虎：《论国家安全决策中情报的功能》，《情报理论与实践》2019 年第 10 期．

高璐：《生命科学两用研究的治理——以 H5N1 禽流感病毒的研究与争议为例》，《工程研究–跨学科视野中的工程》2020 年第 4 期.

顾基发：《物理事理人理系统方法论的实践》，《管理学报》2011 年第 3 期.

顾基发、唐锡晋、朱正祥：《物理–事理–人理系统方法论综述》，《交通运输系统工程与信息》2007 年第 6 期.

顾立平、樊舒、王丽等：《情报产品的合理使用与传播政策研究》，《情报理论与实践》2020 年第 6 期.

郭仕捷、吴菁敏：《我国〈生物安全法〉的困境与突破》，《河北工业大学学报（社会科学版）》2021 年第 2 期.

郭勇、张海涛：《新冠肺炎疫情与情报智慧：突发公共卫生事件疾控应急工作情报能力评价》，《情报科学》2020 年第 3 期.

韩立栋、张艳鸣、胡鸣鸣：《现代情报产品的价值与价格研究》，《现代情报》2002 年第 10 期.

侯云德：《重大新发传染病防控策略与效果》，《新发传染病电子杂志》2019 年第 3 期.

胡加祥：《我国〈生物安全法〉的立法定位与法律适用——以转基因食品规制为视角》，《人民论坛·学术前沿》2020 年第 20 期.

胡双红、邱波：《澳大利亚国家生物安全体系筹资优化研究》，《金融教育研究》2019 年第 3 期.

胡伟力：《论我国传染病防治法制建构》，《医学与哲学》2020 年第 10 期.

胡雅萍、李骁：《反情报思维在维护国家科技安全中的应用研究》，《情报理论与实践》2014 年第 7 期.

化柏林：《情报学三动论探析：序化论、转化论与融合论》，《情报理论与实践》2009 年第 11 期.

化柏林、李广建：《大数据环境下多源信息融合的理论与应用探讨》，《图书情报工作》2015 年第 16 期.

化柏林、阮元元、王宏光等：《数据环境下的科技情报资源保障体系研究》，《科技情报研究》2021 年第 2 期.

化柏林、郑彦宁：《情报转化理论（上）——从数据到信息的转化》，《情报理论与实践》2012a 年第 3 期.

化柏林、郑彦宁：《情报转化理论（下）——从信息到情报的转化》，《情报理论与实践》2012b 年第 4 期.

黄芬、叶绍辉、龚振明：《己烯雌酚的研究进展》，《中国畜牧兽医》2007 年第 2 期.

黄嘉珍：《国际环境法上风险预防原则评述——以〈卡塔赫纳生物安全议定书〉为视角》，《法治论丛（上海政法学院学报）》2009 年第 4 期.

黄浪、吴超、贾楠：《安全理论模型构建的方法论研究》，《中国安全科学学报》2016 年第 12 期.

黄云芳、王秉：《智能安全情报分析模型的构建》，《情报理论与实践》2020 年第 11

期.

黄珍霞、周海燕:《常态化防疫背景下健全我国公共卫生应急管理体系研究》,《决策
　　咨询》2020 年第 6 期.

霍文磊、李春霞、张亚彬等:《新冠肺炎疫情下应急医疗装备短板分析》,《中国仪器
　　仪表》2020 年第 9 期.

姬荣斌、何沙:《WSR 方法论及其应用》,《价值工程》2013 年第 30 期.

贾建民、袁韵、贾轼:《基于人口流动的新冠肺炎疫情风险分析》,《中国科学基金》
　　2020 年第 6 期.

金声:《情报属性与情报价值》,《现代情报》1996 年第 3 期.

俱晓芸:《基于云计算的企业情报力构建方式探析》,《科技情报开发与经济》2013 年
　　第 17 期.

赖纪瑶、严心月、邓灵敏等:《中日韩"情报"概念认知比较》,《情报杂志》2018 年
　　第 4 期.

李本先、梅建明、张薇等:《对反恐情报体系构建中几个问题的思考》,《情报杂志》
　　2014 年第 4 期.

李冰雪、王峰、吴丽圆等:《亟须开展医学高职高专学生的生物安全教育》,《中国医
　　药导报》2009 年第 4 期.

李传军:《运用大数据技术提升公共危机应对能力——以抗击新冠肺炎疫情为例》,
　　《前线》2020 年第 3 期.

李传军、李怀阳:《大数据技术在社会治理中的价值定位——以网络民主为例》,《电
　　子政务》2015 年第 5 期.

李丰杉、余勤:《国内外生物医学伦理现状与展望》,《中国新药杂志》2020 年第 18
　　期.

李福松、钱庆龙、梁国坚:《新冠肺炎疫情下公共卫生应急管理体系建设思考》,《第
　　十七届中国标准化论坛论文集》,2020 年.

李纲、李阳:《情报视角下的突发事件监测与识别研究》,《图书情报工作》2014 年第
　　24 期.

李纲、李阳:《面向决策的智库协同创新情报服务:功能定位与体系构建》,《图书与情
　　报》2016a 年第 1 期.

李纲、李阳:《智慧城市应急决策情报体系构建研究》,《中国图书馆学报》2016b 年第
　　3 期.

李广建、陈瑜、张庆芝:《新中国 70 年现代图书情报技术研究与实践》,《图书馆杂
　　志》2019 年第 11 期.

李国秋、吕斌:《论情报循环》,《图书馆杂志》2012 年第 1 期.

李后卿、董富国、郭瑞芝:《信息链视角下的医学信息学研究的重点及其未来发展方
　　向》,《中华医学图书情报杂志》2015 年第 1 期.

李辉、张惠娜、侯元元等:《情报 3.0 时代科技情报服务能力研究——基于工程技术

视角的服务能力四层结构模型》,《情报理论与实践》2017 年第 3 期.

李家清:《知识服务的特征及模式研究》,《情报资料工作》2004 年第 2 期.

李品、杨国立、杨建林:《面向国家安全与发展决策支持的情报服务体系框架研究》,《情报理论与实践》2020 年第 2 期.

李淑华、李越:《公安情报产品评价研究》,《中国人民公安大学学报(社会科学版)》2012 年第 3 期.

李顺求、王渊洁、王秉:《大数据驱动的生物安全情报系统:一个理论框架》,《情报杂志》2021 年第 11 期.

李晓华:《军民深度融合发展的经济学解释》,《人民论坛·学术前沿》2017 年第 17 期.

李雪枫、姜卉:《美英澳生物安全的发展路径及对中国的启示》,《科技管理研究》2021 年第 2 期.

李艳、沈卓、陈嘉钰:《情报分析的基本问题及研究进展》,《情报学进展》2020 年第 1 期.

李燕飞、王鹏:《我国国门生物安全治理的情报路径》,《情报杂志》2021 年第 5 期.

李阳、卞一洋、盛东方:《论应急情报及其"再出发"——新冠肺炎疫情防控之所思》,《现代情报》2020 年第 8 期.

李阳、李纲:《工程化与平行化的融合:大数据时代下的应急决策情报服务构思》,《图书情报知识》2016 年第 3 期.

李阳、孙建军:《面向智慧应急的情报资源保障能力建构》,《情报学报》2019 年第 12 期.

李勇男:《大数据驱动的反恐情报决策体系构建》,《情报杂志》2018 年第 10 期.

栗琳、孙敏:《数据智能技术驱动的情报全流程变革及发展》,《情报理论与实践》2020 年第 10 期.

梁战平:《情报学和情报工作的发展趋势》,《图书情报工作》2009 年第 2 期.

林岳峥、祝利、程晓雷:《基于群组层次分析法的情报保障系统效能评估》,《兵工自动化》2012 年第 8 期.

刘光宇、付宏、李辉等:《面向国家生物安全治理的情报工作研究》,《情报理论与实践》2021a 年第 1 期.

刘光宇、付宏、李辉:《情报视角下的国家生物安全风险防控研究》,《情报杂志》2021b 年第 7 期.

刘建义:《大数据驱动政府监管方式创新的向度》,《行政论坛》2019 年第 5 期.

刘莉、王翠萍、刘雁:《"数据——信息——情报"三角转化模式研究》,《现代情报》2015 年第 2 期.

刘莉、徐玉生、马志新:《数据挖掘中数据预处理技术综述》,《甘肃科学学报》2003 年第 1 期.

刘琦岩、曾文、车尧:《面向重点领域科技前沿识别的情报体系构建研究》,《情报学报》2020 年第 4 期.

刘如、吴晨生、李梦辉:《大数据时代科技情报工作的机遇与变革》,《情报理论与实践》2015 年第 6 期.

刘如、吴晨生、王延飞等:《基于钱学森系统辨识理念的情报感知研究》,《情报理论与实践》2019 年第 5 期.

刘小琳、曾祥效:《大数据时代科技情报专业化服务构想》,《情报理论与实践》2016 年第 2 期.

刘旭霞、刘桂小:《基因编辑技术应用风险的法律规制》,《华中农业大学学报（社会科学版)》2016 年第 5 期.

刘跃进:《当代国家安全体系中的生物安全与生物威胁》,《人民论坛·学术前沿》2020 年第 20 期.

刘越江、黄今慧:《数据挖掘中的数据预处理技术》,《科技情报开发与经济》2003 年第 5 期.

鲁冰清:《论生物安全法律规制的范式转变——从损害管理到风险治理》,《吉首大学学报（社会科学版)》2021 年第 1 期.

罗立群、李广建:《智慧情报服务与知识融合》,《情报资料工作》2019 年第 2 期.

吕宏玉、杨建林:《基于模板的国家战略情报需求识别研究》,《情报理论与实践》2019 年第 11 期.

吕雯婷、王秉、李启月:《面向安全管理全生命周期的安全情报体系构建》,《情报理论与实践》2021 年第 5 期.

马德辉:《中国公安情报学的兴起和发展》,《情报杂志》2015 年第 11 期.

马费成、周利琴:《面向智慧健康的知识管理与服务》,《中国图书馆学报》2018 年第 5 期.

马海群、张铭志:《我国军民情报共享制度研究》,《科技情报研究》2021 年第 1 期.

莫纪宏:《关于加快构建国家生物安全法治体系的若干思考》,《新疆师范大学学报（哲学社会科学版)》2020 年第 4 期.

倪薇:《像训练飞行员一样训练 CEO》,《化工管理》2007 年第 6 期.

欧阳秋梅、吴超:《从大数据和小数据中挖掘安全规律的方法比较》,《中国安全科学学报》2016a 年第 7 期.

欧阳秋梅、吴超:《大数据与传统安全统计数据的比较及其应用展望》,《中国安全科学学报》2016b 年第 3 期.

裴雷、孙建军、肖璐:《大数据时代科技情报服务的挑战与思考》,《图书与情报》2015 年第 6 期.

彭顺利:《转基因食品安全何以必要》,《食品安全导刊》2021 年第 8 期.

彭知辉:《论公安情报产品及其构成》,《情报杂志》2013 年第 5 期.

彭知辉:《情报流程研究:述评与反思》,《情报学报》2016 年第 10 期.

钱丹丹、柳丽花、万立军:《医学信息生态系统的构建与运行机制研究》,《情报科学》

2016 年第 8 期.

钱学森：《基础科学研究应该接受马克思主义哲学的指导》，《哲学研究》1989 年第 10 期.

钱学森、于景元、戴汝为：《一个科学新领域——开放的复杂巨系统及其方法论》，《自然杂志》1990 年第 1 期.

秦利华、胡家全、兰洋：《知识服务平台构建与情报研究新趋势探索》，《四川图书馆学报》2020 年第 4 期.

秦天宝：《〈生物安全法〉的立法定位及其展开》，《社会科学辑刊》2020 年第 3 期.

秦铁辉：《论情报的基本属性》，《情报学刊》1991 年第 1 期.

邵思、潘绪斌、窦利朵等：《深化植物检疫建设 防控新型生物恐怖》，《检验检疫学刊》2016 年第 2 期.

石敏杰、何颖：《强化科技创新支撑 提升国家生物安全治理能力》，《科技中国》2020 年第 10 期.

时高山、史艳阳、郭乔进等：《赛博情报系统设计方法研究》，《信息化研究》2020 年第 5 期.

时艳琴、陈雪飞、谢威等：《情报 3.0 时代情报的特征、任务与工具》，《情报杂志》2017 年第 10 期.

司林波：《国家生物安全治理体系建设：从理论到实践》，《人民论坛·学术前沿》2020 年第 20 期.

苏新宁：《网络环境下竞争情报系统设计》，《情报理论与实践》2010 年第 8 期.

苏新宁、蒋勋：《情报体系在应急事件中的作用与价值——以新冠肺炎疫情防控为例》，《图书与情报》2020 年第 1 期.

苏芸芳：《整体性治理视域下防治外来物种入侵法治研究》，《中国环境管理》2021 年第 2 期.

孙经国、纪泽苑：《全面提高应对生物安全风险能力》，《前线》2020 年第 5 期.

孙祁祥、周新发：《为不确定性风险事件提供确定性的体制保障——基于中国两次公共卫生大危机的思考》，《东南学术》2020 年第 3 期.

孙佑海：《生物安全法：国家生物安全的根本保障》，《环境保护》2020 年第 22 期.

汤福艳：《新冠肺炎疫情下关于提升我国生物安全治理能力的思考》，《上海市法学会》2021 年.

唐晓波、郑杜、谭明亮：《融合情报方法论与人工智能技术的企业竞争情报系统模型构建》，《情报科学》2019 年第 7 期.

汪梅青：《微生物学实验室生物安全问题探讨》，《智慧健康》2020 年第 6 期.

王秉：《生物安全情报：一个安全情报学的重要新议题》，《情报杂志》2020a 年第 10 期.

王秉：《情报介入防范化解重大风险：依据与模型》，《图书馆杂志》2020b 年第 9 期.

王秉、陈超群：《智慧安全情报服务体系研究》，《现代情报》2021 年第 4 期.

王秉、郭世珍：《安全情报服务能力评价指标体系构建》，《科技情报研究》2020 年第
4 期.

王秉、刘华森、吴超：《情报主导的突发事件防控研究》，《信息资源管理学报》2020a
年第 1 期.

王秉、王渊洁：《安全情报失误致因模型研究》，《情报理论与实践》2021a 年第 1 期.

王秉、王渊洁：《安全管理中的安全情报失误影响因素分析》，《情报杂志》2021b 年第
2 期.

王秉、吴超：《安全信息视阈下的系统安全学研究论纲》，《情报杂志》2017 年第 10
期.

王秉、吴超：《安全情报学建设的背景与基础分析》，《情报杂志》2018a 年第 10 期.

王秉、吴超：《安全信息学论纲》，《情报杂志》2018b 年第 2 期.

王秉、吴超：《科学层面的安全管理信息化的三个关键问题思辨——基本内涵、理论
动因及焦点转变》，《情报杂志》2018c 年第 8 期.

王秉、吴超：《一种基于证据与风险的系统安全管理新方法：ERBS 法》，《情报杂志》
2018d 年第 9 期.

王秉、吴超：《大安全观指导下的安全情报学若干基本问题思辨》，《情报杂志》2019a
年第 3 期.

王秉、吴超：《安全情报概念的由来、演进趋势及含义——来自安全科学学理角度的
思辨》，《图书情报工作》2019b 年第 3 期.

王秉、吴超：《安全情报学学科建设的问题与思考》，《图书情报工作》2019c 年第 24
期.

王秉、吴超：《情报主导的安全管理（ILSM）：依据、含义及模型》，《情报理论与实
践》2019d 年第 6 期.

王秉、吴超：《一种安全情报的获取与分析方法：R-M 方法》，《情报杂志》2019e 年第
1 期.

王秉、吴超：《大数据环境下安全情报学的变革与发展》，《图书情报工作》2020a 年第
10 期.

王秉、吴超：《情报主导的城市安全管理研究》，《情报理论与实践》2020b 年第 4 期.

王秉、吴超、陈长坤：《关于国家安全学的若干思考——来自安全科学派的声音》，
《情报杂志》2019a 年第 7 期.

王秉、吴超、黄浪等：《大数据环境下情报主导的国家矿产资源安全管理：范式与平
台》，《情报杂志》2019b 年第 10 期.

王秉、吴超、游玉宇等：《疫情防控的情报视角及逻辑》，《情报杂志》2020b 年第 9
期.

王秉、朱媛媛：《大数据环境下国家生物安全情报工作体系构建》，《情报杂志》2021
年第 6 期.

王波、吕筠、李立明：《生物医学大数据：现状与展望》，《中华流行病学杂志》2014

年第 6 期.

王飞跃:《情报 5.0:平行时代的平行情报体系》,《情报学报》2015 年第 6 期.

王静宜、徐敏、祝振媛等:《情报分析中的方法应用研究》,《情报理论与实践》2020 年第 1 期.

王康:《中国特色国家生物安全法治体系构建论纲》,《国外社会科学前沿》2020 年第 12 期.

王明程、张冬冬、丁寒:《国家安全视阈下生物监测情报体系建设研究》,《情报杂志》2021 年第 6 期.

王明程、张冬冬:《美国生物监测情报体系建设及启示研究》,《情报杂志》2021 年第 3 期.

王萍:《美国生物安全情报机制——构成、运行与绩效》,《情报杂志》2021 年第 8 期.

王思丹:《生物多样性议题安全建构的碎片化》,《国际安全研究》2020 年第 3 期.

王小理:《生物安全时代:新生物科技变革与国家安全治理》,《国际安全研究》2020 年第 4 期.

王雅丽、王利、刘莘波:《美国国门生物安全管理及启示》,《中国口岸科学技术》2020 年第 8 期.

王延飞、刘记、陈美华等:《情报治理的生态观》,《情报理论与实践》2018 年第 1 期.

王延伟、冯春江、李强:《国际反恐融资情报体系发展研究》,《情报杂志》2021 年第 2 期.

王玥:《新技术条件下我国人类遗传资源安全的法律保障研究——兼论我国生物安全立法中应注意的问题》,《上海政法学院学报(法治论丛)》2021 年第 2 期.

王哲、陈清华:《企业竞争情报的特征及作用》,《情报杂志》2004 年第 1 期.

魏大威、廖永霞、柯平等:《重大公共安全突发事件中图书馆应急服务专家笔谈》,《图书馆杂志》2020 年第 3 期.

魏玖长:《公众对突发公共卫生事件的风险感知演化与防护性行为的研究进展与展望》,《中国科学基金》2020 年第 6 期.

魏玖长:《见微知著:潜在风险的科学预判过程分析与能力建设》,《公共管理与政策评论》2021 年第 3 期.

魏瑞斌、杨阳:《基于"科技信息服务五要素模型"的科技信息服务模式研究——以陕西省科学技术情报研究院为例》,《情报工程》2017 年第 5 期.

温志强、高静:《生物安全风险识别与智能预警》,《江苏科技信息》2019 年第 19 期.

吴超、王秉:《近年安全科学研究动态及理论进展》,《安全与环境学报》2018 年第 2 期.

吴晨生、李辉、付宏等:《情报服务迈向 3.0 时代》,《情报理论与实践》2015 年第 9 期.

吴承义、唐笑虹:《大数据时代国家安全情报面临的变革与挑战》,《情报杂志》2020 年第 6 期.

吴为、郑婵娇、池岚：《COVID-19 流行期间建立口罩应急储备制度充分激活口罩行业产能对策及建议》，《华南预防医学》2021 年第 3 期．

吴向志、刘慧、李锦玲：《基于协同机制及 SOA 的反恐情报共享体系构建》，《情报杂志》2015 年第 3 期．

武晓峰、闻星火：《高校实验室安全工作的分析与思考》，《实验室研究与探索》2012 年第 8 期．

夏立新、陈燕方：《大数据时代情报危机的发展演变及其应对策略研究》，《情报学报》2016 年第 1 期．

肖花：《协同理论视角下的突发事件应急处置信息资源共享研究》，《现代情报》2019 年第 3 期．

肖军：《加拿大反恐情报体系构建及其对我国的启示》，《情报杂志》2020 年第 6 期．

肖晞、陈旭：《总体国家安全观下的生物安全治理——生成逻辑、实践价值与路径探索》，《国际展望》2020 年第 5 期．

谢晓专：《美国情报产品标准与质量控制机制研究》，《图书情报工作》2019 年第 18 期．

谢晓专、高金虎：《中国国家安全情报学术史（1949—1999 年）：历史范式主导的情报论》，《情报理论与实践》2020 年第 4 期．

谢熠、罗教讲：《大数据时代突发公共卫生事件的技术治理——基于计算社会学视角的分析》，《中国应急管理科学》2020 年第 12 期．

徐明：《公共安全治理中地方政府行为失范及其治理策略——以新冠肺炎疫情为例》，《暨南学报（哲学社会科学版）》2021 年第 1 期．

徐绪堪、钟宇翀、魏建香等：《基于组织-流程-信息的突发事件情报分析框架构建》，《情报理论与实践》2015 年第 4 期．

徐振伟、赵勇冠：《"打造生物盾牌"：美国生物国防计划的发展及启示》，《国外社会科学前沿》2020 年第 9 期．

许晴、祖正虎、张文斗等：《基于 MCMC 方法的生物气溶胶袭击施放源项参数反演》，《军事医学》2012 年第 10 期．

薛杨、俞晗之：《前沿生物技术发展的安全威胁：应对与展望》，《国际安全研究》2020 年第 4 期．

闫小玲、寿海洋、马金双：《中国外来入侵植物研究现状及存在的问题》，《植物分类与资源学报》2012 年第 3 期．

颜晓峰：《新冠肺炎疫情防控若干问题的理论思考》，《天津大学学报（社会科学版）》2020 年第 3 期．

杨博、赵辉、蒲思丞：《美国反生物恐怖主义政策评析及其启示》，《中国人民公安大学学报（社会科学版）》2020 年第 3 期．

杨建林：《情报学哲学基础的再认识》，《情报学报》2020 年第 3 期．

杨谨铖、马龙、张立红等：《基于社交媒体大数据的智慧城市突发事件情报感知模型研究》,《武警学院学报》2018 年第 10 期.

杨静、陈赟畅:《协同创新理念下高校新型智库建设研究》,《科技进步与对策》2015
　年第 7 期.

杨巧云、姚乐野:《协同联动应急决策情报体系:内涵与路径》,《情报科学》2016 年
　第 2 期.

杨青、刘星星、陈瑞青等:《基于免疫系统的非常规突发事件风险识别模型》,《管理
　科学学报》2015 年第 4 期.

杨小雨、曾庆香:《政府、媒体与公众的风险互动:公共卫生事件舆论引导模型》,
　《安徽大学学报(哲学社会科学版)》2022 年第 1 期.

杨峥嵘、解虹:《用科学归纳法定义情报》,《情报学刊》1988 年第 1 期.

姚乐野、范炜:《突发事件应急管理中的情报本征机理研究》,《图书情报工作》2014
　年第 23 期.

余潇枫:《非传统安全治理能力建设的一种新思路——"检验检疫"的复合型安全职
　能分析》,《人民论坛·学术前沿》2014 年第 9 期.

余潇枫:《论生物安全与国家治理现代化》,《人民论坛·学术前沿》2020 年第 20 期.

余潇枫:《论生物安全与国家治理现代化》,《社会科学文摘》2021 年第 1 期.

袁有雄:《钱学森情报研究学术思想探析》,《情报理论与实践》2013 年第 9 期.

曾子明、黄城莺:《面向疫情管控的公共卫生突发事件情报体系研究》,《情报杂志》
　2017 年第 10 期.

曾忠禄:《情报分析:定义、意义构建与流程》,《情报学报》2016 年第 2 期.

翟欢:《澳大利亚生物安全体系及其启示》,《世界农业》2020 年第 10 期.

张红斌、尹彦、赵冬梅等:《基于威胁情报的网络安全态势感知模型》,《通信学报》
　2021 年第 6 期.

张家年:《情报融合中心:美国情报共享实践及启示》,《图书情报工作》2015 年第 13
　期.

张家年、马费成:《我国国家安全情报体系构建及运作》,《情报理论与实践》2015 年
　第 8 期.

张家年、马费成:《国家科技安全情报体系及建设》,《情报学报》2016 年第 5 期.

张家年、马费成:《融合视角下国家安全保障能力体系构建的理论、路径和模型》,
　《公安学研究》2020 年第 4 期.

张金荣、刘岩、张文霞:《公众对食品安全风险的感知与建构——基于三城市公众食
　品安全风险感知状况调查的分析》,《吉林大学社会科学学报》2013 年第 2 期.

张曙光:《浅析情报产品的流动过程》,《情报理论与实践》1992 年第 1 期.

张思龙、王兰成、娄国哲:《基于情报感知的网络舆情研判与预警系统研究》,《情报
　理论与实践》2020 年第 12 期.

张晓军:《情报、情报学与国家安全——包昌火先生访谈录》,《情报杂志》2017 年第
　5 期.

张鑫、王莹、刘静等：《典型两用性生物技术的潜在生物安全风险分析》，《中国新药杂志》2020 年第 13 期.

张雪娇：《我国突发公共卫生事件信息传递制度的问题识别和完善路径》，《重庆大学学报（社会科学版）》2021 年第 6 期.

张志强、张邓锁、胡正银：《突发重大公共卫生事件应急集成知识咨询服务体系建设与实践——以新冠肺炎（COVID-19）疫情事件为例》，《图书与情报》2020 年第 2 期.

章雅蕾、吴超、王秉：《安全情报素养：总体国家安全观背景下安全人员的必备素养》，《情报杂志》2019 年第 3 期.

赵冰峰：《论情报主导竞争》，《情报杂志》2014 年第 1 期.

赵超、胡志刚、焦健等：《打通科技治理与生物安全治理的边界——中国生物安全治理体系建设的制度逻辑与反思》，《中国科学院院刊》2020 年第 9 期.

赵柯然、王延飞：《情报感知的方法探析》，《情报理论与实践》2018 年第 8 期.

赵亚男、刘焱宇、张国伍：《开放的复杂巨系统方法论研究》，《科技进步与对策》2001 年第 2 期.

郑涛：《我国生物安全学科建设与能力发展》，《军事医学》2011 年第 11 期.

郑涛、黄培堂、沈倍奋：《当前国际生物安全形势与展望》，《军事医学》2012 年第 10 期.

郑涛、田德桥、祖正虎等：《生物安全是国家战略必需的生命工程》，《军事医学》2014 年第 2 期.

支凤稳、郑彦宁、沈涛：《我国竞争情报共享研究述评与展望》，《情报科学》2018 年第 8 期.

钟开斌：《"一案三制"：中国应急管理体系建设的基本框架》，《南京社会科学》2009 年第 11 期.

周柏林：《情报概念研究》，《现代情报》1997 年第 3 期.

周琪、彭耀进：《这是生物技术的时代，也是生物安全的时代》，《工程研究-跨学科视野中的工程》2020 年第 1 期.

周松青、袁胜育：《美国生物识别对中国的启示》，《情报杂志》2017 年第 12 期.

周艳萍：《反恐人力情报在反恐斗争中面临的难题与对策》，《情报杂志》2015 年第 6 期.

朱晓峰、冯雪艳、王东波：《面向突发事件的情报体系研究》，《情报理论与实践》2014 年第 4 期.

朱宇倩、王秉：《安全情报感知与分析模型研究》，《情报理论与实践》2021 年第 6 期.

祝学军、赵长见、梁卓等：《OODA 智能赋能技术发展思考》，《航空学报》2021 年第 4 期.

（二）硕博论文

曹文：《基于多层异质复杂网络的生物安全情报分析研究》，天津大学 2017 年硕士学位论文.

车静:《生物安全管理的基石:阿西洛马重组 DNA 会议研究》,浙江大学 2016 年硕士学位论文.

陈铭:《药品监管执法中违法信息搜集问题研究》,吉林大学 2014 年硕士学位论文.

段本军:《关于生物武器的伦理学思考》,国防科学技术大学 2005 年硕士学位论文.

黄进平:《公安情报产品质量评估方法研究》,中国人民公安大学 2018 年硕士学位论文.

李涛:《威胁情报知识图谱构建与应用关键技术研究》,中国人民解放军战略支援部队信息工程大学 2020 年博士学位论文.

林挺:《基于数据挖掘的公安情报系统设计与实现》,福州大学 2017 年硕士学位论文.

刘列:《支持生物事件仿真的人工人口生成方法研究》,中国人民解放军军事医学科学院 2016 年硕士学位论文.

王可宁:《基于威胁情报理论的航空恐怖主义犯罪预警模型研究》,中国人民公安大学 2018 年硕士学位论文.

魏巍:《ToIIS 中情报信息服务描述和匹配技术研究》,国防科学技术大学 2009 年硕士学位论文.

三、外文文献

Baldino, D. The politics of intelligence sharing in the Indian Ocean Rim. Journal of the Indian Ocean Region, 2018 (14).

Bertelli, A. M., Wenger, J. B. Demanding information: think tanks and the US Congress. British Journal of Political Science, 2009 (39).

Bhunia, G. S., Shit, P. K. Geospatial Analysis of Public Health. Springer, Cham, 2019.

Bommel, P. V. Transformation of Knowledge, Information and Data: Theory and Applications. Information Science Publishing, London, 2004.

Boris, J., Fulton, J., Obenschain, K., et al. CT-Analyst: fast and accurate CBR emergency assessment. Proceedings of SPIE-The International Society for Optical Engineering, 2004 (5416).

Broeck, W. V., Gioannini, C., Gonçalves, B., et al. The GLEaMviz computational tool, a publicly available software to explore realistic epidemic spreading scenarios at the global scale. BMC Infectious Diseases, 2011 (11).

Brummer, H. L., Badenhorst, J. A., Neuland E. W., et al. Competitive analysis and strategic decision- making in global mining firms. Journal of Global Business and Technology, 2006 (2).

Bush, W. G. Memorandum on assignment of functions under section 1821 (c) of the implementing recommendations of the 9/11 commission act of 2007. Weekly Compilation of Presidential Documents, 2008 (44).

Cass, S. Researcher charged with data theft. Nature Medicine, 1999 (5).

Chavers, L. S., Moser, S. A., Benjamin, W. H., et al. Vancomycin- resistantenterococci: 15 years and counting. Journal of Hospital Infection, 2003 (53).

Delmar, C. The excesses of care: a matter of understanding the asymmetry of power. Nursing Philosophy, 2012 (13).

Florea, G., Popa, M. Safety and security integration in LPG tank farm process control. IFAC Proceedings, 2012 (45).

Francois, E. Insurance and Risk. University of Chicago Press, Chicago, 1991.

Hall, A. D. Three- dimensional morphology of systems engineering. IEEE Transactions on System Science and Cybernetics, 1969 (5).

Hinchliffe, S., Allen, J., Lavau, S., et al. Biosecurity and the topologies of infected life: from borderlines to borderlands. Transactions of the Institute of British Geographers, 2013 (38).

Huang, L., Wu, C., Wang, B., et al. Big-data-driven safety decision-making: a conceptual framework and its influencing factors. Safety Science, 2018 (109).

Kapucu, N. Collaborative emergency management: better community organising, better public preparedness and response. Disasters, 2008 (32).

Kebede, G. Knowledge management: an information science perspective. International Journal of Information and Management, 2010 (30).

Kent, S. Strategic Intelligence for American World Policy. Princeton University Press, New Jersey, 1951.

Kozminski, K. G. Biosecurity in the age of Big Data: a conversation with the FBI. Molecular Biology of the Cell, 2015 (26).

Kuhn, T., Hawkins, D. The structure of scientific revolutions. American Journal of Physics, 1962 (31).

Kumar, A., Mccann, R., Naughton, J., et al. Model selection management systems: the next frontier of advanced analytics. Acm Sigmod Record, 2015 (44).

Lei, Y. D., Liu, C. C., Zhang, L. B., et al. Adaptive governance to typhoon disasters for coastal sustainability: a case study in Guangdong, China. Environmental Science and Policy, 2015 (54).

Liang, H., Xiang, X., Huang, C., et al. A brief history of the development of infectious disease prevention, control, and biosafety programs in China. Journal of Biosafety and Bio-security, 2020 (2).

Liew, A. DIKIW: data, information, knowledge, intelligence, wisdom and their interrelationships. Business Management Dynamics, 2013 (2).

Lyon, A., Nunn, M., Grossel, G., et al. Comparison of web- based Biosecurity intelligence systems: BioCaster, EpiSPIDER and HealthMap. Transboundary and Emerging Diseases, 2012 (59).

Melly, D., Hanrahan, J. Tourism biosecurity risk management and planning: an international comparative analysis and implications for Ireland. Tourism Review, 2020 (61).

Meyerson, L., Reaser, J. Biosecurity: moving toward a comprehensive approach. Bioscience, 2018 (52).

Mills, P., Dehnen-Schmutz, K., Ilbery, B., et al. Integrating natural and social science perspectives on plant disease risk, management and policy formulation. Philosophical Transactions of the Royal Society B: Biological Sciences, 2011 (366).

Morens, D., Folkers, G., Fauci, A. The challenge of emerging and re- emerging infectious diseases. Nature, 2004 (430).

Murch, R., So, W. K., Buchholz, W. G., et al. CyberBiosecurity: an emerging new discipline to help safeguard the bioeconomy. Frontiers in Bioengineering and Biotechnology, 2018 (6).

Olival, K., Hayman, D. Filoviruses in bats: current knowledge and future directions. Viruses, 2014 (6).

Perri, 6., Leat, D., Seltzer, K., et al. Towards Holistic Governance: The New Reform Agenda. Palgrave, New York, 2002.

Piètre-Cambacédès, L., Chaudet, C. The SEMA referential framework: avoiding ambiguities in the terms "security" and "safety". International Journal of Critical Infrastructure Protection, 2010 (3).

Pirolli, P., Card, S. The sensemaking process and leverage points for analyst technology as i- dentified through cognitive task analysis. International Conference on Intelligence Analysis, 2005.

Rakieten, N. Biological safety tests for the quality control of parenteral pharmaceuticals. Journal of the American Pharmaceutical Association. American Pharmaceutical Association, 1950 (39).

Richardson, J. H. Biosafety in microbiological and biomedical laboratories. Government Printing Office Report on TB Laboratory Services, 1999 (4).

Riel, A., Kreiner, C., Messnarz, R., et al. An architectural approach to the integration of safety and security requirements in smart products and systems design. Cirp Annals- manufacturing Technology, 2018 (67).

Simon, H. A. Theories of decision-making in economics and behavioral science. The American Economic Review, 1959 (49).

Talja, S., Tuominen, K., Savolainen, R. "Isms" in information science: constructivism, collectivism and constructionism. Journal of Documentation, 2005 (61).

Tappero, J., Cassell, C. H., Bunnell, R., et al. US Centers for disease control and prevention and its partners' contributions to global health security. Emerging Infectious Diseases, 2017 (23).

Titball, R. Vaccines against intracellular bacterial pathogens. Drug Discovery Today, 2008
(13).

Tsai, Y., Huang, C., Wen, T., et al. Integrating epidemic dynamics with daily commuting
networks: building a multilayer framework to assess influenza A (H1N1) intervention
policies. Simulation, 2011 (87).

Turban, E., Sharda, R., Delen, D. Business Intelligence: A Managerial Approach. Pearson
Prentice Hall, Upper Saddle River, NJ, 2010.

Walsh, P. F. Intelligence, Biosecurity and Bioterrorism. Palgrave Macmillan UK,
London, 2018.

Wang, B., Wu, C. Demystifying safety-related intelligence in safety management: some key
questions answered from a theoretical perspective. Safety Science, 2019 (120).

Wang, Y., Yi, L., Canel, C. Process coordination, project attributes and project performance
in offshore-outsourced service projects. International Journal of Project Management, 2018
(36).

Wei, L., Mukhopadhyay, S. C., Jidin, R., et al. Multi-source information fusion for drowsy
driving detection based on wireless sensor networks. Seventh International Conference on
Sensing Technology, Wellington, New Zealand, 2013.

Yang, F. Exploring the information literacy of professionals in safety management. Safety
Science, 2011 (50).

Yeh, P. F. The case for using robots in intelligence analysis. Studies in Intelligence, 2015
(59).

Yovits, M. C., Kleyle, R. M. The average decision maker and its properties utilizing the
generalized information system model. Journal of the American Society for Information
Science, 1993 (44).